U0177991

宽禁带半导体前沿丛书

氮化物半导体准范德华外延及应用

Quasi van der Waals Epitaxy of Nitride Semiconductor and Its Applications

魏同波　刘志强　李晋闽　著

西安电子科技大学出版社

内容简介

本书以第三代半导体与二维材料相结合的产业化应用为目标，详细介绍了二维材料上准范德华外延氮化物的理论计算、材料生长、器件制备和应用，内容集学术性与实用性于一体。全书共8章，内容包括二维材料及准范德华外延原理及应用、二维材料/氮化物准范德华外延界面理论计算、二维材料/氮化物准范德华外延成键成核、单晶衬底上氮化物薄膜准范德华外延、非晶衬底上氮化物准范德华外延、准范德华外延氮化物的柔性剥离及转移、准范德华外延氮化物器件散热以及Ⅲ族二维氮化物。

全书内容新颖，循序渐进，理论性和应用性强，可供从事第三代半导体材料以及半导体照明领域相关的研究生、科研人员与企业研发人员等阅读参考。

图书在版编目(CIP)数据

氮化物半导体准范德华外延及应用/魏同波，刘志强，李晋闽著. —西安：西安电子科技大学出版社，2022.9

ISBN 978-7-5606-6288-6

Ⅰ. ①氮… Ⅱ. ①魏… ②刘… ③李… Ⅲ. ①氮化物—半导体材料—研究
Ⅳ. ①TN304

中国版本图书馆CIP数据核字(2022)第087615号

策　　划　马乐惠
责任编辑　张　玮　刘小莉
出版发行　西安电子科技大学出版社(西安市太白南路2号)
电　　话　(029)88202421　88201467　　邮　　编　710071
网　　址　www.xduph.com　　电子邮箱　xdupfxb001@163.com
经　　销　新华书店
印刷单位　陕西精工印务有限公司
版　　次　2022年9月第1版　2022年9月第1次印刷
开　　本　787毫米×960毫米　1/16　印张15　彩插2
字　　数　233千字
定　　价　128.00元
ISBN 978-7-5606-6288-6/TN

XDUP 6590001-1

“宽禁带半导体前沿丛书”出版说明

当今世界，半导体产业已成为主要发达国家和地区最为重视的支柱产业之一，也是世界各国竞相角逐的一个战略制高点。我国整个社会就半导体和集成电路产业的重要性已经达成共识，正以举国之力发展之。工信部出台的《国家集成电路产业发展推进纲要》等政策，鼓励半导体行业健康、快速地发展，力争实现“换道超车”。

在摩尔定律已接近物理极限的情况下，基于新材料、新结构、新器件的超越摩尔定律的研究成果为半导体产业提供了新的发展方向。以氮化镓、碳化硅等为代表的宽禁带半导体材料是继以硅、锗为代表的第一代和以砷化镓、磷化铟为代表的第二代半导体材料以后发展起来的第三代半导体材料，是制造固态光源、电力电子器件、微波射频器件等的首选材料，具备高频、高效、耐高压、耐高温、抗辐射能力强等优越性能，切合节能减排、智能制造、信息安全等国家重大战略需求，已成为全球半导体技术研究前沿和新的产业焦点，对产业发展影响巨大。

“宽禁带半导体前沿丛书”是针对我国半导体行业芯片研发生产仍滞后于发达国家而不断被“卡脖子”的情况规划编写的系列丛书。丛书致力于梳理宽禁带半导体基础前沿与核心科学技术问题，从材料的表征、机制、应用和器件的制备等多个方面，介绍宽禁带半导体领域的前沿理论知识、核心技术及最新研究进展。其中多个研究方向，如氮化物半导体紫外探测器、氮化物半导体太赫兹器件等均为国际研究热点；以碳化硅和Ⅲ族氮化物为代表的宽禁带半导体，是近年来国内外重点研究和发展的第三代半导体。

“宽禁带半导体前沿丛书”凝聚了国内20多位中青年微电子专家的智慧和汗水，是其探索性和应用性研究成果的结晶。丛书力求每一册尽量讲清一个专题，且做到通俗易懂、图文并茂、文献丰富。丛书的出版也会吸引更多的年轻人投入并献身于半导体研究和产业化事业，使他们能尽快进入这一领域进行创新性学习和研究，为加快我国半导体事业的发展做出自己的贡献。

“宽禁带半导体前沿丛书”的出版，既为半导体领域的学者提供了一个展示他们最新研究成果的机会，也为从事宽禁带半导体材料和器件研发的科技工作者在相关方向的研究提供了新思路、新方法，对提升“中国芯”的质量和加快半导体产业高质量发展将起到推动作用。

编委会

2020年12月

前　言

作为第三代半导体的典型代表，Ⅲ族氮化物 AlN、GaN、InN 及其合金禁带宽度在 0.64～6.2 eV 连续可调，因而以氮化物为基础的光电器件在理论上可以做到红外到紫外波段的完整覆盖。相比于硅和砷化镓等传统半导体材料，氮化物展现了高击穿电场、高热导率、高电子饱和速率及更强的抗辐射能力，更适于制作高温、高频、抗辐射器件及大功率器件，因而第三代半导体在光电子和微电子领域的优势是前两代半导体难以比拟的。

由于自然界缺乏单晶衬底，氮化物主要在蓝宝石等衬底上异质外延生长，因此氮化物外延层与蓝宝石之间会产生较强的化学键，从而导致晶格发生形变进而产生巨大应力。在生长的过程中，应力能将随着外延层厚度的增加而累积，当薄膜的厚度超过临界值时，就会形成各种位错、层错等缺陷以释放应力。氮化物和蓝宝石之间存在的晶格失配和热失配，通常会造成高达 10^9～10^{10} cm^{-2} 的位错密度，严重影响了器件的光电性能和可靠性。

石墨烯自 2004 年成功制备以来，其研究迅猛发展，这也激发了人们研究二维晶体材料的热情。二维晶体表面无悬挂键，可有效降低外延层与衬底的相互作用，一方面缓解了晶格失配和热失配带来的高应力与高密度位错，另一方面层间弱的范德华力也为器件的机械剥离与转移提供了新的思路。尽管缺少悬挂键会导致成核困难，但是可以通过表面处理等手段来调控。因而，二维材料所特有的准范德华外延模式成为了第三代半导体核心材料——氮化物未来发展的重要趋势之一，有望成为一项颠覆性设备技术，不仅有助于基础物理方面的研究，对于推动光电器件集成电路产业变革以及新一代半导体材料发展也具有非常重要的意义。

作者从事氮化物材料生长和发光二极管、探测器等器件研究工作已十几年，在外延、芯片和器件等方面具有丰富的经验和坚实的积累。从2015年以来，作者与北京大学刘忠范院士团队合作，在基于二维晶体的准范德华外延氮化物这一新兴方向上开展了深入研究，所取得的成果也得力于刘院士团队在石墨烯生长方面的丰富经验和雄厚技术储备。本书以作者及研究团队近年来的研究成果为基础，以第三代半导体与二维材料相结合的产业化应用为目标，详细介绍了二维材料上准范德华外延氮化物的理论计算、材料生长、器件制备和应用，内容集学术性与实用性于一体。本书设计举例除来自作者及其合作者的研究成果外，还从参考文献以及其他有关著作中汲取了许多有益内容。

全书共8章，首先从二维材料的定义和基本性质入手，引入准范德华外延的定义，介绍了二维材料上准范德华外延氮化物的原理和应用；随后针对二维材料/氮化物准范德华外延界面理论和成键成核展开介绍，揭示了二维/三维材料外延生长机理，进一步介绍了基于单晶衬底和非晶衬底的石墨烯辅助准范德华外延技术和生长方法；随后介绍了准范德华外延氮化物技术在器件转移和散热方面的应用；最后阐述了二维氮化物的最新研究及进展。

全书内容新颖，理论性和应用性强，可供从事第三代半导体材料以及半导体照明领域相关的研究生、科研人员与企业研发人员等阅读参考，也可作为业界工程人员的培训资料。

在编写本书的过程中，刘忠范院士、郝跃院士、沈波教授等诸多科学家给予了长期的指导，合作者高鹏研究员、孙靖宇教授、杨身园副研究员、陈召龙博士等人提供了巨大的帮助；中国科学院半导体研究所照明研发中心众多同事参与了相关研究工作。此外，本书得到了国家科技部国家重点研发计划、国家自然基金、北京自然基金的支持，并在西安电子科技大学出版社的帮助下顺利出版，作者在此一并表示衷心的感谢。

本书是我们近年来基于新型氮化物外延与器件制备的总结，希望能对氮化物研究领域的相关科技工作者在学术参考和发展趋势研究方面有所帮助。由于作者水平有限，书中难免有不妥之处，望各位同仁不吝赐教！

魏同波

2021年1月8日

目　录

第 1 章

二维材料及准范德华外延原理及应用

1.1 二维材料及其合成方法

纳米材料是指某一维(One-Dimensional，1D)、二维(Two-Dimensional，2D)或三维(Three-Dimensional，3D)方向的尺度达到纳米量级(1～100 nm)的材料。按维度的不同，纳米材料可分为一维、二维和三维纳米材料。其中，二维纳米材料(简称二维材料)是一大类材料的统称，指的是在一个维度上材料尺寸减小到极限的原子层厚度，而在其他两个维度上材料尺寸相对较大[1]。

2004 年英国曼彻斯特大学的 A. K. Geim 和 K. S. Novoselov 等人用实验证实，以石墨这种层状材料为原料，通过简单的物理剥离方法能够成功分离出碳的单原子层[2]，即石墨烯(Graphene)。自此，在理论研究及应用领域，以石墨烯为代表的二维材料研究引起了科学家们极大的兴趣。后续又有一些其他的二维材料陆续被分离出来，如六方氮化硼(hexagonal Boron Nitride，h－BN)、二硫化钼(MoS_2)、二硫化钨(WS_2)、过渡金属碳/氮/碳氮化物(Mxene)材料[3]。相比于其他维度的纳米材料，二维材料的优势在于能够化学修饰，其结构与成分可调，能够调控催化其电学性能；更利于电子传递，有利于电子器件性能的提升；同时柔性和透明度高的特点，使其在可穿戴智能器件和柔性储能器件等领域的应用前景广阔[4]。二维材料已成为凝聚态物理、材料科学、化学和纳米技术等领域的研究热点，现阶段对于二维材料的研究集中在制备、表征、修饰改性、理论计算以及应用探索等几个方面，在电子/光电子器件、催化、能量存储/转换、传感器和环境治理等领域均取得了一定进展[5-6]。

二维材料按照组成和结构的不同，可分为单质类、非金属化合物类、金属化合物类、盐类和有机类五大类，具体类型的典型材料如图 1－1 所示。

(1) 单质类：包含石墨烯、石墨炔、黑磷、金属(Au、Ag、Pt、Pd、Rh、Ir、Ru)以及新出现的硼烯、砷烯、锗烯、硅烯、铋烯等。

(2) 非金属化合物类：包含 h－BN、石墨型氮化碳、硼碳氮、氧化石墨烯、卤化石墨烯以及各种石墨烯衍生物。

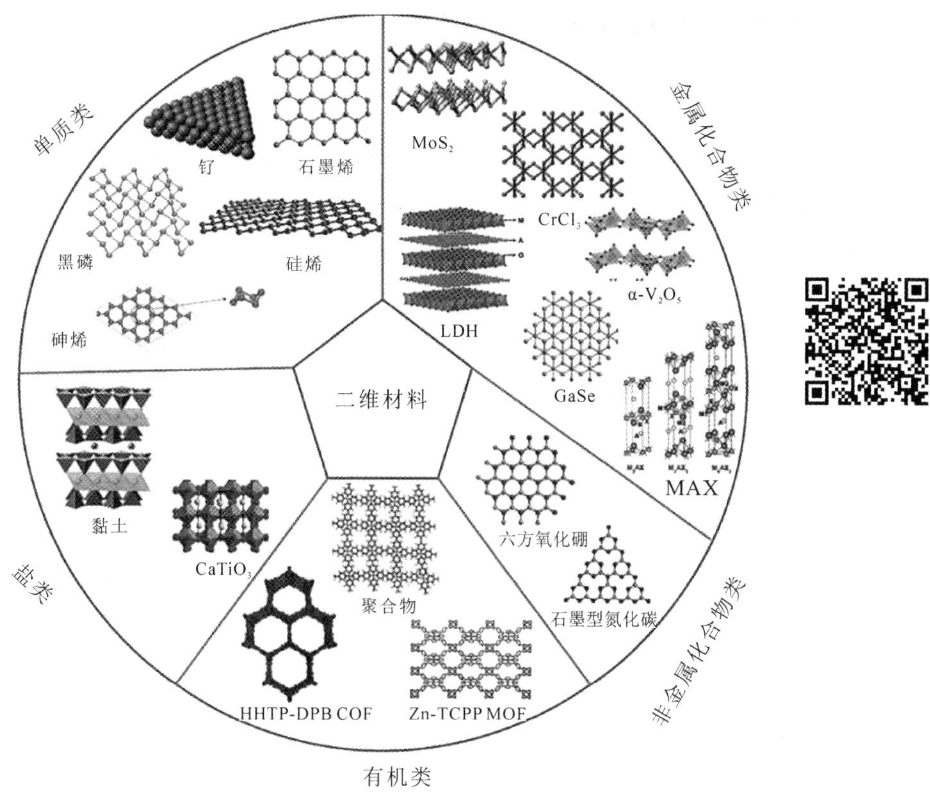

图 1-1　二维材料的分类及其典型材料的结构[1]

(3) 金属化合物类：包含过渡金属硫属化合物(Transition Metal Dichalcogenide，TMD)、层状双金属氢氧化物(Layered Double Hydroxide，LDH)、过渡金属氧化物(Transition Metal Oxide，TMO)、过渡金属碳/氮/碳氮化物(MXene)、金属磷三硫族化物(APX_3)、金属卤化物、过渡金属卤氧化物(MOX)、Ⅲ～Ⅵ族层状半导体(MX)等。

(4) 盐类：包含无机钙钛矿型化合物(AMX_3)和黏土矿物(含水的层状铝硅酸盐)。

(5) 有机类：包含层状金属有机骨架化合物(Metal-Organic Framework，MOF)、层状共价有机骨架化合物(Covalent-Organic Framework，COF)和聚合物等。

1.1.1 典型二维材料的组成及结构

1. 石墨烯

石墨烯是最早实验证明的也是最典型的二维材料。2004 年 A. K. Geim 和 K. S. Novoselov 通过机械剥离的方法，从高度取向的裂解石墨中获得了石墨烯，且证明了其独特、优异的电学性质[2]。如图 1-2(a)所示，石墨烯是由碳原子构成的六角蜂巢结构[7]薄片。该薄片上的相邻碳原子通过 σ 键连接，键长为 0.142 nm，键角为 120°，由范德华(van der Waals)力相互作用堆叠即形成石墨[8]。相邻两层石墨烯的间距约为 0.335 nm。

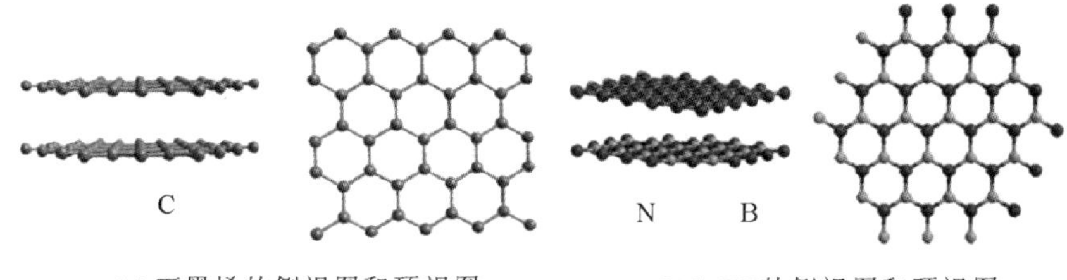

(a) 石墨烯的侧视图和顶视图　　(b) h-BN的侧视图和顶视图

图 1-2　单质类、非金属化合物类典型二维材料的晶体结构示意图[3]

石墨烯的机械强度高、延展性好，具备优良的导热性能、高电子迁移率、高比表面积等[9-13]。在电学性能方面，石墨烯导电性能优异，电子在石墨烯层片内传输，其迁移率可达 2×10^5 $cm^2/(V\cdot s)$，约为硅中迁移率的 100 倍；在热学方面，石墨烯的热导率实测值约为 5000 $W/m^{-1}K^{-1}$，是室温下铜的热导率(400 $W/m^{-1}K^{-1}$)的 10 倍多；在光学方面，单层石墨烯可吸收 2.3%的可见光和红外光。石墨烯在传感器、聚合物纳米复合材料、光电功能材料、药物控制释放等领域具有众多潜在的应用方向。

2. 六方氮化硼

六方氮化硼(h-BN)俗称“白色石墨烯”，是硼、氮原子等比例共价连接而成的，具有类似石墨烯的六角结构，如图 1-2(b)所示，其键长为0.2504 nm，传统上可以用作润滑剂。层状 h-BN 由于其宽的直接带隙(5.0～6.0 eV)而具有优异的电绝缘性能，因此可以作为电子器件中的载流子泄漏阻挡层。美国德

克萨斯理工大学的 H. X. Jiang 等人指出[14]，h－BN 与纤锌矿氮化铝(AlN)之间的广义晶格失配仅为 0.58%左右，用 P 型 h－BN 代替高绝缘的 P 型 AlN 有助于降低接触电阻，它的受体电离能较低。M. Hiroki 和 Q. Paduano 等人[15-16]推断 h－BN 与蓝宝石之间的广义晶格失配不超过 5.5%，可以有多种用途，是推进二维光电子器件的关键[17]，然而在理论上预测h－BN以外的二维氮化物与在实验上实现这种结构之间仍有差距。

3. 过渡金属硫属化合物[18]

过渡金属硫属化合物(TMD)是继石墨烯之后又一类备受瞩目的新型二维材料，是由过渡金属元素(Ti、V、Ta、Mo、W 和 Re 等)和硫族元素(S、Se 和 Te 等)组成的化合物。TMD 单层内含三个原子层，过渡金属元素夹在两层硫族元素层之间，层与层之间以范德华力连接。TMD 由不同元素组成，因而具有不同的物理性质，例如，可作为绝缘体材料(如 HfS_2)、半导体(如 MoS_2、WS_2)、金属(如 TiS_2、VS_2 和 $NbSe_2$)等。此外，TMD 的带隙取决于该材料的层数，例如 MoS_2 的带隙可以从体材料的 1.2 eV 提升到单层 1.8～1.9 eV，将单层 MoS_2 组装成分层结构可以增强 MoS_2 的催化性能[19-20]。此外，有的化合物材料单层可以充当直接带隙半导体，在双层或更厚层的情况下表现为间接带隙，这样的化合物材料很适合于光电应用[21-22]。

TMD 的一个显著特点是根据元素配位方式和层片堆叠顺序的不同，可形成不同的晶体多型体。大多数的 TMD 材料拥有三种相特征：三角形(1T，也叫作金属相)、六角形(2H)以及菱形(3R)，这三种相位在某种特定的条件中可以相互转化。以 MoS_2 为例，根据 Mo 和 S 原子之间的不同配位模型或层之间的堆积顺序(见图 1－3)，它具有四种不同的晶体结构，即 2H、1T、1T′和 3R。2H 结构具有六角形闭合堆积对称性和三角棱柱形配位中的原子堆积顺序(S－Mo－S′)ABA，2H 型 MoS_2 热力学更稳定。1H 结构用于描述 2H 相的单层结构。1T 结构是具有四方对称性的八面体配位，其中每层具有(S－Mo－S′)ABC 的原子堆积序列。扭曲的 1T(表示为 1T′)结构也具有八面体配位，类似于 1T 结构，但它在每一层中都包含一个上部结构，例如四聚体、三聚体和锯齿链。需要注意的是，ReS_2 和 $ReSe_2$ 具有自然曲折的 1T′结构。与 2H 结构相比，3R 结构每原始单元有三层，各层之间的堆积顺序不同。

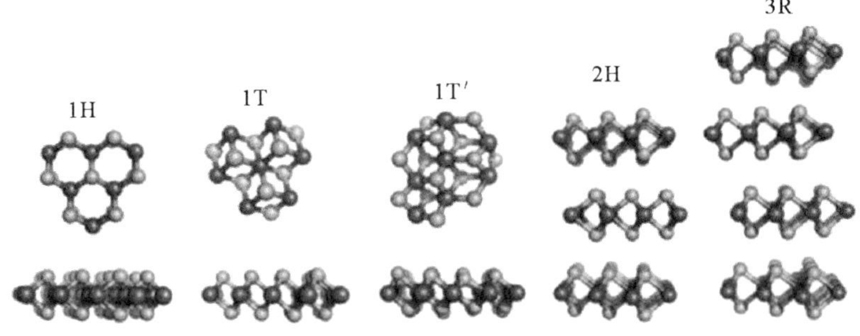

图 1-3 多种 MoS_2 的晶体结构[23]

近年来，TMD 在电化学能量储存及转化、集成电路中有着广泛的应用。电化学反应总是发生在表面或者界面处，而 TMD 有着较大的比表面积和原子曝光率，它为静电场吸附离子提供了丰富的位点，为高双电层电容的形成提供了条件；另外，TMD 超薄的结构将载流子限制在界面为 1 nm 的空间内，能够有效地抑制晶体管的短沟道效应，从而降低器材的损耗。

除以上三种常用的二维材料外，整个二维材料家族还有单元素的硅烯、锗烯、锡烯、黑磷、主族金属硫族化合物(如 GaS、InSe 等)，以及石墨型氮化碳(Graphitic Carbon Nitride，$g-C_3N_4$)、氧化石墨烯(Graphene Oxide，GO)、金属磷三硫族化物(如 $NiPS_3$)等。这些二维材料具有不同的能带结构和电学性质，覆盖了从超导体、金属、半金属、半导体到绝缘体等诸多材料类型，具有优异的光学、力学、热学、磁学和化学性质，能够构筑起功能更强的材料体系，有望在高性能电力电子器件、光电子器件以及能源领域发挥更广泛的作用。

1.1.2 二维材料的特性及合成方法

二维材料具有与传统材料不同的独特优势[24-25]，具体表现如下：

(1) 在二维单层材料中，其电子受限于水平表面内，同时量子限制效应更加显著，这使得材料具备优异的光电性能。因而二维材料作为理想材料，在电子、光电子器件研究中具有十分重要的应用价值。

(2) 二维材料每一单层内的共价键较强，而相邻单层间的范德华力则较弱。下一代半导体器件应用十分重视材料的机械强度、柔性和光学透明度，对面内共价键以及原子层厚度的要求决定了二维材料将成为更具潜力的候选材料。

(3) 二维材料具有大的平面尺寸和纳米级的厚度，体现出了极高的比表面积，有利于暴露表面原子，从而提供更多的活性位点，这对催化和超级电容器等相关表面积的研究有显著的影响[26]。

(4) 基于液相处理过程的超薄二维材料制备方法简单，即通过真空过滤、旋涂、滴涂、喷涂和喷墨印刷等简单的方法可制备出高质量的单一薄膜，这对超级电容器和太阳能电池等的实际应用是十分必要的。

(5) 超薄二维材料表面暴露的原子可以通过表面修饰、掺杂、缺陷、应变等方式来调控其特性。

二维材料的优异性能已被证明是下一代功能性纳米材料的良好候选材料，其研究主要集中在基础理论研究和高端应用上，包括二维材料的结构和性能、制备方法等。基于石墨烯等二维材料的器件的性能在过去几年已被深入研究，其中有些应用作为现有技术的有力竞争者正逐步实现产业化。总的来说，近年来二维材料已经取得了巨大进展，与此同时其产率低、结构可控性差、生长机制不明确、稳定性差、性能多样性不足等问题仍有待解决。目前对二维材料的物理和化学性质的研究还处于初级阶段，尽管对部分二维材料的电子性质进行了理论研究，但二维材料体系的其他基本性质，包括光学、机械、热学和化学性质，仍然没有得到探索；对二维纳米结构的形成机理及其结构与性能关系的理论研究严重不足，因此在不同二维形貌的控制合成以及形成机理的解释方面的实验工作须大力加强。

二维材料在系统、全面的研究方面同样面临许多挑战，包括：对单层、双层和少层薄片的基本物理和化学性质的探索；对异质结间界面性质的调控；通过掺杂、功能化、电场和应变工程来改变基本性质的研究。不断创造新的二维材料，有助于发现材料的奇异性质，以使其更广泛地应用于诸如电子电路、自旋电子学、发光二极管、非线性光学器件、THz 产生和检测器件、超级电容器、锂离子电池、太阳能电池、化学和生物传感器以及催化剂等新兴技术。此外，将二维材料堆积到一起可以形成由范德华力维系的双层甚至多层的新结构，这样的结构称为范德华异质结[6]。这种人工结构大大丰富了材料的属性，并且可以很方便地制造出自然界中并不存在但性能优异的人工材料。随着转移技术的成熟和新想法的不断涌现，可以预见，越来越多的范德华体系将进入我们的视野。

由于二维材料优异的性能和广阔的应用前景，开发一种简便、可行、可靠的制备二维材料的方法，对研究其性能和应用具有重要意义，因此人们致力于探索各种合成方法来制备二维材料。尽管不同二维材料的组成和晶体结构有所不同，但它们都可以分为两类：层状结构和非层状结构。根据这一点，目前的制备方法主要分为"自上而下"和"自下而上"两种方法[1]。"自上而下"法的应用前提是体相材料需具备三维层状结构，利用各种驱动力来打破叠加层之间微弱的范德华力，将层状块体晶体剥离成单层或多层纳米薄片，如机械解理、液体剥离、离子插入和剥离、选择性刻蚀和剥离等；而"自下而上"法依赖于在特定反应条件下前驱体的化学反应，如物理气相沉积(Physical Vapor Depositon，PVD)和化学气相沉积(Chemical Vapor Depositon，CVD)，适用性更广，理论上可制备所有的二维材料。

机械剥离可以制备大部分的二维层状材料，但是这种方法效率较低，样品横向尺寸较小，厚度不容易控制。液相剥离或 CVD 可以制备石墨烯和部分过渡金属硫属化合物，但其缺点是样品的层数、边缘形貌、缺陷密度、掺杂浓度等参数较难控制，这些方法在新的二维材料制备方面均有待进一步优化。二维材料的合成方法很多，在这一节中，我们将重点介绍二维材料的常用合成及转移方法。

1. 二维材料的合成方法

微机械剥离法是通过透明胶带施加机械力，来削弱大块晶体层之间的范德华力，以在衬底上获得少数层或者单层的二维材料，这是获得具有本征物理特性的电子级高质量单晶石墨烯的方法之一。2004 年，K. S. Novoselov、A. K. Geim 及其同事成功地用这种方法从石墨中得到了单层石墨烯。受他们工作的启发，许多其他类型的单层或多层纳米片被制备出来，如 h-BN、MoS_2 等。目前优化的微机械剥离法已被推广应用到其他块状材料的剥离，得到的二维材料侧向尺寸可达几微米到数十微米，且由于制备过程未引入化学物质和发生化学反应，得到的二维材料表面非常洁净，与其块状晶体保持相同的晶体结构，并具有良好的晶体质量，几乎没有缺陷。然而，因为该方法是手动剥离，所以存在产率低、制备效率低且所制二维材料的尺寸、形状和厚度不可控等缺点；这种方法主要用于实验室对二维材料的物理性能研究，无法实现工业化应用。

此外，对液相中的材料施加声波或者剪切力等机械力，也可以破坏块体材

料层间的范德华力而得到二维材料。例如，离子插入法是将半径较小的阳离子(如 Li^{+})插层到块状材料的层间来减弱层间的范德华力；离子交换辅助液相剥离法是利用半径较大的有机或无机离子来置换块材层间原本存在的半径较小的离子；选择性刻蚀辅助液相剥离法是利用刻蚀剂(氢氟酸或氟化物/酸)反应去除特定的原子层。这些方法都有助于后续的机械力辅助剥离。

氧化辅助液相剥离法是一种被广泛应用于制备石墨烯的方法。使用强氧化剂将石墨氧化，氧化过程中在石墨烯表面引入的大量官能团会增大层间距，便于后续剥离。该方法可高效制备石墨烯，缺点是很难推广应用到其他材料的制备，且会引入强氧化剂而增加试验风险。

目前制备石墨烯最常用的 CVD 法最早出现在 20 世纪 60 年代，最初主要用来制备高纯度、高性能的固体薄膜。石墨烯 CVD 制备技术的原理是：将一种含碳的气态物质在高温和高真空的环境下，用氢气作为还原性气体，通入炉内，生成石墨烯。采用 CVD 法制备石墨烯的设备有：管式炉、微波等离子 CVD 设备、射频 CVD 设备等。通常把衬底金属箔片放入炉中，通入氢气和氩气或者氮气等保护气体并加热至稳定温度，然后停止通入保护气体，改通入碳源(如甲烷)气体，反应完成后切断电源，关闭甲烷气体，再通入保护气体以排净甲烷气体，在保护气体的环境下直至设备冷却到室温，最后取出金属箔片，即可得到金属箔片上的石墨烯。

过渡金属在石墨烯的 CVD 生长过程中既作为生长衬底，也起催化作用。烃类气体在金属基体表面裂解形成石墨烯是一个复杂的催化反应过程，主要步骤为：碳前驱体的分解、石墨烯的形核以及石墨烯逐渐生长直至相互“缝合”，最终连接成连续的石墨烯薄膜，其物理反应过程如图 1-4 所示。

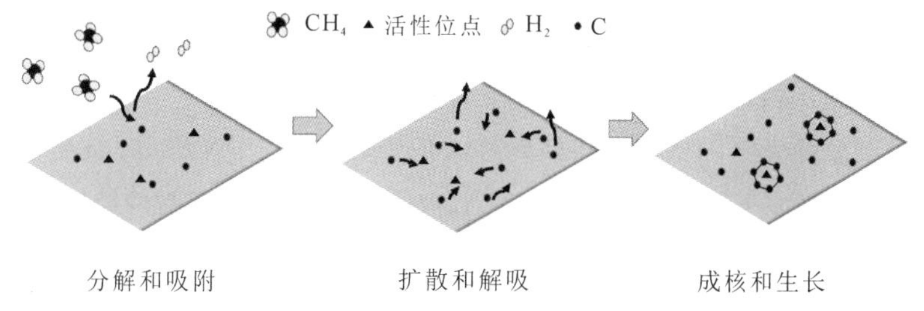

图 1-4　化学气相沉积制备石墨烯[1]

目前CVD技术可实现包括石墨烯、过渡金属碳化物、h-BN和TMD在内的多种材料的高结晶度、高纯度和高产率制备。二维材料可以通过调控生长温度、气体压力、碳/氢比例和衬底种类等参数进行生长。随着转移技术和器件加工技术的改进，CVD法对材料尺寸、厚度和成分等都具有可控性，可以制备大面积连续薄膜和单晶，有望制备高端电子和光电子工业中应用的超薄二维材料，但也存在生产成本较高的缺点，仍需开发能够直接生长大规模高质量的二维材料及其范德华异质结的有效方法。

2. 二维材料的转移方法

CVD法制备的石墨烯只能生长在金属(如铜)衬底上，而铜是极佳的导电和导热体，无法直接测试石墨烯的电学、热学等性能。除此之外，器件的制造必须依赖于硅或其他晶体材料，因此通常要通过转移来实现石墨烯等二维材料的应用。

理想的石墨烯转移技术应具有如下特点：① 石墨烯在转移后结构完整、无破损；② 对石墨烯无污染(包括掺杂)；③ 工艺稳定、可靠，并具有较高的适用性。对于仅有原子级或者数纳米厚度的石墨烯而言，由于其宏观强度低，转移过程中极易破损，因此与初始基体的无损分离是转移过程中必须解决的首要问题，也是目前面临的主要难题。

湿法转移是二维材料常用的转移方法，根据使用媒介层种类和剥离方法的不同，又可以分为聚乙烯醇(Polyvinyl Alcohol，PVA)吸附转移法、聚甲基丙烯酸甲酯(Polymethyl Methacrylate，PMMA)辅助转移法、聚左旋乳酸(Poly-L-Lactic Acid，PLLA)快速转移法、小分子掺杂聚苯乙烯(Polystyrene，PS)转移法、纤维素薄膜转移法、化学刻蚀转移法、电化学剥离转移法、牺牲层转移法、金属辅助剥离转移法等。干法转移包括聚二甲基硅氧烷(Polydi-Methylsiloxane，PDMS)剥离转移法、范德华力转移法等。非大气环境中的转移包括惰性气氛转移法、真空转移法等[27]。

以石墨烯为例，PMMA辅助转移法的流程如图1-5所示。先利用PMMA对石墨烯薄膜进行支撑，形成PMMA、石墨烯、铜箔的三明治结构，然后将石墨烯放入过硫酸铵或氯化铁溶液中进行刻蚀，最后转移到指定衬底上，再用有机溶剂丙酮将PMMA去除，即可获得转移后的石墨烯样品。

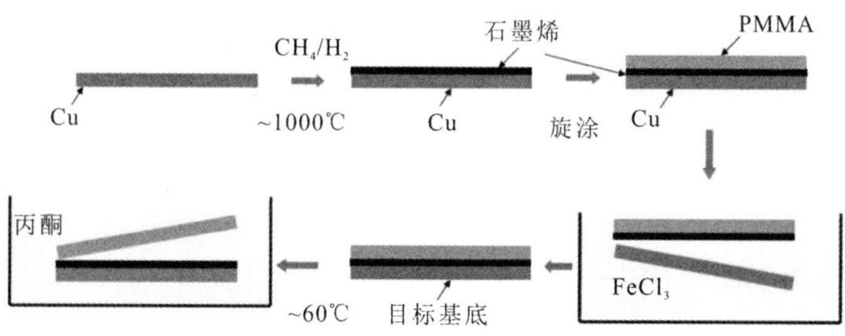

图 1-5　PMMA 辅助转移法的流程

湿法转移的化学腐蚀衬底也存在一定的局限性。例如，涂覆的有机支撑层太薄，转移时容易产生薄膜撕裂，尤其不利于大面积石墨烯薄膜的转移；涂覆的有机支撑层太厚，则具有一定强度，使石墨烯和目标衬底不能充分贴合，在转移介质被溶解除去时会导致石墨烯薄膜被破坏。

图 1-6 为 PDMS 干法转移的过程，先在 PDMS 上机械剥离二维材料，将

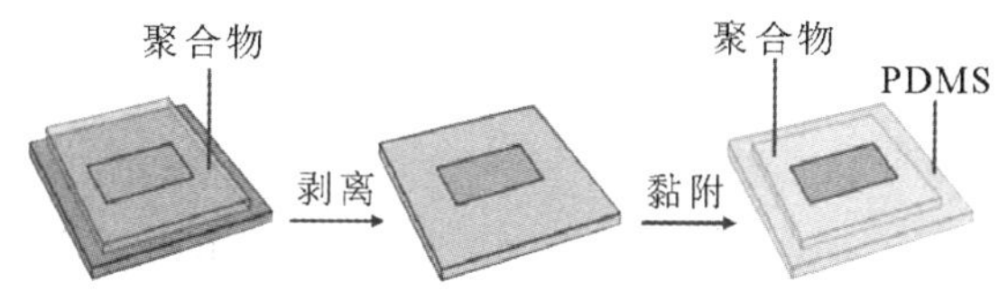

(a) 采用聚合物机械剥离二维材料，整体黏附到PDMS上

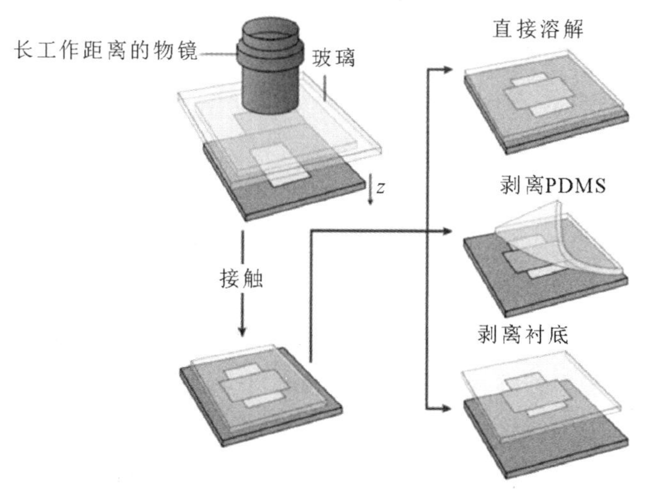

(b) 样品与目标衬底对准、接触，可采用多种方式将样品转移至目标衬底

图 1-6　PDMS 干法转移二维材料[28]

带有样品的 PDMS 翻转，使样品与目标衬底对准后接触，再将 PDMS 从衬底表面剥离，最终样品被成功转移至目标衬底。在干法转移中，金属衬底没有被刻蚀掉，可以重复利用，大大降低了转移成本。这样转移到聚合物上的石墨烯质量很高，但仍然存在缺陷。

1.2 Ⅲ族氮化物异质外延生长及应用

半导体产业发展至今经历了三个阶段：第一代半导体材料以硅为代表；第二代半导体材料砷化镓也已得到广泛应用；第三代半导体材料，如氮化镓(GaN)和碳化硅(SiC)、氧化锌(ZnO)等宽禁带半导体材料，近年来引起了世界各国众多科技工作者的广泛关注。Ⅲ族氮化物是第三代半导体的典型材料，包括 GaN、AlN、氮化铟(InN)以及它们的合金 AlGaN、GaInN、AlInN、AlGaInN。Ⅲ族氮化物材料具有高击穿电压、高饱和电子速度和高稳定性等优异性质，其带隙能量涵盖了从近红外到深紫外的宽光谱范围，是宽禁带半导体中最具吸引力的材料，在高亮度发光二极管(Light Emitting Diode，LED)、激光器(Laser Diode，LD)以及高温大功率、抗辐射微波器件等领域有着广泛的应用潜力和巨大的市场前景，成为科学研究的热点领域。

GaN 薄膜材料的研究始于 20 世纪 60 年代。1969 年，H. P. Maruska 等人采用氢化物气相沉积技术(Hydride Vapor Phase Epitaxy，HVPE)在蓝宝石上沉积出了较大面积的 GaN 薄膜[29]。但是由于材料质量较差和 P 型掺杂困难，GaN 材料曾一度被认为是没有应用前景的材料。Ⅲ族氮化物半导体一般通过几微米以内的多层薄膜结构来实现它在光电器件、电子器件等的应用，外延生长是实现这类多层薄膜结构最常用的方式。外延是指一种晶体(称为外延层，Epilayer)在另一种晶体(称为衬底，Substrate)上沉积堆叠的物理过程，外延层的原子将按照衬底的晶格参数进行有序排列。Ⅲ族氮化物的外延生长方法主要有：金属有机化学气相沉积(Metal-Organic Chemical Vapor Deposition，MOCVD)、HVPE、分子束外延(Molecular Beam Epitaxy，MBE)。20 世纪 80 年代后期，随着 MOCVD 技术的发展，GaN 的研究取得重要突破。异质外延缓冲层技术、P 型掺杂技术等一系列关键的 MOCVD 生长技术，解决了在蓝宝石上生长出

GaN 薄膜材料和 GaN 的 P 型掺杂两大难题，从而为发展高性能Ⅲ族氮化物器件奠定了基础。受惠于此，MOCVD 技术也成为目前生长Ⅲ族氮化物最成熟、应用最广泛的一种外延生长方式。

1.2.1　Ⅲ族氮化物异质外延生长

Ⅲ族氮化物材料存在三种晶体结构，分别为纤锌矿结构、闪锌矿结构和岩盐矿结构。其中纤锌矿结构是热力学稳定结构；闪锌矿结构是一种亚稳态结构，可以稳定地存在于立方相衬底上生长的薄膜中；岩盐矿结构可以在非常高的压力下生长得到。如图 1－7 所示，纤锌矿结构是由Ⅲ族原子层与 N 原子层分别组成的两套六方结构沿 c 轴方向平移 5c/8 嵌套后再沿[0001]方向以 ABABAB…的形式堆垛而成的六方结构；闪锌矿结构是由两个面心立方晶格沿体对角线彼此位移 1/4 对角线长度进行套构并沿[111]方向以 ABCABC…的形式堆垛而成的立方结构。

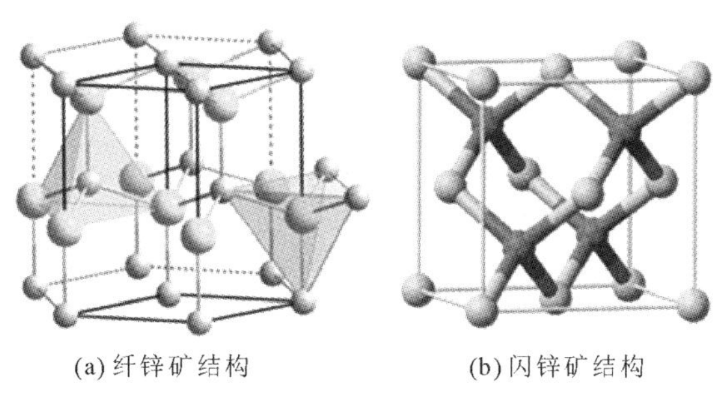

(a) 纤锌矿结构　　(b) 闪锌矿结构

图 1－7　Ⅲ族氮化物材料的两种晶体结构

Ⅲ族氮化物需要在衬底上外延生长得到，根据外延层与衬底材料的区别，可以分为同质外延和异质外延。当外延层与衬底是同一种材料时，称为同质外延，反之则称为异质外延。一般来说，第一代和第二代半导体材料均可采用同质外延方法获得，可以在砷化镓(GaAs)和磷化铟(InP)衬底上外延生长。然而，因为第三代半导体 GaN 具有特殊的稳定性(熔点为 2791 K，融解压为4.5 GPa)，加之自然界缺乏天然的 GaN 体单晶材料，要使 GaN 融化需要极高的平衡氮分压，采用 Si 单晶提拉制备的方法来制备 GaN 单晶将十分困难，而且第三代半导体材料同质衬底比较昂贵，所以大多采用异质外延方法获得。

在原子级水平上，晶格在样品表面处突然终止，会使其最外层的原子产生未配对的电子，即存在未饱和的键，这个键称为悬挂键。当进行异质外延时，外延层与衬底之间会因为与这些悬挂键的相互作用而产生较强的化学键，促使外延层与衬底上的原子一一配对：外延层的原子按照衬底的晶格取向进行排布，模仿衬底的晶体对称性，晶格常数也与衬底保持一致，如图 1-8(a)所示[30]，这样外延层的晶格常数会发生改变，不再维持其固有参数。常用晶格失配度 f 来描述外延层的面内晶格常数与衬底的差异大小，计算公式如下：

$$f=100\%\times\frac{a_s-a}{a} \tag{1-1}$$

式中，a 代表外延层材料的面内晶格常数，a_s 代表衬底的面内晶格常数(外延层材料改变后的晶格常数)。

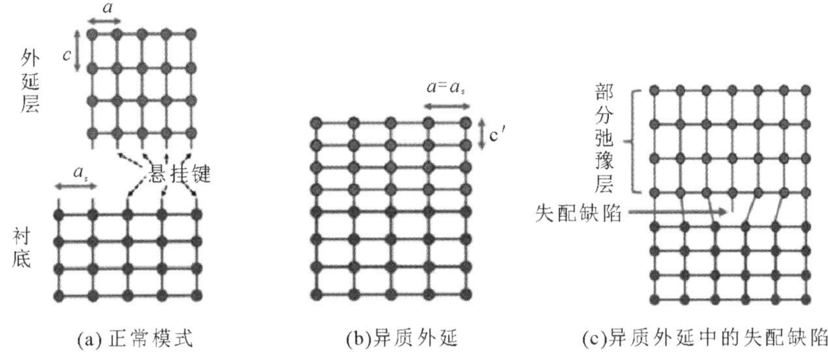

(a) 正常模式　(b)异质外延　(c)异质外延中的失配缺陷

图 1-8　晶格失配外延原理图[30]

在异质外延过程中，当晶格失配度相对较小时，外延层最开始的几个原子层会与衬底一一对应，如图 1-8(b)所示，使外延层中存在晶格变形，这会导致体系中存在一定的应力。应力随着外延层厚度的增加而不断累积，而外延系统储存应力的能力是有限的，当薄膜的厚度超过临界值时，会通过形成缺陷来释放部分应力，如图 1-8(c)所示。晶格失配度越大，形成的缺陷越多，大多以穿透位错、刃位错、堆垛层错等形式存在，这些位错甚至会穿过一定厚度的外延层延伸至量子阱有源区中，充当非辐射复合位点或漏电流通路，严重影响器件性能[31]。因此在进行异质外延时要尽可能选择晶格匹配的衬底以抑制该类缺陷的生成，提高薄膜晶体质量。

由于自然界缺少单晶衬底，目前Ⅲ族氮化物材料的生长主要是由蓝宝石、SiC、Si 衬底等异质外延生长得到的，如表 1-1 所示。蓝宝石由于稳定性高、制备工艺技术成熟、价格低廉而被广泛使用。但正如前面所述，因为晶格常数和热膨胀系数的不匹配，基于蓝宝石的异质外延会在氮化物外延层中产生较大的应力和较高的位错密度，从而造成器件性能的不稳定，为此通常需要低温生长 AlN 或 GaN 缓冲层使失配最小化[32-34]，因而提高了成本。例如，目前采用 MOCVD 技术在蓝宝石上得到的 GaN 外延层的位错密度为 $10^8 \sim 10^{10}/cm^2$，而高稳定性的 LD 允许的缺陷密度在 $10^7\ cm^{-2}$ 以下。蓝宝石的热导率也很低，会影响器件效率、可靠性及寿命，使大功率器件的散热成为一大问题。Si 衬底工艺成熟、价格低，可集成到硅基的大规模集成电路中，但是与 GaN 材料之间存在很大的热失配，降温后易出现裂纹。SiC 衬底的导热性和导电性好，生长的 GaN 位错密度较低，但缺点是 SiC 硬度很高，表面抛光困难，而且价格太过昂贵。此外，氮化物的 P 型掺杂、欧姆接触、高质量 InGaN 和 AlGaN 材料的获得以及器件的集成和模块化等，也都是目前氮化物领域亟待解决的问题。

表 1-1　GaN 基材料外延常用衬底及参数

衬底材料	蓝宝石 (Al_2O_3)	硅(Si)	碳化硅	
			6H-SiC	3C-SiC
晶体结构	六方	立方	六方	立方
晶格常数/nm	a=0.4758 c=1.2991	a=0.5430	a=0.308 c=1.512	a=0.4359
与 GaN 失配度 $\Delta a/a$	16.2%	17.1%	3.5%	3.56%
热膨胀系数/($\times10^{-6}K^{-1}$)	7.5 3.17	2.6	10.3	4.7
导热系数/($W\cdot m^{-1}\cdot K^{-1}$)	46	150	490	490
熔点/℃	2030	1420	2700	2830
稳定性	良好	一般	良好	良好
外延 GaN	六方	立方	六方	立方
成本	中	低	高	高

1.2.2 Ⅲ族氮化物的应用前景

20 世纪 90 年代，日本名古屋大学的赤崎勇、天野浩以及日本日亚公司的中村修二通过不断努力，成功解决了蓝宝石上高质量 GaN 薄膜的生长与 GaN 的 P 型掺杂难题，实现了商业化的高效率氮化物蓝光 LED[35]。2014 年，诺贝尔物理学奖被授予这三位科学家，以表彰他们发明了蓝色 LED，带来了新型的节能光源。GaN 材料的突破使得基于氮化物半导体的器件有了突飞猛进的发展，同时也带动了其他各种Ⅲ族氮化物及各种高性能Ⅲ族氮化物器件的发展，如 LED、LD、紫外探测器(Ultraviolet Photodetector，UV PD)等光电子器件和高电子迁移率晶体管(High Electron Mobility Transistor，HEMT)等高功率电子器件相继问世[36-37]。

基于 GaN 材料体系的光电子器件的产业化已经在世界上取得了重大进展，特别是 GaN 基 LED 器件具有高效节能、长寿命、宽光谱、智能化等特点，是继白炽灯、荧光灯之后照明光源的又一次革命，为解决日益严峻的能源和环境问题提供了重要途径。GaN 基 LD 在高密度信息存储、激光显示、水下光纤通信、生物医学等民用和军用领域都有重要而广泛的应用，是光电子产业的龙头产品。GaN 基微波功率器件对军事国防领域意义重大，可应用于相控雷达、电子对抗、导弹和无线电通信等方面；在民用商业应用领域，可用于无线基础设施(基站)、卫星通信、有线电视和功率电子等方面。GaN 基探测器在火焰探测、导弹预警等方面有重要应用，通过调节 Al 组分，可以得到 AlGaN 基日盲紫外光电探测器。GaN 基电力电子器件的导通电阻，仅为传统器件的近千分之一，且开关速度比传统器件高几十倍，可大大降低电源的损耗，节约电能，在光伏领域和电动/混合动力汽车等领域得到了广泛的应用。综上所述，Ⅲ族氮化物器件将在通信、控制、传感、信息处理、电子、软件等多种技术交叉的新的基础科学领域有重要的应用价值。

随着柔性材料和器件的不断发展，其应用横跨航空、消费电子、医疗保健、机器人和工业自动化等多个领域，所能提供的产品包括柔性显示屏、化学与生物传感器、柔性光伏、柔性逻辑与存储、柔性电池、可穿戴设备、电子报纸、电子皮肤等多个方向，未来有望改变人们衣食住行等方面。氮化物常用的生长方式采用 MOCVD 和 MBE 方法，高质量的外延氮化物薄膜只能在高于

800℃的晶格匹配单晶衬底上生长[34]，对于大面积或柔性器件应用，器件需要在玻璃、塑料或金属衬底上制造。然而，玻璃衬底作为非晶材料不能用于高质量晶体薄膜的外延生长，塑料衬底对高温没有耐受性；一般氮化物半导体是使用低温 AlN、低温 GaN 或 AlON 等组成的缓冲层在蓝宝石衬底上生长的，由于缓冲层和半导体之间的强共价键 sp^3 键合，从蓝宝石衬底上释放氮化物半导体具有一定的困难，因此需要将在蓝宝石、硅衬底上外延的氮化物剥离下来转移至柔性衬底，或者找到合适的缓冲层/释放层实现氮化物薄膜与衬底的机械剥离。目前基于蓝宝石的激光剥离需要激光扫描和额外的激光调整，或将硅衬底通过化学腐蚀剥离，都需要较高的能耗或时间成本，成品率不高，难以大规模应用。随着可折叠及可穿戴设备需求的不断增加，把氮化物薄膜器件与柔性衬底结合在一起成为了研究重点，需要进一步克服异质外延的晶格失配和热失配、提升氮化物材料晶体质量、降低成本制备得到柔性氮化物器件，因而也需要新的外延技术来实现这一目标。

1.3　二维材料上准范德华外延氮化物原理及应用

1.3.1　二维材料上氮化物准范德华外延生长

Ⅲ族氮化物材料和器件面临的问题亟待解决，而二维材料的出现拓宽了传统三维材料异质结构的材料范围，引发了三维体材料和二维原子层之间新的耦合现象的基础研究。由于二维材料独特的层间范德华力，混合异质结构对材料及功能器件系统至关重要。

早在 1984 年，在研究异质外延机理的过程中，A. Koma 等人首次展示了 Se/Te 和 $NbSe_2$/MoS_2 材料体系[38]，发现异质外延也可以通过较弱的范德华力连接。在这样的体系中，衬底材料表面没有如图 1－9(a)所示的悬挂键存在，因此无法形成强的化学键，衬底与外延层之间仅有微弱的相互作用，并不能明显拉紧外延层最开始的几层，即外延层并不会完全按照衬底的晶格常数进行排布，而是可以维持其固有参数，如图 1－9(b)所示，这样可以避免因为晶格失配引入的缺陷问题。

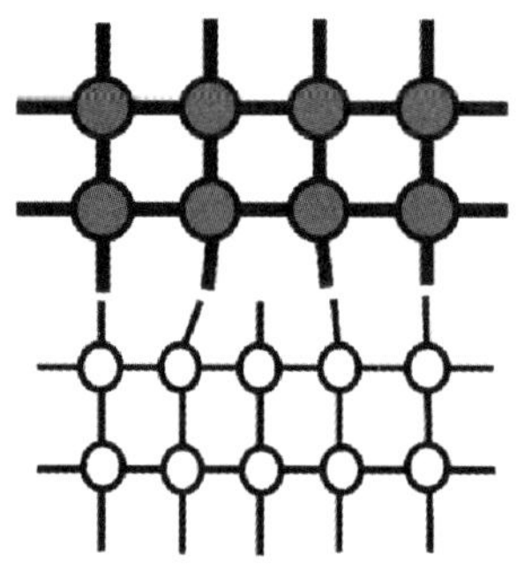

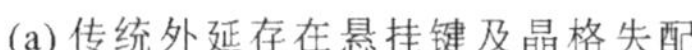

(a) 传统外延存在悬挂键及晶格失配

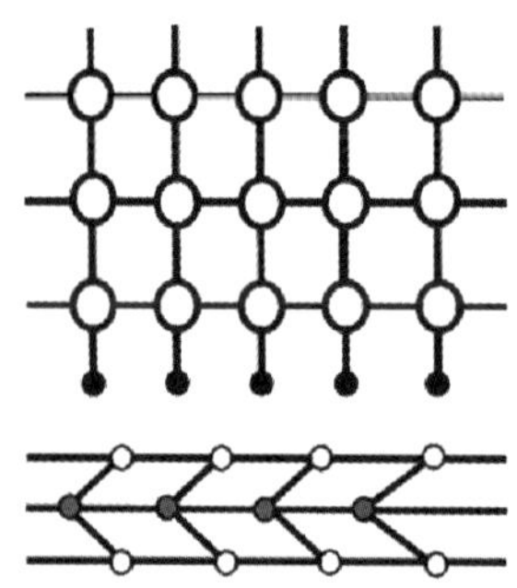

(b) 三维材料在二维材料上外延

图 1-9　两种三维材料的外延方法示意图

在 2004 年石墨烯出现之前，人们对二维材料的研究较少，认为由于热力学限制，随着材料层数的减少，二维材料的熔点会迅速下降，使其更加不稳定，从而使薄膜变成孤岛或溶解。而石墨烯的出现改变了这种传统观念，最新的理论研究表明，在二维材料的制备中将会出现褶皱，通常将其视为三维结构。这种三维翘曲将导致应变能增加，并降低材料的热振动，从而使总自由能降至最低，使得二维材料可以保持稳定[39]；同时，类似于石墨烯的二维层状材料每一单层内都有强的共价键，而相邻单层间是较弱的范德华力，如图 1-10(a)所示。所谓范德华外延(van der Waals Epitaxy，vdWE)，是指通过范德华力连接而不是通过化学键连接进行的材料生长，如石墨烯、h-BN 作为二维原子晶体具有层状结构，其层内原子间存在 sp^2 共价键，而层间存在弱的范德华力。

当在二维材料上外延三维氮化物薄膜时，即在衬底和外延材料之间引入二维材料中间层，这时三维共价键和二维范德华力共存，我们可称之为准范德华外延[40]。如图 1-10(b)所示，在二维材料上外延生长三维材料，界面同样存在化学相互作用，但与三维外延层/三维衬底之间的化学键相比，三维外延层与二维材料之间的化学相互作用降低了约两个数量级。通过范德华力有助于原子对准，使外延层与衬底晶体之间结构排列一致。常规异质外延通过引入螺位错形成失配位错来弛豫晶格失配膜中积累的应变能，如图 1-11(a)所示，而准范德华外延由于没有化学键生成，二维材料表面对于外延层的界面移动具有较低的能量势垒，在晶格失配产生的累积弹性能量诱发失配位错之前二维材料上生

长的外延层能够自发弛豫，这种效应在高度错配的材料系统中的作用愈发突出（见图 1－11(b)）。弱化的界面为二维材料涂层衬底上异质外延过程中的应变弛豫提供了另一种途径，基于二维材料的准范德华外延为大失配下氮化物薄膜生长和柔性转移开启了新的大门。

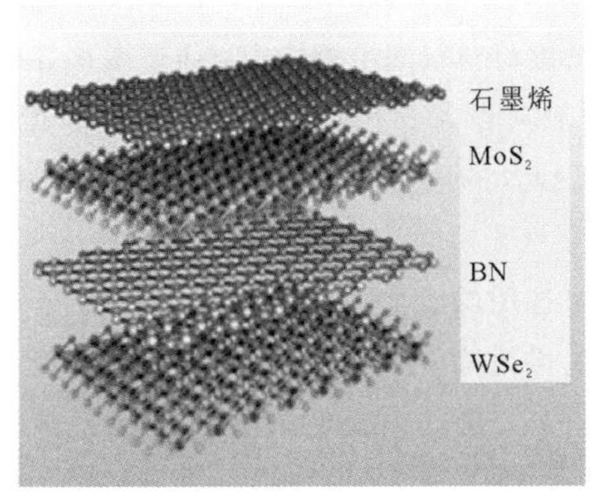

(a) 通过范德华力形成不同二维材料的示意图

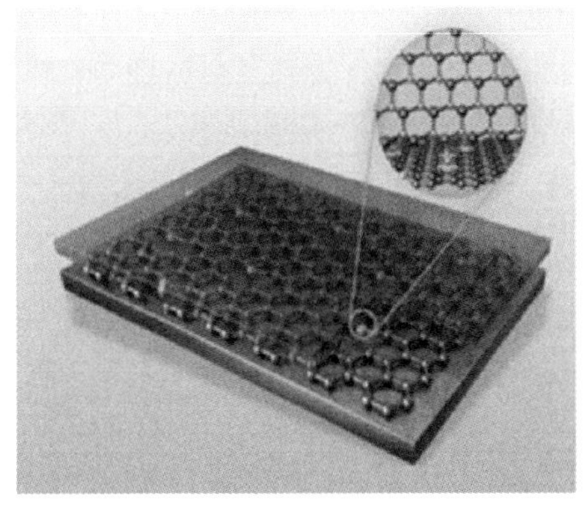

(b) 二维材料上通过准范德华外延生长氮化物的示意图

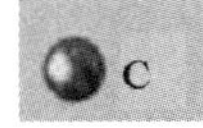

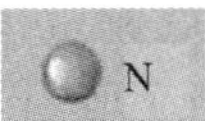

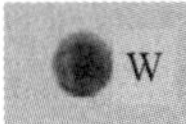

图 1－10　二维材料上准范德华外延机理示意图[39]

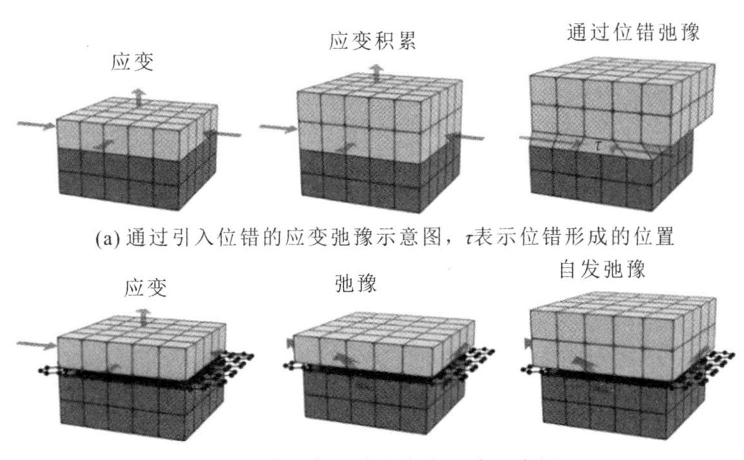

(a) 通过引入位错的应变弛豫示意图，τ表示位错形成的位置

(b) 通过自发弛豫的应变弛豫示意图

图 1－11　二维材料上通过准范德华外延生长氮化物的示意图[41]

与传统的Ⅲ族氮化物异质外延生长相比，准范德华外延的二维材料表面没有悬挂键，其初始衬底与外延层通过二维材料间弱的范德华力结合，允许外延层与衬底有很大的晶格失配和不同的晶格对称性。类似石墨烯这样的二维材料在这里取代传统的低温缓冲层，能够减小外延层中的应力。此外，二维材料上氮化物准范德华外延还具有如下几个特点：

(1) 实现外延层与衬底剥离。利用二维材料层间范德华力，通过滑移等途径可实现外延膜柔性剥离[42-44]，不需要剥离设备和化学腐蚀剂，操作简单快速，平整性好，适合转移到外来衬底上。因此，很容易实现 GaN 基氮化物器件在大面积、廉价、柔性衬底上的转移，同时衬底无损可以重复利用，提高经济效益。

(2) 避免对传统单晶衬底的依赖，可选用低成本、大尺寸新型衬底。采用石墨烯、h-BN 作为缓冲层之后，因其为准范德华外延生长，二维材料屏蔽了下层衬底晶格的延续，对衬底的依赖性降低，可以选择更加多样、更加便宜的衬底，如石英玻璃、金属衬底等。这不仅对 GaN 光电子产业具有推动作用，也促进了晶体生长技术的进步。

(3) 改善器件散热性能。二维材料特别是石墨烯具有很好的热传导性能，石墨烯在室温下的热导率约为 5000 W/(mK)，是铜热导率的十多倍。采用石墨烯作为缓冲层进行外延生长及器件制作，可以缓解器件工作过程中的热聚集，起到良好的散热作用。

综上所述，以石墨烯、h-BN 和 TMD 等为代表的二维材料，其独特的晶体结构和电子结构，为准范德华外延氮化物材料、器件制备提供了新的发展方向和技术路线。通过探索二维材料过渡层上的低缺陷密度氮化物外延生长方法，有望突破衬底材料的限制，推动柔性半导体器件的发展和应用。这些二维材料完全改变了过去氮化物在蓝宝石、硅等单晶衬底上的大失配异质外延生长方式，成为一项颠覆性制备技术，有助于基础物理方面的研究，也为新型半导体在照明、通信、能源、健康等领域的广泛应用奠定了基础。

1.3.2 二维材料上准范德华外延技术应用

以 GaN、AlN 为代表的氮化物半导体材料，在一些特定领域正在逐渐取代第一代半导体(Si、Ge)和第二代半导体材料(GaAs、InP)，成为下一代半导体产业的核心支撑材料。二维材料上准范德华外延(vdWE)技术由于其独特的优

势，开发三维上的二维(2D/3D)和二维上的三维(3D/2D)集成方法等，可以将其应用领域拓宽至柔性可穿戴设备等，结合不同材料的特性耦合来构筑高性能器件，进一步发挥氮化物半导体的优异特性。利用准范德华外延的技术主要有2D/3D、3D/2D、3D/2D/3D 集成[45]，如图 1-12 所示。2D/3D 异质结构是通过在 3D 材料上转移或生长 2D 材料来得到的，特别是利用 vdWE 技术可保护 3D 上的 2D 异质结构的原始界面，同时充分放松晶格匹配限制。在传统的外延工艺中，悬挂键存在于衬底表面，导致吸附物的化学键合。在 vdWE 工艺中，吸附质通过范德华力结合到衬底表面，而不转移或共享电子。这便形成了具有大晶格失配的异质结构，由于结构的高应变能，在衬底上产生了高度织构化的多晶二维材料。相对于多晶 3D 材料，2D 材料中晶界的存在对器件性能的损害较小，但必须精确设计许多因素，如衬底类型、前驱体、温度和压力，控制成核、聚结、薄膜厚度等，以获得高质量的异质结构。与 2D/3D 外延生长不同，2D 材料的转移不受这些约束的影响，它可以更灵活地用于 2D/3D 异质结构的设计。如图 1-13(a)所示，通过沉积金属的干法转移工艺，能使 2D 材料在干燥环境中从生长衬底上剥离，并立即结合到目标 3D 衬底的表面，确保形成清洁的 3D/2D 界面。该工艺适用于广泛的材料，没有热和化学的限制，但是在 2D 材料的表面上不可避免地会有诸如聚合物或金属的加工残留物。图 1-13(b)

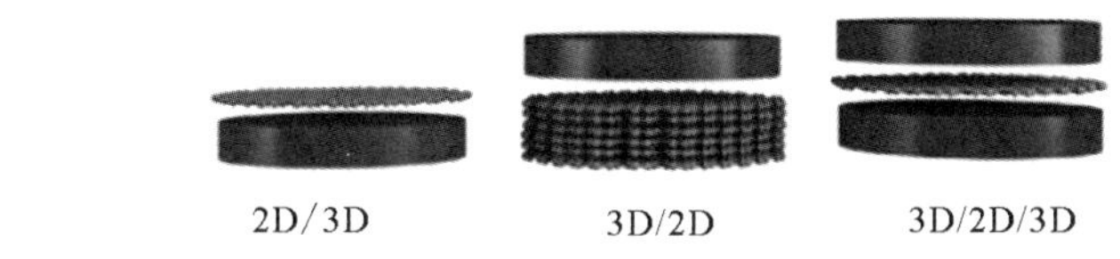

图 1-12　三种范德华异质集成结构[45]

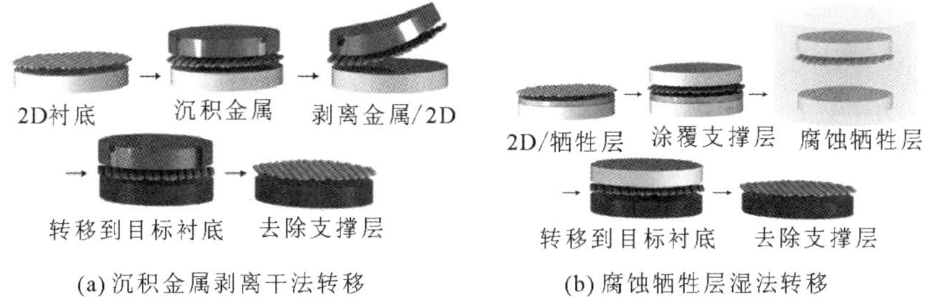

(a) 沉积金属剥离干法转移　　(b) 腐蚀牺牲层湿法转移

图 1-13　2D/3D 转移方法[45]

所示为湿法转移，涂有聚合物处理剂的薄 2D 材料被浸入湿化学蚀刻溶液中，将它们与衬底分离，随后被目标 3D 衬底从溶液中捞起，聚合物被化学溶解。虽然该工艺可以按比例放大，堆叠复杂的异质结构，但是由于 2D 材料表面与湿化学溶液直接接触，导致 2D/3D 界面的质量变差。

尽管近年来成熟的二维材料转移或 vdWE 工艺促进了 2D/3D 异质结构的制备和研究，但实现 3D/2D 的异质结构仍处于不成熟的阶段。vdWE 也启发了在二维材料上外延合成应变弛豫的三维材料。然而生长三维材料的平面单晶薄膜仍然具有挑战性，因为层状材料的范德华表面的润湿性差并且抑制其成核。近几年，二维材料上准范德华外延技术的研究热点包括界面理论计算、生长成核调控和动力学过程研究、新型器件研发。通过研究生长机理和工艺来提升氮化物材料的质量，以及开发柔性剥离和转移手段，可最终制备得到性能优异的器件，包括发光器件、功率器件和压电器件等。通过广泛研究石墨烯、h－BN、TMD 等典型层状二维材料的准范德华外延技术，对 GaN 和 AlN 材料开展了外延和器件制备，从而为后续柔性半导体器件的实现奠定了基础。

本节特别关注在二维材料上获得高质量三维晶体材料的先进生长技术，将简单介绍石墨烯、h－BN、TMD 准范德华外延氮化物的部分应用。

1. 石墨烯缓冲层

自 2010 年至今，国内外的团队利用多种生长方法制备得到了高质量的石墨烯，并以其作为缓冲层生长出高质量的氮化物，最终实现了氮化物器件的剥离，制备得到了具备优异性能的半导体氮化物器件。制备石墨烯缓冲/释放层的方法[18]，目前主要有转移印刷法(最常用的包括 CVD 合成和机械剥离得到石墨烯片)、热分解法，也可通过低温扩散辅助合成(Diffusion Assisted Synthesis，DAS)或常压化学气相沉积(Atmospheric Pressure Chemical Vapor Deposition，APCVD)工艺直接合成石墨烯到所需的衬底上而无需转移印刷，这种石墨烯化衬底可以直接用于Ⅲ族氮化物准范德华外延。

利用石墨烯作为缓冲层生长氮化物已取得一定进展：首尔国立大学 K. Chung 以高密度垂直排列的氧化锌纳米墙和石墨烯为中间层[46]，IBM 沃森中心的 J. Kim 团队在 4H－SiC 热分解形成的石墨烯上直接生长高质量单晶 GaN 薄膜并提出了新的层转移方法[47-48]，D. H. Mun 等人在不同取向的蓝宝

石衬底上制备了石墨烯多层缓冲层 GaN 微结构[49]，中科院半导体研究所在垂直石墨烯纳米结构上生长 AlN 薄膜[50]等，这些均实现了 LED 器件性能的提升。

正是得益于石墨烯和其外延层之间的弱相互作用，石墨烯缓冲层可用于氮化物薄膜的多次生长和转移循环，上层的 LED 可以很容易地转移到诸如金属或塑料等外来衬底上，以提高器件的热导率或达到理想的柔性。例如，金属衬底具有优异的散热能力，有助于构筑大功率 LED 器件；而塑料、玻璃等衬底则可以实现大面积、全彩无机 LED 显示屏与柔性器件的制备。

目前，石墨烯基准氮化物外延已经制备得到了柔性垂直型 LED、柔性紫外光电探测器，显示出优异的光电性能。

2. h－BN 缓冲层

h－BN 作为二维材料中的氮化物，它的研究更为氮化物的发展提供了参考方向，有望实现氮化物半导体器件向大面积、灵活和价格合理的衬底转移。

早在 1998 年就有 h－BN 用作生长高质量氮化物半导体器件的缓冲层/释放层的研究[51]，后来陆续开发出了 h－BN 缓冲层生长氮化物材料并转移制备得到柔性器件，如垂直型 InGaN/GaN LED、AlGaN/GaN HEMT、柔性 h－BN 基金属-半导体金属（MSM）光电探测器、AlGaN 基深紫外 LED 等[52-56]，有望为获得具有晶圆尺寸的可转移高效氮化物器件铺平道路。

3. TMD 缓冲层

早在 1999 年，日本筑波大学 K. Akimoto 等人[57]利用块状 MoS_2 作为衬底，通过 MBE 的方法在其上外延了 GaN 薄膜。近年来的研究表明：尽管 MoS_2 在氮化物的高温生长阶段发生了分解，但却通过影响其初始阶段的成核状况实现了氮化物在衬底表面的调控生长，改善了晶体质量[58]，这与先前其他二维材料的作用是一致的。目前，已在 MoS_2、WS_2 单晶上实现了 GaN 在 TMD/SiO_2/Si 衬底上的外延[59]；在 WS_2/蓝宝石衬底上制备连续 AlN 薄膜从而得到了 AlGaN 基深紫外 LED[60]。

P. Gupta 等人对 WS_2、MoS_2、WSe_2、$MoSe_2$、ReS_2 和 $ReSe_2$ 等一系列 TMD 进行了相关的研究[58]。图 1－14 展示了不同Ⅲ族氮化物和 TMD 的带隙与面内晶格参数的关系，WS_2 和 MoS_2 与氮化镓的晶格失配率分别为 1.0%和 0.8%，这样的小失配为高质量氮化物薄膜和高性能器件的制备开辟了新的研究方向。

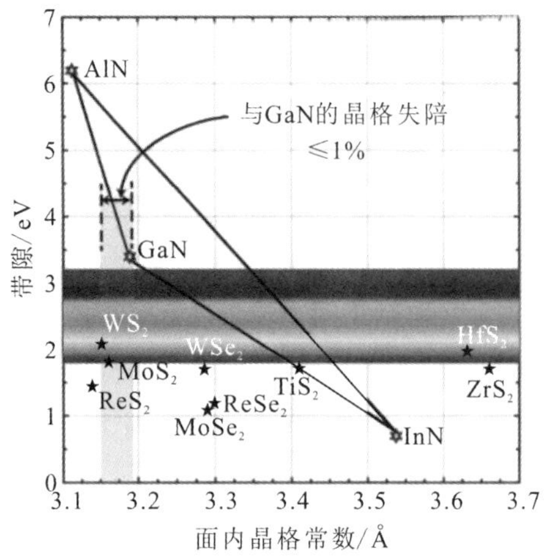

图 1-14　不同Ⅲ族氮化物和 TMD 的带隙与面内晶格参数的关系[58]

小　　结

在Ⅲ族氮化物研究蓬勃发展的当下，科研和产业上都面临一个很关键的核心难题，就是普遍存在的异质外延无法实现高质量单晶外延。异质外延的困难导致衬底的选择十分受限，然而随着研究和产业发展的不断推进，对新型衬底的需求越来越大，目前解决异质外延的晶格失配问题最主要的办法是低温生长的缓冲层技术。随着二维材料的蓬勃发展，以二维材料作为插入层来覆盖不同的衬底，利用准范德华外延的方法来进行Ⅲ族氮化物的外延成为了一个很有前景的研究方向。

本章重点介绍了二维材料的发展状况和准范德华外延的原理及应用，涉及二维材料的定义、分类、物理化学性质以及多种生长方法，随后引入准范德华外延的定义，介绍了二维材料上准范德华外延氮化物的原理和应用，这使得第三代半导体材料成为二维晶体产业化应用的一个重要方向。

参 考 文 献

[1]　朱宏伟，王敏．二维材料：结构、制备与性能．硅酸盐学报，2017，45：1043-1053．

［2］ NOVOSELOV K S, GEIM A K, MOROZOV S V, et al. Electric Field Effect in Atomically Thin Carbon Films. Science, 2004, 306: 666－669.

［3］ TAN C L, CAO X H, Wu X J, et al. Recent Advances in Ultrathin Two-Dimensional Nanomaterials. Chem. Rev. 2017, 117: 6225－6331.

［4］ ZHANG H. Ultrathin Two-Dimensional Nanomaterials. ACS Nano, 2015, 9: 9451－9469.

［5］ 高利芳，宋忠乾，孙中辉，等. 新型二维纳米材料在电化学领域的应用与发展. 应用化学，2018，35：247－258.

［6］ 於逸骏，张远波. 从二维材料到范德瓦尔斯异质结. 物理，2017，4：5－13.

［7］ MATTHEW J A, VINCENT C T, RICHARD B K. Honeycomb Carbon: A Review of Graphene. Chem. Rev, 2010, 110: 132－145.

［8］ BALANDIN A A, GHOSH S, BAO W, et al. Superior Thermal Conductivity of Single-Layer Graphene. Nano Lett, 2008, 8: 902－907.

［9］ Geim A K, GRIGORIEVA I V. Van der Waals Heterostructures. Nature, 2013, 499: 419－425.

［10］ ZHANG Y B, TAN Y W, STORMER H L, et al. Experimental Observation of the Quantum Hall Effect and Berry's Phase in Graphene. Nature, 2005, 438: 201－204.

［11］ STOLLER M D, PARK S, ZHU Y, et al. Graphene-Based Ultracapacitors. Nano Lett, 2008, 8: 3498－3502.

［12］ NAIR R R, BLAKE P, GRIGORENKO A N, et al. Fine Structure Constant Defines Visual Transparency of Graphene. Science, 2008, 320: 1308－1308.

［13］ LEE C, WEI X D, KYSAR J W, et al. Measurement of the Elastic Properties and Intrinsic Strength of Monolayer Graphene. Science, 2008, 321: 385－388.

［14］ JIANG H X, LIN J Y. Basic Properties of h－BN Epilayers. ECS J. Solid State Sci. Technol, 2017, 6: Q3012.

［15］ HIROKI M, KUMAKURA K, KOBAYASHI Y, et al. Suppression of Self-Heating Effect in AlGaN/GaN High Electron Mobility Transistors by Substrate-Transfer Technology Using h－BN. Appl. Phys. Lett, 2014, 105: 193509.

［16］ PADUANO Q, SNURE M, SIEGEL G, et al. Growth and Characteristics of AlGaN/GaN Heterostructures on sp^2-bonded BN by Metal-Organic Chemical Vapor Deposition. J. Mater. Res, 2016, 31: 2204－2213.

［17］ YU J D, WANG L, HAO Z B, et al. Vander Waals Epitaxy of Ⅲ-Nitride Semiconductors Based on 2D Materials for Flexible Applications. Adv. Mater, 2019, 1903407.

[18] CHEN Y, FAN Z X, ZHANG Z C, et al. Two-Dimensional Metal Nanomaterials: Synthesis, Properties, and Applications. Chem. Rev, 2018, 118: 6409 - 6455.

[19] MARTELLA C, MENNUCCI C, LAMPERTI A, et al. Designer Shape Anisotropy on Transition-Metal-Dichalcogenide Nanosheets. Adv. Mater, 2018, 30: 1705615.

[20] GUO B J, YU K, LI H L, et al. Coral-Shaped MoS_2 Decorated with Graphene Quantum Dots Performing as a Highly Active Electrocatalyst for Hydrogen Evolution Reaction. ACS Appl. Mater. Interfaces. 2017, 9: 3653 - 3660.

[21] DENG J, LI H, WANG S, et al. Multiscale Structural and Electronic Control of Molybdenum Disulfide Foam for Highly Efficient Hydrogen Production. Nat. Commun, 2017, 8: 14430.

[22] LAMOUNTAIN T, LENTERINK E J, CHEN Y J, et al. Environmental Engineering of Transition Metal Dichalcogenide Optoelectronics. Front. Phys, 2018, 13: 138114.

[23] VOIRY D, MOHITE A, CHHOWALLA M. Phase Engineering of Transition Metal Dichalcogenides. Chem. Soc. Rev, 2015, 44: 2702 - 2712.

[24] GEIM A K, NOVOSELOV K S. The Rise of Graphene. Nat. Mater, 2007, 6: 183 - 191.

[25] 赵滨悦. 二维 GaN 基材料 CVD 制备与理论研究[D], 西安: 西安理工大学, 2019, 2 - 3.

[26] TANG C, ZHOMG L, ZHANG B S, et al. 3D Mesoporous van der Waals Heterostructures for Trifunctional Energy Electrocatalysis. Adv. Mater, 2018, 30: 1705110.

[27] 廖俊懿, 吴娟霞, 等. 二维材料的转移方法. 物理学报, 2021, 70: 227 - 243.

[28] CASTELLANOS-GOMEZ A, BUSCEMA M, MOLENAAR R, et al. van der Zant H S J, Steele G A. 2014. Deterministic Transfer of Two-dimensional Materials by All-dry Viscoelastic Stamping. 2D Mater, 2014, 1: 011002.

[29] MARUSKA H P, TIETJEN J J. The Preparation and Properties of Vapor-deposited Single-crystalline GaN. Appl. Phys. Lett, 1969, 15: 327 - 329.

[30] UTAMA M I, ZHANG Q, ZHANG J, et al. Recent Developments and Future Directions in the Growth of Nanostructures by van der Waals Epitaxy. Nanoscale. 2013, 5: 3570 - 3588.

[31] 陈召龙, 高鹏, 刘忠范. 新型石墨烯基 LED 器件: 从生长机理到器件特性[J], 物理化学学报, 2020, 36: 1907004.

[32] NARUKAWA Y, ICHIKAWA M, SANGA D, et al. White Light Emitting Diodes with Super-High Luminous Efficacy. J. Phys. D: Appl. Phys, 2010, 43: 354002.

[33] KIM C, ROBINSON I K, MYOUNG J, et al. Buffer Layer Strain Transfer in AlN/GaN Near Critical Thickness. J. Appl. Phys, 1999, 85: 4040 - 4044.

[34] TAN X Y, YANG S Y, LI H J. Epitaxy of Ⅲ-Nitrides Based on Two-Dimensional Materials. Acta Chimical Sinica, 2017, 75: 271 - 279.

[35] AKASAKI I. Key Inventions in the History of Nitride-based Blue LED and LD. J. Cryst. Growth, 2007, 300: 2 - 10.

[36] ISHIDA M, UEDA T, TANAKA T, et al. GaN on Si Technologies for Power Switching Devices. IEEE Trans. Electron Devices, 2013, 60: 3053 - 3059.

[37] CHAN W, WOMG K Y, CHEN K J. Single-chip Boost Converter using Monolithically Integrated AlGaN/GaN Lateral Field-effect Rectifier and Normally-off HEMT. IEEE Electron Device Lett, 2009, 30: 430 - 432.

[38] KOMA A, SUNOUCHI K, MIYAJIMA T. Fabrication and Characterization of Heterostructures with Subnanometer Thickness. Microelectron Eng, 1984, 2: 129 - 136.

[39] LIANG D D, WEI T B, WANG J X, et al. Quasi van der Waals Epitaxy Nitride Materials and Devices on Two-Dimension Materials. Nano Energy, 2020, 69: 104463.

[40] ALASKAR Y, ARAFIN S, WICKRAMARATNE D, et al. Towards van der Waals Epitaxial Growth of GaAs on Si Using a Graphene Buffer Layer. Adv. Funct. Mater, 2014, 24: 6629 - 6638.

[41] BAE S H, LU K, HAN Y, et al. Graphene-Assisted Spontaneous Relaxation Towards Dislocation-Free Heteroepitaxy. Nat Nanotechnol, 2020, 15: 272 - 276.

[42] GARCIA J M, WURSTBAUER U, LEVY A, et al. Graphene Growth on h - BN by Molecular Beam Epitaxy. Solid State Commun, 2012, 152: 975 - 978.

[43] SHI Y, ZHOU W, LU A Y, et al. Van der Waals Epitaxy of MoS_2 Layers Using Graphene as Growth Templates. Nano Lett, 2012, 12: 2784 - 2791.

[44] FERNANDEZ-GARRIDO S, RAMSTEINER M, GAO G, et al. Molecular Beam Epitaxy of GaN Nanowires on Epitaxial Graphene. Nano Lett, 2017, 17: 5213 - 5221.

[45] BAE S H, KUM H, KONG W, et al. Integration of Bulk Materials with Two-Dimensional Materials for Physical Coupling and Applications. Nat Mater, 2019, 18: 550 - 560.

[46] CHUNG K, LEE C H, YI G C. Transferable GaN Layers Grown on ZnO-coated Graphene Layers for Optoelectronic Devices. Science, 2010, 330: 655 - 657.

[47] KIM J, BAYRAM C, PARK H, et al. Principle of Direct van der Waals Epitaxy of

Single-Crystalline Films on Epitaxial Graphene. Nat Commun, 2014, 5: 4836.

[48] KIM Y, CRUZ S S, LEE K, et al. Remote Epitaxy Through Graphene Enables Two-Dimensional Material-Based Layer Transfer. Nature, 2017, 544: 340 - 343.

[49] MUN D H, BAE H, BAE S, et al. Stress Relaxation of GaN Microstructures on a Graphene-Buffered Al_2O_3 Substrate. Physica Status Solidi (RRL), 2014, 8: 341 - 344.

[50] YIN Y, REN F, WANG Y Y, et al. Direct van der Waals Epitaxy of Crack-Free AlN Thin Film on Epitaxial WS_2. Materials, 2018, 11: 2464.

[51] BOO J H, ROHR C, Ho W. MOCVD of BN and GaN Thin Films on Silicon: New Attempt of GaN Growth with BN Buffer Layer. J. Cryst. Growth, 1998, 189: 439 - 444.

[52] MAKIMOTO T, KUMAKURA K, KOBAYASHI Y, et al. A Vertical InGaN/GaN Light-Emitting Diode Fabricated on a Flexible Substrate by a Mechanical Transfer Method Using BN. Appl. Phys. Express, 2012, 5: 072102.

[53] JIANG H X, LIN J Y. Hexagonal Boron Nitride for Deep Ultraviolet Photonic Devices. Semicond. Sci. Technol, 2014, 29: 084003.

[54] CHUNG K, OH H, JO J, et al. Transferable Single-Crystal GaN Thin Films Grown on Chemical Vapor-Deposited Hexagonal BN Sheets. NPG Asia Mater, 2017, 9: e410.

[55] WU Q Q, YAN J C, ZHANG L, et al. Growth Mechanism of AlN on Hexagonal BN/Sapphire Substrate by Metal-organic Chemical Vapor Deposition. CrystEngComm, 2017, 19: 5849 - 5856.

[56] WU Q Q, GUO Y N, SUNDARAM S, et al. Exfoliation of AlN Film Using Two-Dimensional Multilayer Hexagonal BN for Deep-Ultraviolet Light-Emitting Diodes. Appl. Phys. Express, 2019, 12: 015505.

[57] YAMADA A, HO K P, MARUYAMA T, et al. Molecular Beam Epitaxy of GaN on a Substrate of MoS_2 Layered Compound. Appl. Phys. A, 1999, 69: 89 - 92.

[58] GUPTA P, RAHMAN A A, SUBRAMANIAN S, et al. Layered Transition Metal Dichalcogenides: Promising Near-Lattice-Matched Substrates for GaN Growth. A. Sci. Rep, 2016, 6: 23708.

[59] ZHANG Y, CHANG T R, ZHOU B, et al. Direct Observation of the Transition from Indirect to Direct Bandgap in Atomically Thin Epitaxial $MoSe_2$. Nat. Nanotechnol, 2014, 9: 111 - 115.

[60] YIN Y, REN F, WANG Y, et al. Direct Van Der Waals Epitaxy of Crack-Free AlN Thin Film on Epitaxial WS_2. Materials, 2018, 11: 2464.

第 2 章

二维材料/氮化物准范德华外延界面理论计算

作为二维晶体材料的典型代表，石墨烯由单层碳原子通过 sp^2 杂化成键，排列成规则的六边形蜂窝状晶格结构[1-2]。由于表面不存在悬挂键，石墨烯表面对任何外来原子都是化学惰性的，这使得通过常规外延方法在其表面上生长三维的半导体材料具有很大的挑战性，解决这一问题的一种可能方法是使用准范德华外延技术[3]。

与具有强化学键作用的常规异质外延相比，准范德华外延中的成键机理不同，因此生长的外延材料不必与石墨烯晶格匹配，并且不会产生由应变引起的高密度界面缺陷。另外，悬挂键的缺乏会导致二维材料表面成核位点少，不利于反应前驱物的吸附成核，一定程度上影响了外延层的连续性与光滑程度。近年来随着二维材料研究热潮的兴起，使用石墨烯作为缓冲层进行外延生长的研究工作越来越多，因而很有必要研究氮化物准范德华外延的界面理论计算。

在理论计算中，预测元素在石墨烯上的吸附趋势对于更好地理解各种复杂的吸附情况非常重要，同时也为二维石墨烯材料上制备具有多种新颖性能的半导体材料提供了有效的指导。本章在前人研究的基础上，结合最近的计算结果，介绍了不同的金属元素在石墨烯上的吸附趋势，主要包括吸附能、吸附构型、最稳定位、吸附原子高度、迁移能等方面。对于周期表Ⅰ-Ⅲ族的吸附原子，计算结果与离子键的结果一致，吸附的特点是石墨烯的电子态变化很小，电荷转移很大；对于过渡金属、贵金属和Ⅳ族金属，计算结果与共价键一致，吸附的特点是吸附原子和石墨烯电子态之间的强杂化。这些计算将对石墨烯等二维材料与不同半导体材料之间异质集成的设计和实现有很大的帮助。

2.1　二维材料上氮化物金属原子的吸附与迁移

密度泛函理论(Density Functional Theory，DFT)计算已被广泛用于研究石墨烯表面不同原子和分子的吸附位点和吸附能[4]。在本小节中主要讨论了石墨烯上不同种类原子的吸附取向(即吸附原子彼此之间以及相对于石墨烯的位置)及吸附动力学；根据氮化物金属元素的物理/化学性质，更准确地讲述了氮化物在石墨烯上的吸附情况。

2.1.1　石墨烯上原子的吸附与迁移

单层石墨烯本身是一种半金属(零带隙)材料，这使石墨烯与需要带隙阈值的材料相结合时具有一定的难度。可以通过添加杂质(掺杂)、引入缺陷、修改其几何结构/尺寸、应用外部约束(例如电场和应变)或这些约束的组合，来解决这一问题，从而实现石墨烯的功能化或在石墨烯上构建不同的半导体材料。在这之前，有必要研究不同材料的吸附原子与石墨烯之间的键合及相互作用。

吸附原子和石墨烯层之间的相互作用主要包括：稳定性(结合能)；最稳定的位置(桥、空、顶)，见图 2-1；吸附原子高度；迁移能(吸附原子在石墨烯上自由移动的势垒能)；费米能量偏移(对比本征石墨烯)；石墨烯变形/畸变；磁化；费米能级的电子能带隙(E_g)和电荷转移(从原子到石墨烯)等。石墨烯与不同的金属原子相结合，会产生不同的相互作用。

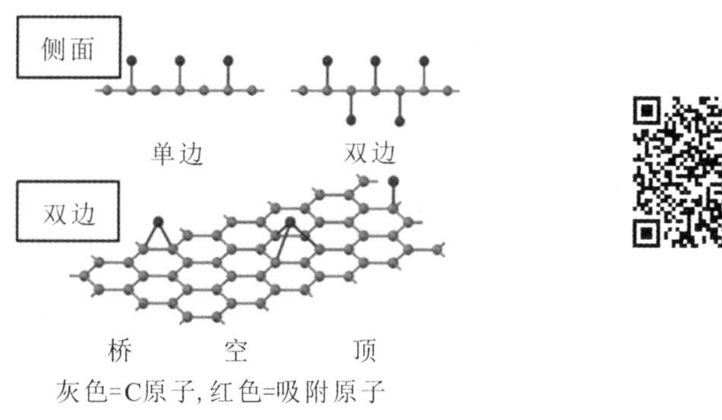

图 2-1　石墨烯上元素吸附的侧面示意图(单面、双面)和吸附点(桥、空、顶)[5]

K. Nakada 和 A. Ishii[6] 使用 VASP(Vienna Ab-initio Simulation Package)软件[7-9] 和 PAW(Projector Augmented Wave)方法进行了基于 DFT 的第一性原理能带计算。他们将局部密度近似(Local-Density Approximation，LDA)作为具有 500 eV 截止能量的交换相关项，并且所有计算都是在非磁性的情况下进行的。石墨烯层的晶胞采用 3×3 结构，石墨烯的晶格常数使用通过计算优化的值，石墨烯层之间的距离约为 14.7 Å，吸附原子之间的距离约为 7.3 Å，最终电位由不可约布里渊区(Irreducible Brillouin Zone，IBZ)24 个采样 k 点的特征态自洽构造。为了获得最终的频带结构，他们在不可约布里渊区中选择了68个采样 k 点。对于某些位置的原子计算，将其平行于曲面的位置坐标固定，并将其垂直于曲面的坐标完全松弛。在对石墨烯上的其他碳原子弛豫时，石墨烯 3×3 结构边缘的一个原子被固定。计算是在图 2－2 所示的三个吸附点上进行的，分别为：① 六角碳环中心上方，标记为空心(H6)；② C—C 键中间上方，标记为桥(B)；③ 碳原子正上方，标记为顶(T)。吸附能的计算公式如下：

$$E_{\mathrm{bond}}=(E_{\mathrm{graphene}}+E_{\mathrm{adatom}}-E_{\mathrm{total}}) \tag{2-1}$$

式中，E_{bond} 为吸附原子吸附到石墨烯表面的结合能，E_{graphene} 是原始的一层石墨烯的能量，而 E_{adatom} 是吸附原子作为孤立原子时的能量，E_{total} 是吸附原子附着到石墨烯上后吸附原子和石墨烯的总能量。他们将元素周期表中除镧系元素和稀有气体以外的几乎所有元素均视为吸附原子，并进行了从 H 元素到 Bi 元素的计算。

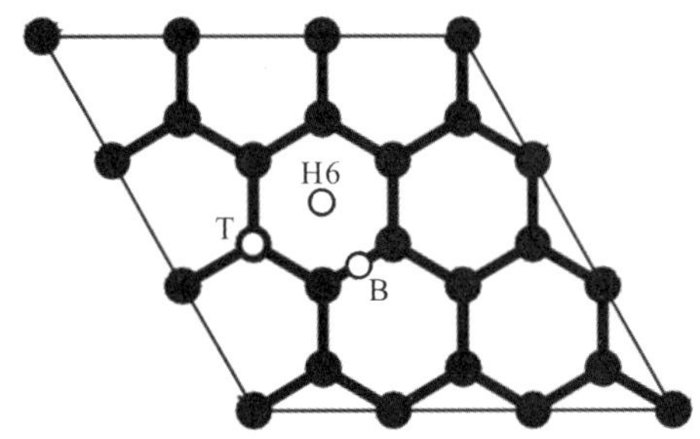

图 2－2　3×3 石墨烯层的三个吸附位点 B、H6 和 T[6]

图 2－3 为在三个吸附位点吸附各种原子时最稳定的吸附位点和键能。图中，每个吸附原子最稳定的部位用不同颜色表示，绿色、红色和黄色框表示最稳定的吸附位点分别是 B、H6 或 T 位点。图 2－3 中的值表示当每个吸附原子被吸附到最稳定的吸附位点时吸附能的大小，该结果表明，对于氮化物金属元素(Ga、Al、In 等)最稳定的是 H6 位点，且吸附能由 Al 到 Ga 再到 In 依次减小。对于 H、F、Cl、Br 和 I，其吸附原子的价电子数为 1，T 位点是最稳定的吸附位点。另外对于过渡金属元素，每个吸附原子的吸附能非常大，且结合能随着电子数量的增加而呈现增加的趋势。非

金属元素 C、N、O 的吸附能很大，位点之间的吸附能差也很大(高于 3.0 eV)，这表明它们很容易牢固地黏附到 B 位点。

B 位点　H6 位点　T 位点

1	2	3	4	5	6	7	8	9	10	11	12	13	14	15	16	17	18
H																	He
1.96																	
Li	Be											B	C	N	O	F	Ne
1.36	0.12											1.77	3.43	4.56	4.79	2.90	
Na	Mg											Al	Si	P	S	Cl	Ar
0.72	0.03											1.62	1.86	2.20	2.34	1.27	
K	Ca	Sc	Ti	V	Cr	Mn	Fe	Co	Ni	Cu	Zn	Ga	Ge	As	Se	Br	Kr
0.81	0.52	2.08	3.27	3.88	3.99	3.82	3.83	3.64	3.08	0.97	0.13	1.52	1.61	1.65	1.65	0.98	
Rb	Sr	Y	Zr	Nb	Mo	Tc	Ru	Rh	Pd	Ag	Cd	In	Sn	Sb	Te	I	Xe
0.75	0.33	1.98	3.42	4.68	5.71	5.22	4.43	3.32	1.90	0.35	0.10	1.29	1.34	1.19	1.08	0.75	
Cs	Ba	La	Hf	Ta	W	Re	Os	Ir	Pt	Au	Hg	Tl	Pb	Bi			
0.85	0.67	2.45	3.12	3.90	4.52	4.51	4.08	3.53	2.88	0.77	0.20	1.26	1.30	1.07			

图 2-3　吸附位点吸附原子时最稳定的键能[6]

图 2-4 显示了石墨烯与吸附原子之间的键合距离，这里键合距离是指石墨烯层的位置与吸附原子之间距离的平均值。如果吸附原子与石墨烯之间的键合距离较大，则键合能容易降低。当键合距离较长时，吸附原子显示出物理吸附的键合特征；当键合距离较短时，键能趋于升高。在这种情况下，键合特征就像化学吸附一样。

吸附能是吸附原子所吸附的能量，而迁移能则体现了吸附原子在表面迁移的易变性。对于在石墨烯上生长的半导体材料和器件，或使用石墨烯设计的纳米器件，迁移能对于讨论表面上的附着物吸附特性是很重要的，因此当讨论表面生长时，迁移能是必须要考虑的。K. Nakada 和 A. Ishii 根据吸附能的不同，进一步估算出吸附原子迁移能的最小限度。图 2-5 显示了最稳定位点的迁移能。吸附类型可以分为吸附位点固定和吸附位点不固定两种类型。吸附位点不固定的吸附的迁移势垒能小于 0.5 eV，这里 0.5 eV 大致相当于室温下原子迁

移的阈值能量。为了估计阈值能量，可以设定每单位表面超过一百万个原子的大型系统尺寸，这与纳米级的实际设备尺寸相当。

小于2Å
大于2Å

1	2	3	4	5	6	7	8	9	10	11	12	13	14	15	16	17	18
H																	He
1.49																	
Li	Be											B	C	N	O	F	Ne
1.62	2.93											1.72	1.65	1.62	1.59	1.87	
Na	Mg											Al	Si	P	S	Cl	Ar
2.22	3.21											2.04	2.03	2.09	2.08	2.56	
K	Ca	Sc	Ti	V	Cr	Mn	Fe	Co	Ni	Cu	Zn	Ga	Ge	As	Se	Br	Kr
2.58	2.14	1.76	1.56	1.47	1.42	1.38	1.38	1.42	1.47	2.03	3.02	2.11	2.16	2.22	2.25	2.78	
Rb	Sr	Y	Zr	Nb	Mo	Tc	Ru	Rh	Pd	Ag	Cd	In	Sn	Sb	Te	I	Xe
2.74	2.37	2.00	1.74	1.66	1.59	1.57	1.62	1.71	2.08	2.42	3.18	2.35	2.42	2.46	2.49	3.26	
Cs	Ba	La	Hf	Ta	W	Re	Os	Ir	Pt	Au	Hg	Tl	Pb	Bi			
2.84	2.49	2.07	1.85	1.65	1.60	1.58	1.61	1.70	2.12	2.41	3.13	2.48	2.53	2.57			

图 2-4　最稳定吸附位点吸附原子与石墨烯的距离[6]

大于0.50eV
0.30~0.50eV
小于0.30eV

1	2	3	4	5	6	7	8	9	10	11	12	13	14	15	16	17	18
H																	He
0.60																	
Li	Be											B	C	N	O	F	Ne
0.30	0.02											0.12	0.25	1.00	1.02	0.45	
Na	Mg											Al	Si	P	S	Cl	Ar
0.13	0.02											0.05	0.05	0.45	0.46	0.02	
K	Ca	Sc	Ti	V	Cr	Mn	Fe	Co	Ni	Cu	Zn	Ga	Ge	As	Se	Br	Kr
0.12	0.07	0.34	0.61	1.05	1.45	1.26	0.97	0.77	0.40	0.03	0.02	0.03	0.07	0.20	0.23	0.00	
Rb	Sr	Y	Zr	Nb	Mo	Tc	Ru	Rh	Pd	Ag	Cd	In	Sn	Sb	Te	I	Xe
0.09	0.04	0.12	0.39	0.83	1.47	1.40	0.96	0.39	0.06	0.01	0.01	0.02	0.03	0.03	0.09	0.00	
Cs	Ba	La	Hf	Ta	W	Re	Os	Ir	Pt	Au	Hg	Tl	Pb	Bi			
0.10	0.05	0.18	0.23	0.60	1.17	1.23	0.75	0.15	0.19	0.03	0.01	0.00	0.01	0.00			

图 2-5　最稳定位点的迁移能[6]

在热力学平衡下，迁移速率 $R=R_0\exp\left(-\frac{E}{k_B T}\right)$，其中 R_0 为前提因素，k_B 为玻尔兹曼常数，T 为底物温度。原子开始在每单位表面超过一百万个原子的大系统尺寸中移动时所需的迁移能约为 0.5 eV。例如，T. Ito 和 K. Shiraishi 考虑了电子计数模型，提出了针对 MBE 系统的蒙特卡罗(Monte Carlo，MC)模拟[10-11]。通过第一性原理计算获得跳跃能垒等参数，可知过渡金属(如 Ti、V、Cr、Mn、Fe、Co、Nb、Mo、Tc、Ru、Ta、W、Re 和 Os)的原子种类的稳定位点为 H6 位点，迁移能非常大，而氮化物金属(如 Ga、Al、In)则具有非常低的迁移能。同时，由 Al 到 Ga 再到 In，迁移能逐渐减小。对于 N、O 元素，迁移能非常大，稳定位点为 B 位点。以上这些计算是在非磁性的情况下进行的，尽管没有进行修正(例如范德华力和偶极校正)，但是对于提供石墨烯上元素吸附的情况仍然很有价值。

K. T. Chan 等人[12]使用 DFT 计算了吸附石墨烯超胞上的一些金属(如 Li、Na、K、Ca、Al、Ga、In、Sn、Ti、Fe、Pd、Au)，他们的计算是在 Perdew、Burke 和 Ernzerhof (PBE)[13]的广义梯度近似(Generalized-Gradient Approximation，GGA)下的第一性原理 DFT 中进行的，包括自旋极化、范德华力和偶极校正，并利用 VASP 软件执行所有计算[7-9]。离子芯采用 PAW 电位建模[14-15]，而价电子波函数使用具有最大 500 eV 的平面波能量的平面波基集。计算中所有参数的选取使总能量收敛到 0.01 eV，除了电荷转移值以外，这些更精确的计算支持了 K. Nakada 和 A. Ishii 在最稳定位点、结合能、原子高度和迁移能方面的结果。

他们计算出石墨烯晶格常数为 2.47 Å，将坐标轴 x 和 y 方向平行于石墨烯表面，而 z 方向垂直于石墨烯表面。吸附原子-石墨烯系统是在 4×4 六角形石墨烯超胞中使用一个金属吸附原子进行建模的(如图 2-6 所示，将金属吸附原子排列称为 4×4 层)，该设置相当于每 32 个碳原子覆盖 1 个吸附原子。平面内晶格常数为 9.88 Å，这也是相邻原子之间的距离。在 z 方向上使用 15 Å 的超级单元长度和 4×4 超胞的计算结果近似于孤立的原子与石墨烯的相互作用。尽管吸附原子与吸附原子的相互作用不可忽略，但是吸附原子之间的距离足够大，以至于相邻吸附原子的电子态的重叠很小。对于金属 K，在不存在石墨烯的情况下，K 的 4×4 金属层的总能量与孤立的金属 K 原子(以下所述)的总能量相差小于 0.01 eV。在所考虑的所有原子中，K 具有最大的原子半径(2.20 Å[16])。吸附原子-石墨烯系统缺乏反演对称性，因此其净电偶极矩

垂直于系统表面。为了消除沿 z 方向的周期性图像之间的虚假偶极子相互作用，对局部静电势和总能量进行了校正[17-18]，这些校正对于获得正确的真空能级是必要的，用来确定功函数。他们发现对总能量的修正最大为 0.2 eV。

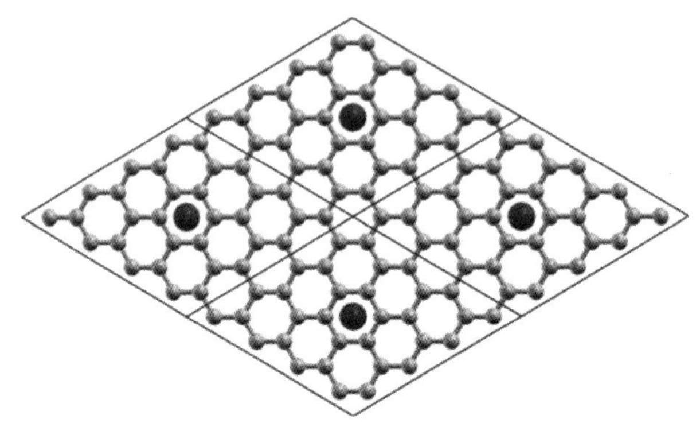

图 2-6　在一个 4×4 排列的石墨烯表面中空位置上的吸附原子[12]

他们用相同尺寸的六角超胞，对孤立的 4×4 石墨烯、孤立的 4×4 吸附原子层和 4×4 吸附原子-石墨烯系统进行了计算。他们在布里渊区用 9×9×1 的以 Γ 为中心的 k 点网格进行采样，用高斯展宽数 $\sigma=0.05$ eV 的高斯拖尾占据电子能级，并且考虑了吸附原子在三个高度对称的位置上的结合：六边形中心的中空(H 位点)位置，碳碳键中点的桥(B 位点)位置，以及碳原子正上方的顶部(T 位点)位置(见图 2-7)。对于吸附原子-石墨烯体系的每个吸附点，吸附原子沿 z 方向松弛，石墨烯中的 C 离子沿各个方向松弛，直到对离子的作用力小于 0.05 eV/Å，超级晶胞的尺寸在所有计算中保持不变。为了计算吸附能，

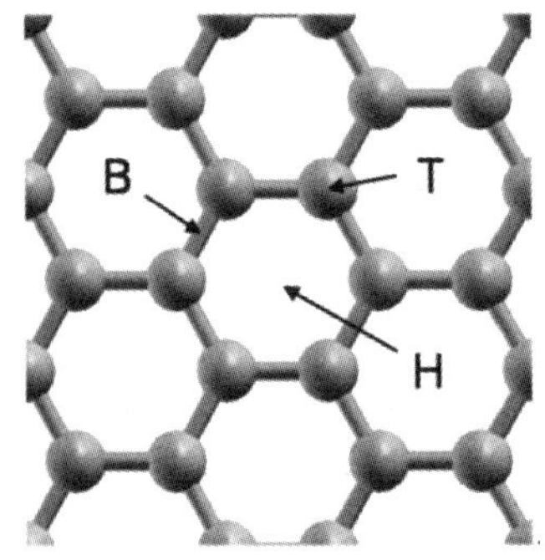

图 2-7　计算考虑的三个吸附位点：中空(H)、桥(B)和顶部(T)[12]

还需要一个孤立原子的总能量，该总能量可以通过一个长度为 14 Å 的立方超胞中的单个原子来计算。在这种情况下，仅对布里渊区的 Γ 点进行采样。

在上述工作中，将吸附能定义为

$$\Delta E = E_{ag} - E_a - E_g \tag{2-2}$$

式中，E_{ag}是石墨烯上 4×4 吸附原子层中每个吸附原子的总能量，E_a是一个孤立原子的总能量，而 E_g是每个 4×4 超胞(包含 32 个 C 原子)的孤立石墨烯的总能量。吸附几何形状可由原子弛豫后的位置获得，吸附原子高度(h)定义为吸附原子的 z 坐标与石墨烯层碳原子 z 坐标的平均值之差。同时也计算了吸附原子与其最近的碳原子之间的距离(d_{AC})。在某些情况下，石墨烯层的变形非常严重，通过计算石墨烯层中碳原子在 z 方向上与其平均位置的最大偏差来量化变形。

在考虑的三个吸附位点中，具有最大吸附能(最小总能量)的位点称为有利位点。我们假设，在两个有利位点之间扩散时最有可能的途径是通过具有第二大吸附能量的高对称性的位点，这两个位点之间的能量差称为扩散势垒(E_{diff})。要更准确地确定扩散势垒，就需计算整个势能面或使用微推弹性带方法。对于所有与 H 或 T 位点(B 位点)结合的原子，次大的吸附能为 B 位点(T 位点)。表 2-1 中总结了 12 种原子所考虑的三个位点的吸附能和结构性质，Ⅰ-Ⅲ族的金属吸附原子与 H 位点结合最牢固；Ⅲ族金属的吸附能随着原子序数的增加而单调降低，然而碱金属并没有遵循这种趋势，根据计算得出的吸附位点，吸附能和高度与先前对碱的计算[19-22]和对 In 的计算[23]相当吻合。在先前的实验和理论中，Al 与石墨的键合性质尚不完全一致[24-28]，但在计算中，Al 符合他们所发现的不同元素遵循的一致规律。对于碱金属来说，吸附能与体积结合能的比值较高，这表明碱金属能在石墨烯表面形成二维层，而不是三维层。另外，Ⅲ族元素的 $\Delta E/E_c$值低于碱金属，因此 Al 和 In 在石墨上会形成岛或三维团簇[24, 28-29]。

实验和理论上的普遍共识是，分散的碱金属原子与石墨的键合主要是离子键[30]。对于Ⅰ～Ⅲ族元素，B 位点的吸附能和吸附高度与 T 位点的吸附能和吸附高度相似，而 H 位点的吸附能较大，吸附高度较小。对于离子键合的吸附原子，平衡高度是由相对带电的吸附原子与表面之间的静电吸引和短程电子排斥之间的大小所决定的。由于石墨烯在 H 位点的电子密度比在 B 位点或 T 位点的电子密度低，吸附原子在更靠近表面的地方稳定下来。因此，离子键似乎有利于 H 位点的吸附，因为除了如上所述具有较高的配位外，吸附原子也更靠近薄片，从而降低了静电能[31]。Ⅰ～Ⅲ族吸附原子通过 B 位点的扩散势垒约为 0.1 eV，但 Li 的大小明显小于其他原子。在第Ⅰ族或第Ⅲ族中，吸附高度或扩散势垒的趋势与原子半径密切相关。对于离子键合，随着吸附原子半径的增加，其高度增加，石墨烯的波纹作用则减小。Ⅰ-Ⅲ族的元素即使在形变最大的 B 或 T 位点，也不会使石墨烯畸变很大。因此，靠近原子的 C—C 键保留其 sp^2 特征，并且不会与任何原子轨道显著地再杂化，该结果为离子键合提供了进一步的支撑。

表 2-1　12 个原子的位点 H、B、T 的能量和结构性质[12]

原子	位点	ΔE/eV	E_C/eV	$\Delta E/E_C$	$E_a^{max}-\Delta E$/eV	h/Å	d_{AC}/Å	$d_{GC}/10^{-1}$ Å
Li	H	1.096	1.630	0.672		1.71	2.23	0.0
	B	0.773			0.322	1.88	2.09	0.2
	T	0.754			0.342	1.89	2.02	0.3
Na	H	0.462	1.113	0.415		2.28	2.70	0.1
	B	0.393			0.069	2.44	2.59	0.1
	T	0.389			0.074	2.49	2.54	0.1
K	H	0.802	0.934	0.859		2.60	2.99	0.1
	B	0.739			0.063	2.67	2.85	0.3
	T	0.733			0.069	2.67	2.77	0.2
Ca	H	0.632	0.840	0.343		2.29	2.72	0.1
	B	0.484			0.148	2.33	2.53	0.2
	T	0.478			0.154	2.34	2.46	0.2
Al	H	1.042	3.390	0.307		2.13	2.56	0.1
	B	0.927			0.115	2.22	2.33	0.1
	T	0.911			0.131	2.22	2.24	0.2
Ga	H	0.858	2.810	0.305		2.20	2.63	0.0
	B	0.762			0.096	2.30	2.41	0.0
	T	0.749			0.109	2.31	2.33	0.1

续表

原子	位点	ΔE/eV	E_C/eV	$\Delta E/E_C$	$E_a^{max}-\Delta E$/eV	h/Å	d_{AC}/Å	d_{GC}/10^{-1} Å
In	H	0.690	2.520	0.274		2.45	2.83	0.1
	B	0.622			0.069	2.53	2.63	0.0
	T	0.614			0.077	2.55	2.56	0.1
Sn	H	0.114			0.142	3.19	3.48	0.1
	B	0.253			0.003	2.79	2.81	0.8
	T	0.256	3.140	0.082		2.82	2.75	0.7
Ti	H	1.869	4.850	0.385		1.80	2.33	0.2
	B	1.301			0.568	2.05	2.27	0.3
	T	1.301			0.568	2.00	2.18	0.3
Fe	H	0.748	4.280	0.175		1.53	2.11	0.1
	B	0.231			0.517	2.22	2.35	0.0
	T	0.149			0.599	2.18	2.13	0.5
Pd	H	0.852			0.230	2.03	2.46	0.3
	B	1.081	3.890	0.278		2.21	2.18	1.4
	T	1.044			0.038	2.21	2.10	1.1
Au	H	0.085			0.011	3.53	3.80	0.0
	B	0.089			0.007	3.06	3.11	0.4
	T	0.096	3.810	0.025		2.69	2.55	1.4

三维过渡金属 Ti 具有吸附原子最大的吸附能，而 Fe 具有更适度的吸附能。类似于Ⅰ-Ⅱ族元素，Ti 和 Fe 也偏向 H 位点，然而扩散势垒比Ⅰ-Ⅱ族的扩散势垒大得多，约为 0.5 eV。另外，与其他吸附原子相比，Fe 在 H 位点的吸附高度小，Ti 和 Fe 与石墨烯共价键合。该共价键是定向的，并且键的形成取决于吸附原子的配位。因此，吸附能完全取决于吸附位点。对结合能和几何构型的计算与先前对石墨烯上的 Ti 和 Fe 的计算基本一致[32-34]。

2.1.2 石墨烯上氮化物半导体金属原子的吸附与迁移

A. M. Munshi 和 H. Weman 等人[4]研究了石墨烯上半导体原子的不同位置排列，认为石墨烯上半导体原子的可能吸附位点可以确定为六边形碳环中心上方(H 位点)、碳原子之间的桥上方(B 位点)和碳原子的顶部(T 位点)，如图 2-8 所示。早在 K. Hiruma 等人的开创性工作中就已经知道，半导体纳米线在立方结构的情况下大多沿[111]方向生长，在六方结构的情况下沿[0001]方向生长[35-36]。因此，在立方半导体的(111)面(六方半导体的(0001)面)中，原子与石墨烯中的碳原子具有六边形对称性。Munshi 等人最近的工作表明，根据优先吸附位和半导体原子的类型，半导体与石墨烯的不同晶格失配将导致不同的原子排列[37]。图 2-8(a)～(d)展示了当原子同时吸附在 H 和 B 位点(见图 2-8(a)、(b)、(d))以及 H 或 B 位点上

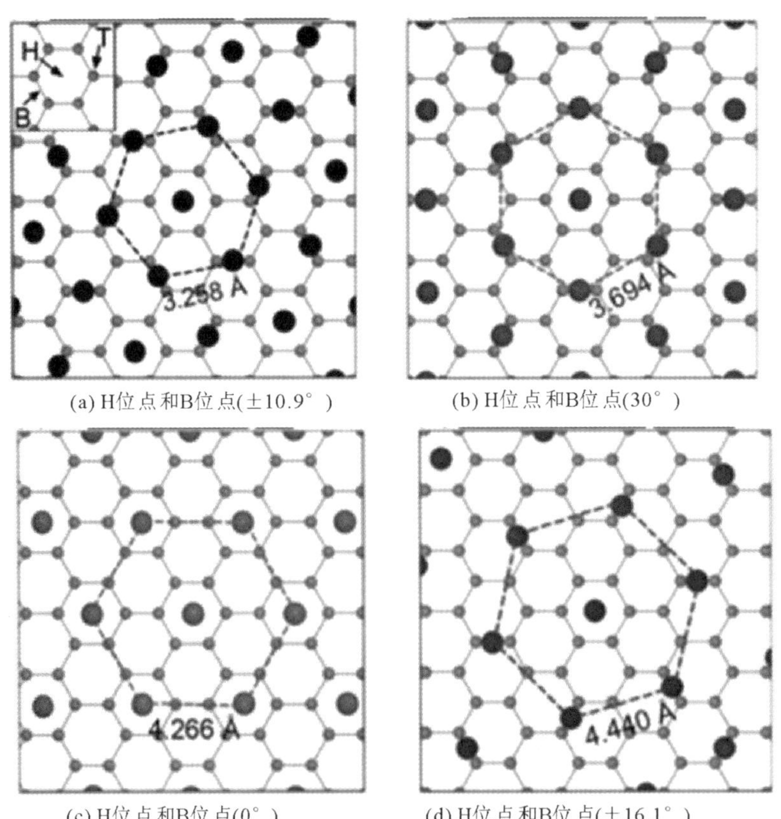

(a) H位点和B位点(±10.9°)

(b) H位点和B位点(30°)

(c) H位点和B位点(0°)

(d) H位点和B位点(±16.1°)

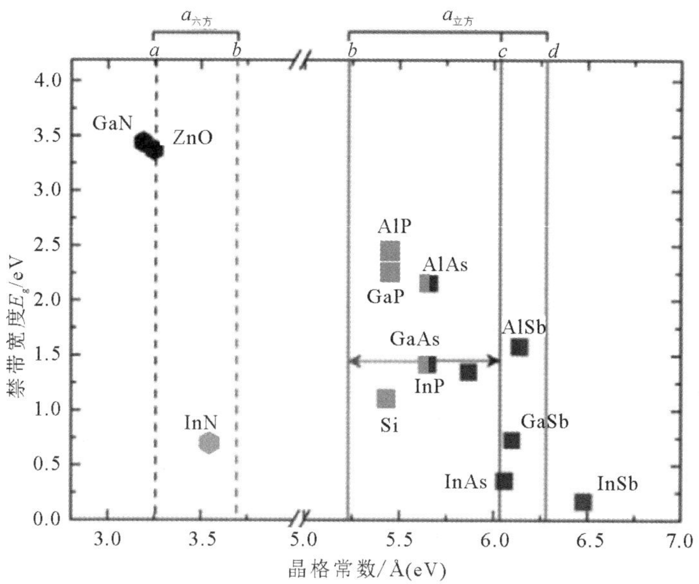

(e) 半导体带隙与石墨烯上晶格匹配原子排列的晶格常数的通用模型[4]

图 2-8　常见半导体在石墨烯上吸附位点及晶格常数模型

时的排列方式(见图 2-8 (c))。由上一节的计算结果可知，大多数半导体原子的吸附能在 T 位点上都较低，因此不在此处讨论[6]。根据图 2-8(a)～(d)中四种不同原子排列计算出的晶格常数，将一些常规半导体的带隙与晶格常数图一起绘制。图 2-8(e)显示了石墨烯上的立方(六方)半导体实现(111)((0001))方向非范德华外延生长的晶格失配条件的概图，Ⅲ～Ⅴ族半导体(以及 Si 和 ZnO)的带隙能与它们的晶格常数对应。垂直实线(虚线)描述了理想晶体的晶格常数。由于这种具有四种不同原子排列方式的立方(六方)晶体，与石墨烯具有精确的晶格匹配，因此极有可能实现半导体在石墨烯二维材料上的外延生长。

H. L. Chang 等人[38]利用第一性原理计算也证实了石墨烯在降低表面迁移势垒和促进金属 Al 吸附原子的横向迁移方面的作用，并且在纳米图形衬底(Nano Pattern Sapphire Substare，NPSS)上实现了高质量 AlN 薄膜的快速准范德华外延生长成膜。AlN 的初始生长与衬底上 Al 吸附原子的吸附和扩散密切相关。众所周知，通过 Arrhenius 型指数定律，吸附原子的迁移率(扩散率)

与扩散势垒有关，即

$$r=\nu \exp\left(-\frac{E_{\mathrm{diff}}}{k_{\mathrm{B}}T}\right) \tag{2-3}$$

式中，ν 为频率，E_{diff} 为扩散势垒，k_{B} 为玻尔兹曼常数，T 为开尔文温度[39]。

为了阐明在 MOCVD 外延生长中 AlN 在石墨烯表面的生长和迁移过程，H. L. Chang 等人使用 VASP[9] 进行了第一性原理计算，详细研究了 Al 原子的吸附能和扩散势垒：交换相关函数采用扩射波势[14]和 PBE 的广义梯度近似[13]，平面波膨胀的能量截止值为 400 eV，使用 Becke88 优化函数进行计算，包括范德华力[40]。同时采用基于跃迁状态理论的微推弹性带方法计算了扩散势垒[41]，Al 极性的 Al_2O_3(0001)2×2 表面由八层平板模拟，底层由假氢原子钝化，在松弛过程中，钝化的假氢原子和 Al_2O_3 的三个底层保持固定。Al 原子在石墨烯上的吸附和扩散计算系统是在 4×4 石墨烯上模拟得到的，这两个系统的布里渊区采样分别为 4×4×1 和 9×9×1[42]，原子坐标完全松弛，直到每个原子的赫尔曼-费曼力小于 0.02 eV/Å。

在 Al_2O_3 中，两个 Al 原子不是共面的，它们被称为低 Al 原子和高 Al 原子。根据先前的研究，最稳定的表面(0001)只有一个低 Al 原子，它与表面下的 O 原子紧密结合[43]。如图 2-9 所示，Al 吸附原子的两个吸附位被认为是高 Al 和空位，吸附能分别为 2.69 eV 和 1.67 eV，第一性原理计算表明表面 Al 原子从低 Al 位向其他位的扩散是非常不利的。因此，Al 原子的可能扩散路径应在高 Al 和空位之间，扩散势垒为 1.02 eV(见图 2-9 (a))。较大的扩散势垒表明，Al 原子甚至在 1200℃时也难以在 Al_2O_3(0001)表面扩散，因此，它们更倾向于三维纵向生长并形成相对分散的岛状结构而不是大核，这与实验观察到的一致。然而，在石墨烯表面，计算得出的不同位点(H、B 和 T 位点)之间的扩散势垒小于 0.1 eV，远小于 Al_2O_3 上的扩散势垒[44]，如图 2-9 (b)所示。在 1200℃的生长温度下，Al 原子在石墨烯表面的扩散势垒甚至小于 $k_{\mathrm{B}}T$ 值，这意味着 Al 原子几乎可以在石墨烯上自由扩散。此外，在等离子体处理后引入缺陷，大大提高了石墨烯的反应活性，这对于 AlN 成键成核是有益的[45]。Al 原子与缺陷部位的牢固结合以及在非缺陷区域的自由扩散，确保了 AlN 薄膜的有效成核和快速合并生长。

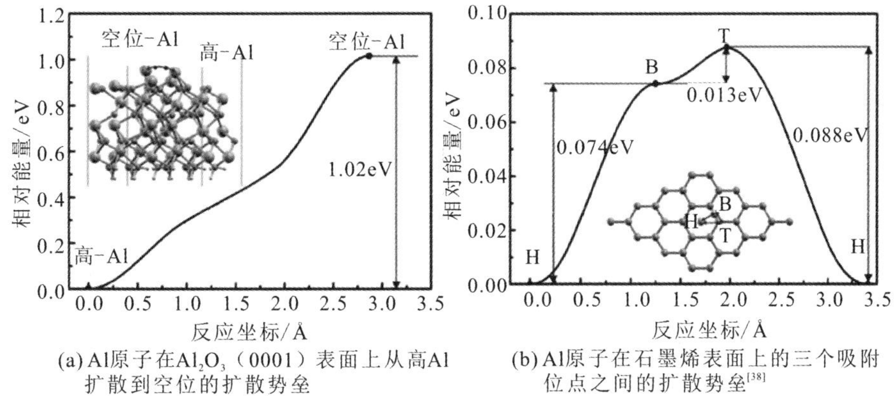

(a) Al原子在Al_2O_3（0001）表面上从高Al扩散到空位的扩散势垒

(b) Al原子在石墨烯表面上的三个吸附位点之间的扩散势垒[38]

图 2－9　Al 原子在 Al_2O_3 及石墨烯表面上的扩散势垒

2.2　二维材料上化合物界面原子构型

通过上一节的理论计算，可以看出原始的二维材料表面缺乏化学活性，Al、Ga、In 等原子在二维材料表面的吸附能较低，因此很难直接在二维材料上直接生长氮化物薄膜。这意味着要实现氮化物的生长，应提高二维材料的表面化学活性[46]。通常，二维材料的表面具有一些台阶和边界，而晶畴的大小则从几十纳米到几微米不等，成核通常发生在表面状态变化的地方，如台阶和隆起。然而，对于仅在台阶和边界上的外延生长，很难获得高质量的氮化物薄膜。基于此，很多学者选择等离子体处理的方式来引入缺陷并形成悬挂键来提高吸附 Al 原子、Ga 原子、In 原子和 N 原子的能力。

2.2.1　二维材料上氮化物界面原子构型

Z. L. Chen 等人[47]研究了 AlN 外延层在石墨烯上的成核过程，通过图 2－10 (a)中的高分辨率透射电子显微镜(High Resolution Transmission Electron Microscope，HRTEM)确认了单层(Monolayer，ML)石墨烯结构。经过氮等离子体处理后，石墨烯中的缺陷密度 n_D 从 2.13×10^{11} cm^{-2} 增加到 3.23×10^{11} cm^{-2}。从图 2－10(d)的 X 射线光电子能谱(X-ray Photonelectron Spectroscopy，XPS)中，

新的 N－sp^3C 峰(≈286.5 eV)验证了氮的掺入[48]，掺杂的氮被鉴定为五元环结构的吡咯 N，含量为 5.6%(见图 2－10 (e))。通过 DFT 计算验证引入的吡咯 N 对 AlN 成核的影响。本征石墨烯的中空、桥和顶部部位的 Al 和 N 原子的吸附能表明，Al 原子与石墨烯的结合力比 N 原子更强，吸附能约为 1.1 eV。在经过等离子体处理的石墨烯中，Al 原子对吡咯 N 的吸附能大大提高，达到 5.9～8.6 eV，这表明石墨烯对 AlN 成核的反应活性大大增强(见图 2－10(b))。Al 原子的吸附可部分恢复 N 缺陷附近的蜂窝结构，但会引起明显的结构变形，并且相邻的 C 原子具有 sp^3特征。通过 DFT 总能量计算进一步分析 AlN/石墨烯的界面结合特征，如图 2－10(c)所示，在吡咯 N 原子周围存在明显的电子积累，表明形成了 Al—N 键。值得注意的是，与本征石墨烯相比，形成能(定义为键合前后 AlN 和经过等离子体处理的石墨烯的总能量差)降低了 0.28 eV·$Å^{-2}$以上。经过等离子体处理的石墨烯中的吡咯 N 结构，在 AlN 的高温生长过程中倾向于具有石墨 N 构型[49]，并且它的形成能降低约 0.004 eV·$Å^{-2}$。此外，N 原子附近的 C 原子占据的 $2p_z$轨

(a) 石墨烯的典型原子分辨TEM图像

Al
N
C
顶视
侧视
8.593 eV

(b) 一个Al原子在吡咯N上的成键能为8.593 eV的DFT计算

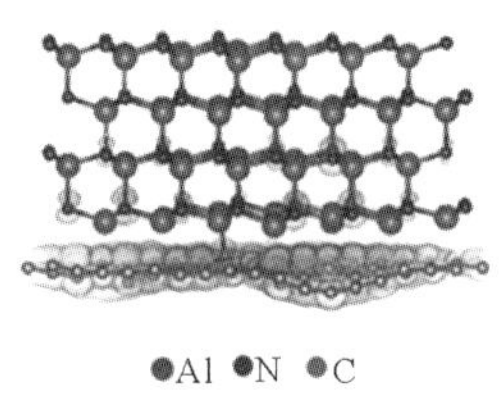

(c) 氮等离子体处理过的石墨烯上通过Al—N键形成的AlN原子模型结构和电子密度差的等值面

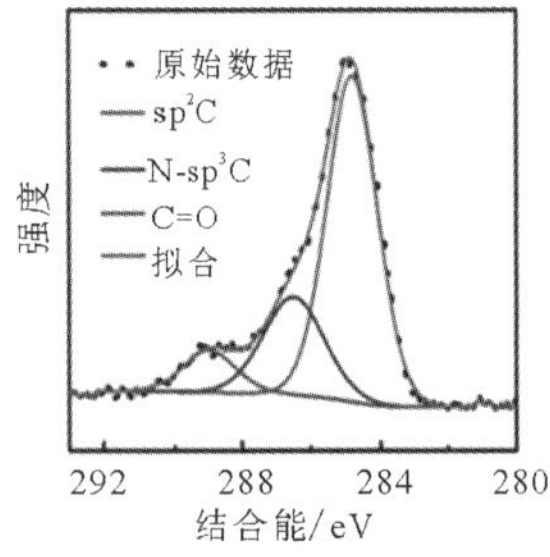

(d) 经氮等离子体处理的石墨烯薄膜的C 1s X射线光电子能谱(XPS)

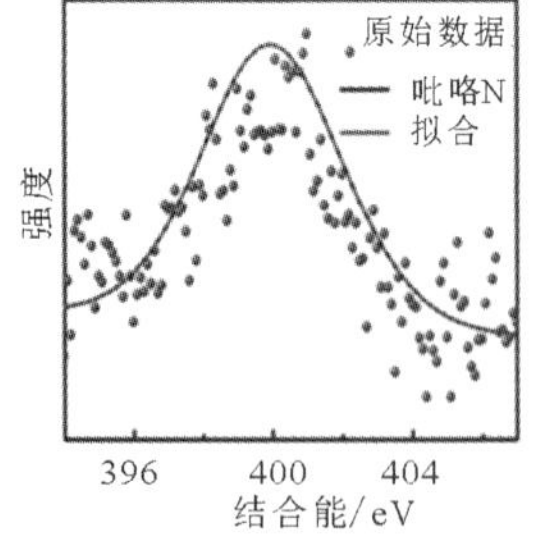

(e) 经氮等离子处理的石墨烯薄膜的N 1s XPS光谱

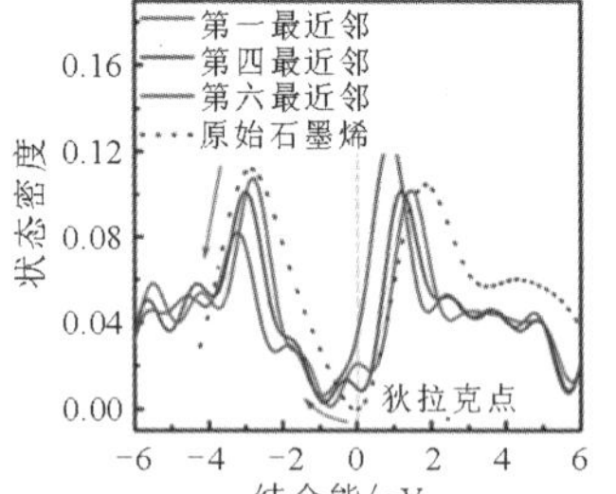

(f) 3个C原子到N原子的不同距离的的状态密度(PDOS)[47]

图 2－10　Al 原子在石墨烯上成键模型

道(π 轨道)强度明显降低，如不同 C 原子上 $2p_z$ 轨道的投影状态密度(Projected Density of States，PDOS)所示(见图 2-10(f))，这表明在 N 缺陷附近的 C 原子发生了从 sp^2 到 sp^3 的杂化转变以及 C π 和 N π 轨道之间的电子耦合。因此，氮等离子体处理加大了对 Al 原子的吸附，形成的 Al—N 键极大地促进了 AlN 成核的发生。

Y. Qi 等人[50]研究了石墨烯在蓝宝石上 AlN 薄膜生长过程中应变弛豫的作用，以及 AlN/石墨烯/蓝宝石的界面特性。他们通过 DFT 理论计算提取 AlN/蓝宝石的键合能(Bonding Energy，BE)和 AlN 薄膜中的内应变，图2-11(a)、(d)分别为 AlN/蓝宝石和 AlN/石墨烯/蓝宝石的计算模型。从图2-11(b)、(e)的三维电荷密度俯视图中，可以观察到插入石墨烯后存在明显的电荷重分布。在 AlN/蓝宝石界面处，AlN 中的 N 和蓝宝石中的 Al 之间存在明显的电荷交换(见图 2-11(b)、(c))。插入石墨烯后，电荷交换发生在石墨烯/AlN 和石墨烯/蓝宝石的所有界面之间(见图 2-11(e)～(f))，并产生强相互作用(石墨烯/蓝宝石为－2.51 eV，石墨烯/AlN 为－6.20 eV)，见图 2-11(g)，导致石墨烯层产生形变，这可以解释石墨烯中引入的强压缩应变。对于 AlN/蓝宝石，计算出 AlN/蓝宝石的结合

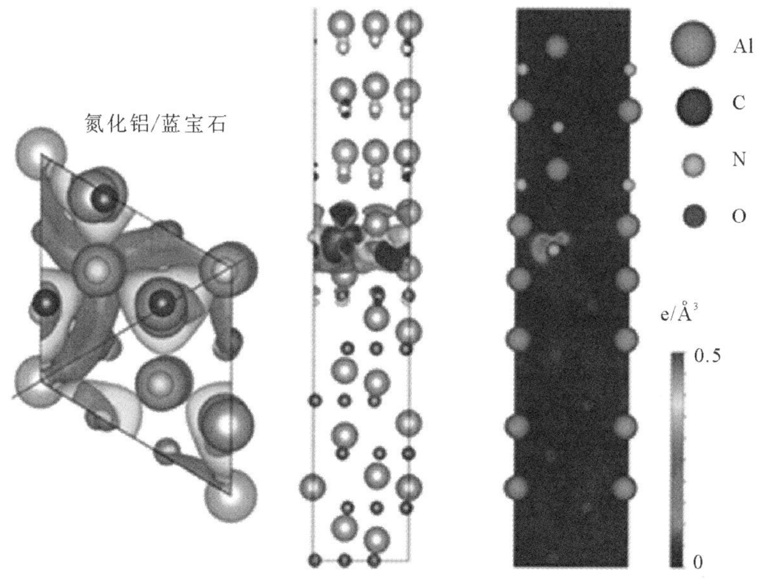

(a) AlN/蓝宝石的计算模型　(b) AlN/蓝宝石的三维电荷密度的正视图　(c) AlN/蓝宝石的电荷密度截面

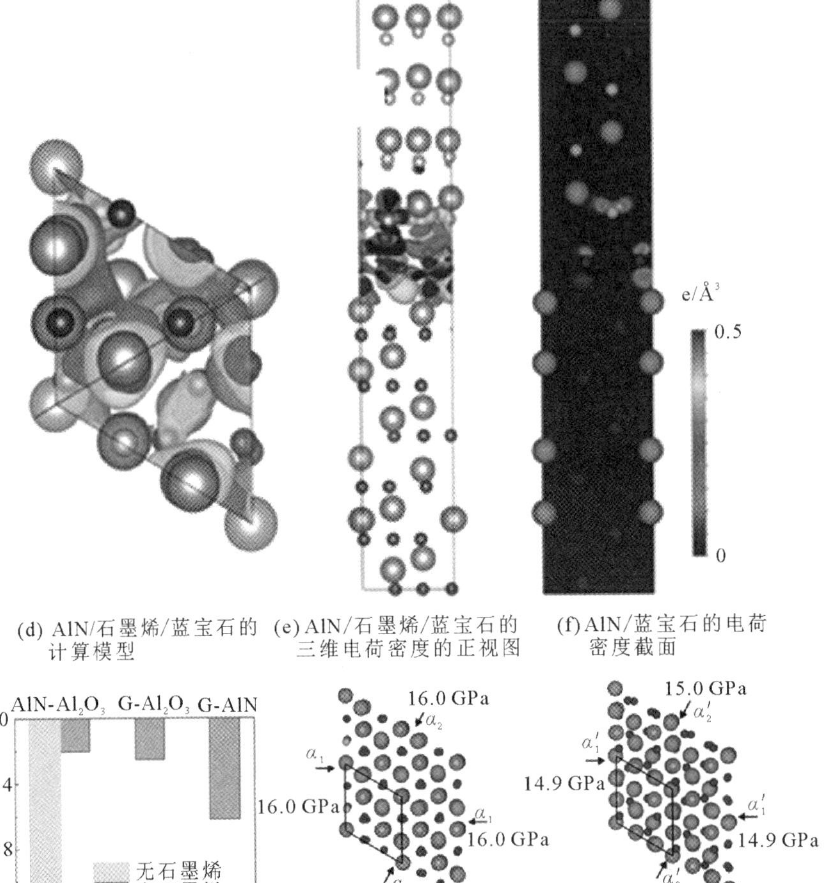

(d) AlN/石墨烯/蓝宝石的计算模型　(e) AlN/石墨烯/蓝宝石的三维电荷密度的正视图　(f) AlN/蓝宝石的电荷密度截面

(g) AlN/蓝宝石和AlN/石墨烯/蓝宝石中AlN/蓝宝石的结合能计算　(h) AlN/蓝宝石的AlN内部应力计算[50]　(i) AlN/蓝宝石和AlN/石墨烯/蓝宝石的AlN内部应力计算[50]

图 2-11　AlN/蓝宝石结合能的 DFT 计算和 AlN 中的内部应力

能为-10.84 eV，对于 AlN/石墨烯/蓝宝石为-2.04 eV(见图 2-11(g))。AlN/石墨烯/蓝宝石中弱化的 AlN/蓝宝石相互作用很大程度上容纳了它们大的晶格和热失配，因此 AlN 中的压缩应变被大量释放。在 AlN 中计算出的内部应力从 AlN/蓝宝石中的 16.0 GPa 降低到 AlN/石墨烯/蓝宝石中的 14.9 GPa(见图 2-11 (h)、(i))。

除了石墨烯，h-BN 也是外延生长氮化物的一种常用的二维材料，Q. Q. Wu 等人[51]分析了 AlN 在 h-BN 上的生长机理。铜箔上的单层 h-BN 首先通过

低压化学气相沉积(Low Pressure Chemical Vapor Deposition，LPCVD)生长，然后转移到蓝宝石衬底上。接下来，用氧等离子体以 100 W 的 RF 功率处理蓝宝石上的 h－BN 3 分钟。在氧等离子体处理后，h－BN 的表面形成了 N—B—O 的化学态，如 XPS 谱(见图 2－12 (a)～(e))。在这里，B 的 sp^2 杂化轨道转化为 sp^3 杂化轨道，其所形成的悬挂键可用于随后的 AlN 薄膜成键生长。

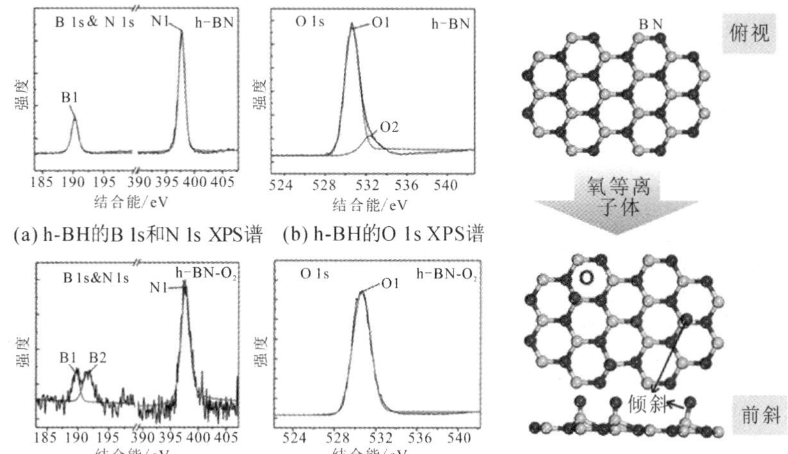

(a) h-BH的B 1s和N 1s XPS谱 (b) h-BH的O 1s XPS谱

(c) h-BH-O_2的B 1s 和N 1s XPS 谱 (d) h-BH-O_2的O 1s XPS谱 (e) O_2等离子体处理前后的h-BN原子连接结构示意图[51]

图 2－12 AlN 在 h－BN 上的成键模型

2.2.2 二维材料上其他Ⅲ－Ⅴ化合物界面原子构型

Y. J. Hong 等人[52] 利用 MOCVD 技术在悬空的单层石墨烯(Suspended Single-Layer Graphene，S－SLG)的两侧生长 InAs 纳米结构，并利用 DFT 方法进行第一性原理总能量、vdWE 结合能和电子结构的计算。通过截面高角度环形暗场(High－Angle Annular Dark Field，HAADF)扫描透射电子显微镜(Scanning Transmission Electron Microscopy，STEM)和能量色散谱(Energy Dispersive X-Ray Spectroscopy，EDX)分析，研究了由 vdW－MOCVD 生长的 InAs 纳米结构的晶体生长方向。图 2－13(a)显示了 InAs 纳米线记录的原子分辨率 HAADF－STEM 断层扫描图像和 EDX 原子柱映射图像，这表明该纳米线是由闪锌矿/纤锌矿混合物组成的。通过传统的无催化剂和金属催化剂辅助

的 MOCVD 生长的纳米线[53-54]，尽管纳米线存在高密度叠加缺陷，但沿整个长度保持了相同极化方向$[\bar{1}\bar{1}\bar{1}]_{ZB}$或$[00\bar{1}]_{WZ}$的增长方向。类似地，单晶 InAs 纳米岛沿$[\bar{1}\bar{1}\bar{1}]_{ZB}$呈现出相同的首选晶体生长方向（见图 2-13（b））。应当指出，纳米岛通常是结构上单晶的闪锌矿，其叠层缺陷或多型性的密度显著降低，这大概是由于化合物半导体的尺寸依赖于热力学稳定性[55]，例如通过共价外延生长的Ⅲ-Ⅴ纳米线[56-57]和通过 vdWE 外延生长的Ⅱ-Ⅵ纳米结构[58]。截面 STEM 研究表明，沿垂直于 SLG 表面的暴露方向形成 InAs 纳米结构和 InAs/S-SLG/InAs 双异质结构在 vdWE 异质界面上显示出极性反转，如图 2-13（c）所示。

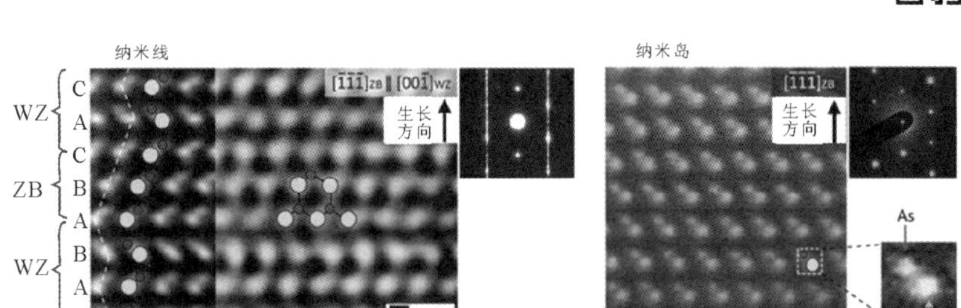

(a) InAs纳米线记录的原子分辨率HAADF-STEM断层扫描图像和EDX原子柱映射图像　(b) InAs纳米岛的HAADF-STEM图像

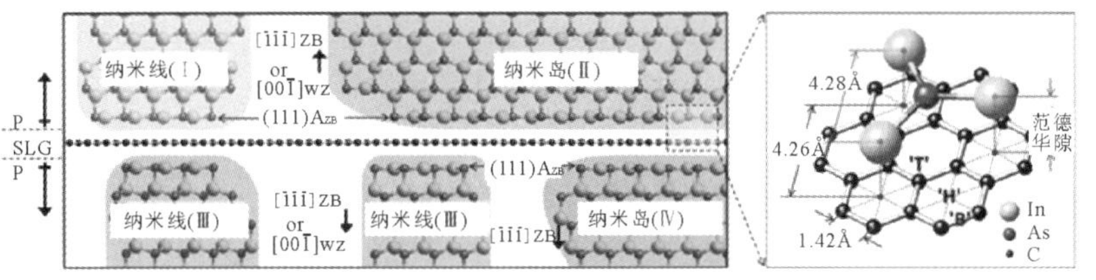

(c) InAs/SLG/InAs双异质结构原子外延示意图　(d) vdWE外延InAs/石墨烯异质结构的原子结构示意图[52]

图 2-13　InAs 在石墨烯上的优选晶体生长方向

考虑到半导体/石墨烯晶格失配的程度[37]，InAs/SLG 必须满足石墨烯上 In 和 As 原子的三个可能的结合位点之一：① 在空心(H)，这是碳蜂窝的中心；② 在碳原子正上方的顶部(T)；③ 在碳-碳键桥的中点(B)，如图 2-13（d）所示。这表明 In 和 As 原子之间的吸附能差，在确定 InAs 初始生长阶段的晶体生长方向上起着至关重要的作用。根据原子分辨率 STEM 分析，In 原子易优先于 As 原子并入 SLG 表面。由 K. T. Chan 等人[12]的计算结果可知，In 吸附

原子占据 H 位点将有利于大幅度降低能量，具有更高的协调性。在 H 位点，计算得出 In - SLG 的吸附能(平衡距离为 2.5 Å 时的吸附能为－0.75 eV)远小于 As - SLG 的吸附能(平衡距离为 3.0 Å 时的吸附能为－0.13 eV)，说明初始底层的 In 原子，其位置接近 SLG，是能量稳定的。

基于 STEM 分析，可以假设 InAs 纳米结构沿垂直于石墨烯表面的 ZB[111]B方向生长。不仅对于 InAs(111)A 自由表面，而且对于 vdWE 外延 InAs(111)/SLG 异质结构，具有 In 空位的重构界面(和表面)的总能量值都被计算为低于未重构的能量。从能量上考虑，每个(2×2)InAs(111)A 界面处均存在 In 空位是可取的：具有 In 空位的(2×2)InAs(111)A 表面的总能量 E^{v}_{InAs} 比干净的 2×2 InAs(111)A 表面的总能量 E^{c}_{InAs} 低 1.151 eV；具有 In 空位的重构的 InAs(111)/SLG 异质结构的总能量 $E^{v}_{interface}$ 比未重构的 InAs(111)/SLG 异质结构的总能量 $E^{c}_{interface}$ 低 0.931 eV(总能量值如表 2 - 2 所示)。通过热力学计算[59]，具有 In 空位($G^{v}=E^{v}_{interface}-(N_{In}-1)-N_{As}\mu_{As}-N_{C}\mu_{C}$)的 InAs(111)/SLG 异质界面的表面吉布斯自由能的计算结果，要低于未重构的异质界面($G^{c}=E^{c}_{interface}-N_{In}\mu_{In}-N_{As}\mu_{As}-N_{C}\mu_{C}$)，式中 G^{v} 为具有 In 空位的重构的 InAs(111)/SLG 异质结构的表面吉布斯自由能，G^{c} 为未重构的 InAs(111)/SLG 异质结构的表面吉布斯自由能，N_{In} 为 In 原子的数量，N_{As} 为 As 原子的数量，N_{C} 为 C 原子的数量，μ_{As} 为 As 原子的化学势，μ_{C} 为 C 原子的化学势，μ_{In} 为 In 原子的化学势。这表明 InAs(111)A 与 SLG 交界倾向于形成 In 空缺以使能量最小化。

表 2 - 2　vdWE 外延 InAs/SLG 异质结构的总能量值[52]

	干净的 InAs(111)A 表面		InAs(111)/SLG 异质界面(2)	
	在每个(2×2)的 InAs(111)A 具有 In 空位的重构(1)	无空位(无重构)	在每个(2×2)的 InAs(111)A 具有 In 空位的重构(1)	无空位(无重构)
总能量	$-41.726(=E^{v}_{InAs})$	$-40.572(=E^{c}_{InAs})$	$-254.272(=E^{v}_{interface})$	$-253.341(=E^{c}_{interface})$
范德华键势能			$-0.064(=E_{vdWE})$	

注：(1) 重构的 InAs(111)A 表面(或界面)具有几乎平整的 In-As 配置，并且每个 2×2 超级单元中都有一个 In 空位；

(2) 异质结构的最底层是 InAs(111)A，能量值的单位为 eV。

理论模拟的 vdWE 异质界面原子构型如图 2-14 (a)、(b)所示，呈现了具有 In 空位的 vdWE 外延 InAs /SLG 异质界面。界面层清楚地表明，In 空位附近的 As 原子沿 $-z$ 方向强烈变形，从而引起结构弛豫，即所谓的Ⅲ-Ⅴ空位屈曲[60]，这可以通过在真空自由表面条件下对干净的 InAs(111)A 表面进行反射高能电子衍射和扫描隧道电子显微镜(Scanning Tunneling Microscope, STM)得到验证[61-62]。具有 In 空位的平面重建 InAs 界面层，沿 z 方向的极性比具有"之"字形(111)In-As 配置的块状 InAs 极性要小得多，因此就电子轨道杂化而言，重建的初始(111)A 底层与非极性石墨烯表面是兼容的。更重要的是，在最终重建的(111)A 界面中，除了 In 原子外，As 原子也产生了较强的 vdWE 引力，因此计算出的重建结合能(64 meV)约为未重建结合能的 1.5 倍(46 meV)。对比异质界面的总能量值可以看出，平整重构的(111)A 异质界面优先形成，在初始(111)A 界面层的顶部，在 MOCVD 生长过程中，InAs(111)层沿 sp^3 键沿[111]B 方向堆叠，这进一步证实了沿垂直于石墨烯表面的ZB[111]B方向可形成 InAs 纳米结构。

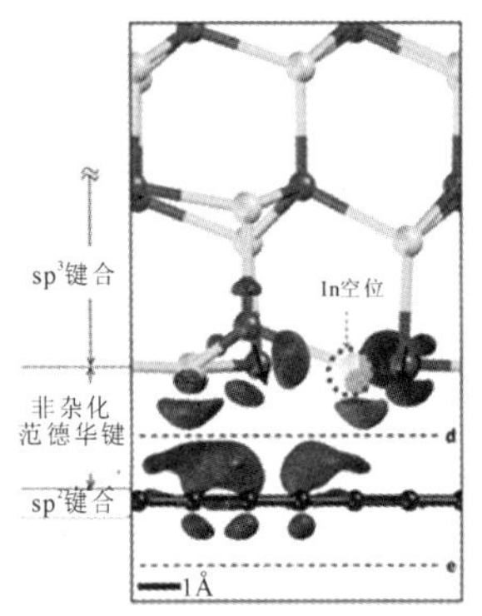

(a) vdW外延InAs / SLG异质界面外围的分子结构和CDD等值面

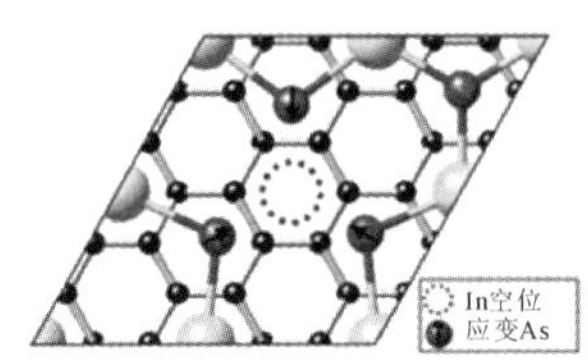

(b) 外延InAs(111)A/石墨烯异质界面的原子构型的平面图

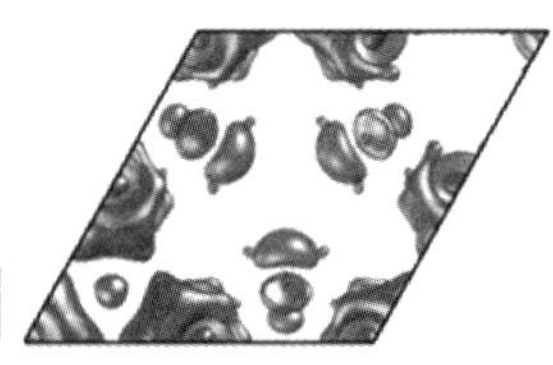

(c) ±0.005eÅ⁻³的CDD等值面图

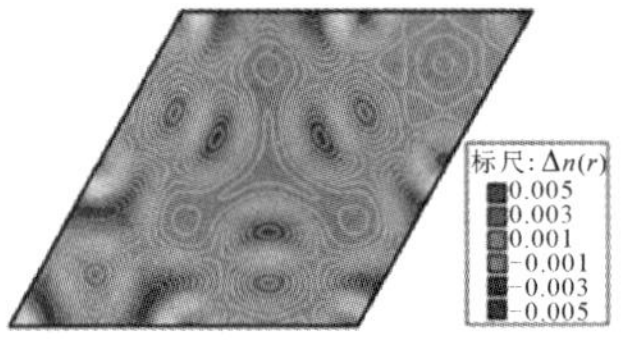

(d) 在距SLG表面1.55 Å处计算出的CDD等高线图[52]

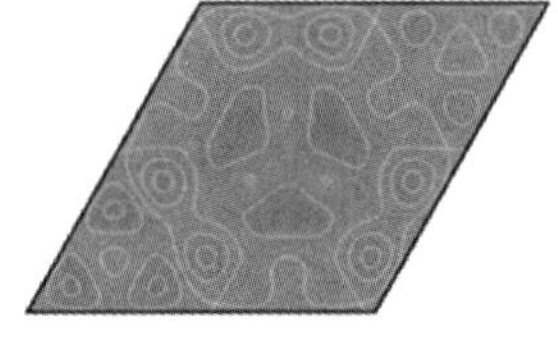

(e) 在距SLG表面-1.55 Å处计算出的CDD等高线图[52]

图 2-14 vdWE 外延 InAs/SLG 异质界面处于平衡状态的电子结构

Y. J. Hong 等人[63]使用氧气或氩气等离子体处理 h－BN 表面，使其形成氢悬挂键，以便于后续的 ZnO 生长。值得关注的是，经过或未经过等离子体处理的 h－BN 上 ZnO 的生长结果显著不同。他们通过对衬底的不同区域进行特殊处理，实现了选择性生长来控制 ZnO 纳米墙的形状和位置。根据 TEM 观察的结果，假设 ZnO/h－BN 界面层由于 vdWE 异质外延导致成键作用弱而完全松弛，因此模拟提出了 vdWE ZnO/h－BN 异质结界面处原子配置的球棒模型。低放大倍数的球棒图像清晰地显示出规则的三角形摩尔图案，其周期为～1.0 nm(见图 2－15(a)、(c)。

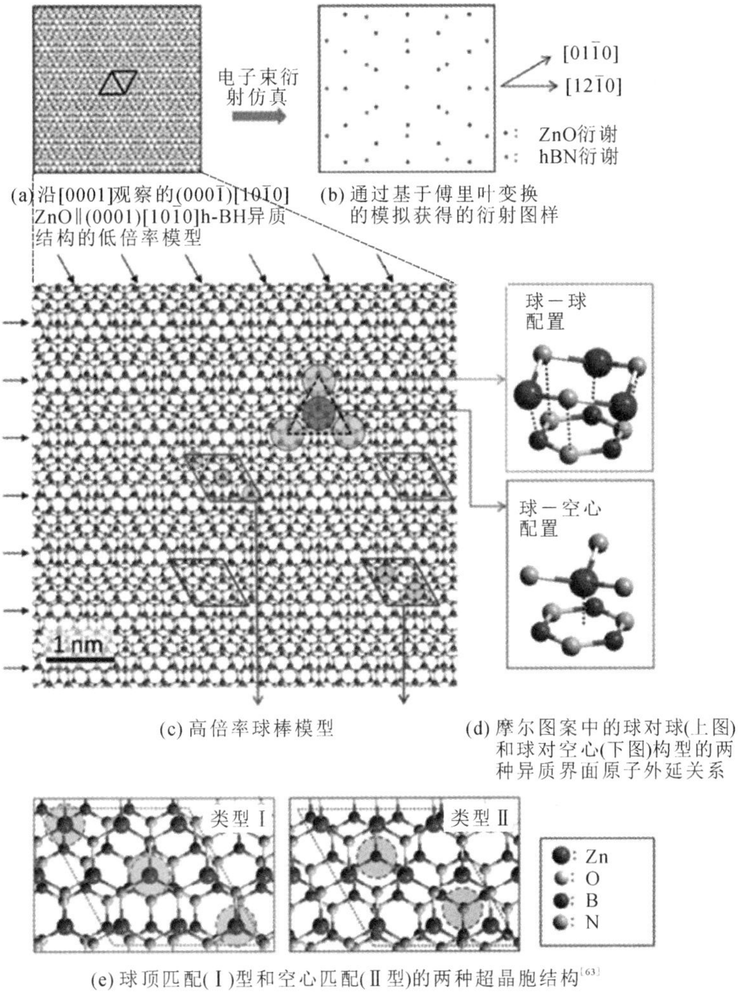

(a) 沿[0001]观察的$(000\bar{1})[10\bar{1}0]$ ZnO‖(0001)$[10\bar{1}0]$h-BH异质结构的低倍率模型

(b) 通过基于傅里叶变换的模拟获得的衍射图样

(c) 高倍率球棒模型

(d) 摩尔图案中的球对球(上图)和球对空心(下图)构型的两种异质界面原子外延关系

(e) 球顶匹配(Ⅰ)型和空心匹配(Ⅱ型)的两种超晶胞结构[63]

图 2－15　准范德华外延 ZnO/h－BN 异质结构的球棒模型

通过傅里叶变换从图 2－15(a)的球棒图像得到相应的模拟衍射图(见图 2－15(b))。在单元摩尔图案内(在图2－15(c)中用三角形标记)，显示了两个不同的异质外延原子构型：球对球和球对空心外延通原子构型(见图 2－15(d))。根据球棒模型，由于不适当的外延关系，至少存在一些合理的外延排列，如图 2－15(e)所示。

通过对 DFT 总能量和电子结构的计算，探索了外延 ZnO/hBN 异质结构的 vdWE 界面结合特性。图 2－16(a)、(b)分别显示了两个代表性的超胞：在球形顶匹配配置的超胞中，两个 Zn 原子位于 B 和/或 N 原子的顶部；在 BN 平板(4×4)上的 ZnO 平板(3×3)的超胞中，由两个 B 或 N 原子顶部的 ZnO 六角形晶格的两个空心组成了中空匹配超胞(3×3)。这两个超胞的 DFT 计算显示出一些重要的界面特征。首先，Ⅰ型和Ⅱ型超胞的相互作用能($\Delta E = E_{total} - E_{ZnO} - E_{h\text{-}BN}$)值分别为 2.170 eV/nm^2 和 2.165 eV/nm^2。这些值比典型的共价结合的值小一个或两个数量级。重要的是，

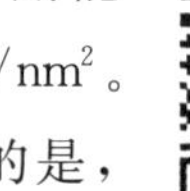

类型Ⅰ：球-顶匹配配置

范德华隙

(a) ZnO/h-BN的球形匹配构型的异质界面外围的原子模型结构和电子密度差等值面

类型Ⅱ：孔匹配配置

(b) ZnO/h-BN的空心匹配构型的异质界面外围的原子模型结构和电子密度差等值面

	ΔE /eV	ΔE /(eVnm^{-2})	范德华隙 /Å
类型Ⅰ	−1.894	−2.170	3.4
类型Ⅱ	−1.890	−2.165	3.4

(c) Ⅰ型和Ⅱ型超胞的vdW异质界面黏附能和平衡vdWE距离值

	无键合(电子)	范德华外延(电子)
ZnO	657	656.79(类型Ⅰ) 656.85(类型Ⅱ)
hBN	128	128.21(类型Ⅰ) 128.15(类型Ⅱ)

●: Zn ●: O
●: B ●: N
: 电子积累
: 电子耗尽

(d) 通过Bader分析计算的vdWE外延之前和之后，超胞ZnO和h-BN部分中的电子种群[63]

图 2－16 通过 DFT 方法计算的 vdWE 外延 ZnO/h－BN 异质界面的电子结构和结合能

Ⅰ型和Ⅱ型超胞之间的界面相互作用能的差异非常小(5 meV/nm^2)。其次，ZnO-hBN 的平衡 vdWE 间距为 3.4 Å(见图 2-16(c))，大于化学一级键(例如共价键或离子键)的典型距离。Ⅰ型和Ⅱ型超胞的异质界面均未显示键，价电子被共享或提供(见图 2-16 (d))。电子密度差的轮廓为±0.0002 e$Å^{-3}$(见图 2-16 (a)、(b))，根据 Bader 分析(见图 2-16 (d))显示，通过 vdWE 异质界面几乎没有电子轨道杂化(电荷转移)。在平衡状态下，在异质界面上几乎观察不到屈曲(或变形)。值得注意的是，Ⅰ型和Ⅱ型超单元异质界面的计算值在结合能、平衡 vdWE 距离和电子结构方面的差异可忽略不计。这一结果表明，Ⅰ型和Ⅱ型超单元异质界面之间没有主要的外延关系。因此，由所有计算的异质界面结果可得出结论，在整个 ZnO/h-BN 异质界面上，键合相互作用几乎是均匀的。

小　　结

作为一种新兴的外延技术，准范德华外延方法对于解决氮化物大失配外延具有重要意义。因此，理论理解并计算Ⅲ族金属元素在二维晶体材料上的吸附非常重要，为二维材料上氮化物的准范德华外延奠定了基础。本章用第一性原理密度泛函理论，研究了不同种类的金属吸附原子在石墨烯等二维材料上的吸附动力学，吸附能、几何结构、态密度、电荷转移、偶极矩和功函数的计算给出了所考虑的吸附原子成键的一致图像。以石墨烯上氮化物生长为例，对Ⅲ族原子在石墨烯上吸附的研究主要考察了三个位置，即桥、中空、顶部，其表现出离子键的特征，且具有较低的吸附能，因此直接在石墨烯上进行氮化物薄膜的生长比较困难。然而，Ⅲ族金属原子在石墨烯上的扩散势垒远小于传统的宝石衬底，在石墨烯上外延氮化物仍具有很大优势。各种方法已经被采用来克服本征二维材料表面缺乏化学活性的困难，例如通过等离子体处理的方式在二维材料中引入缺陷。实验和理论均表明这种处理方式可以形成悬挂键，并提高Ⅲ族原子在二维材料上的吸附能力，极大地促进了氮化物成核的发生。

总之，虽然现阶段对于二维材料上氮化物成键机制的理论计算已经做了大量的工作，但仍存在诸多问题。今后随着二维材料上准范德华外延的工作逐渐

深入和多样化，二维材料与氮化物界面结构的理论分析也将更加系统和完善，同时这些不断丰富的理论又为今后准范德华外延的实验提供指导。

参考文献

[1] GEIM A K，NOVOSELOV K S. The Rise of Graphene. Nat. Mater，2007，6：183 - 191.

[2] GEIM A K，MACDONALD A H. Graphene：Exploring Carbon Flatland. Phys. Today，2007，60：35 - 41.

[3] KOMA A. Van Der Waals Epitaxy for Highly Lattice-Mismatched Systems. J. Cryst. Growth，1999，201：236 - 241.

[4] MUNSHI A M，WEMAN H. Advances in Semiconductor Nanowire Growth on Graphene. Phys. Status Solid-RRL，2013，7：713 - 726.

[5] WIDJAJA H，ALTARAWNEH M，JIANG Z T. Trends of Elemental Adsorption on Graphene. Can. J. Phys，2016，94：437 - 447.

[6] NAKADA K，ISHII A. Migration of Adatom Adsorption on Graphene Using DFT Calculation. Solid State Commun，2011，151：13 - 16.

[7] KRESSE G，FURTHMULLER J. Efficiency of Ab-Initio Total Energy Calculations for Metals and Semiconductors Using a Plane-Wave Basis Set. Comp. Mater. Sci，1996，6：15 - 50.

[8] KRESSE G，FURTHMULLER J. Efficient Iterative Schemes for Ab Initio Total-Energy Calculations Using a Plane-Wave Basis Set. Phys. Rev. B，1996，54：11169 - 11186.

[9] KRESSE G，HAFNER J. Abinitio Molecular-Dynamics for Liquid-Metals. Phys. Rev. B，1993，47：558 - 561.

[10] ITO T，SHIRAISHI K. A Theoretical Investigation of Migration Potentials of Ga Adatoms near Kink and Step Edges on GaAs (001) - (2x4) Surface. Jpn. J. Appl. Phys，1996，35：L949 - L952.

[11] SHIRAISHI K，ITO T. Ga-Adatom-Induced as Rearrangement During GaAs Epitaxial Growth：Self-Surfactant Effect. Phys. Rev. B，1998，57：6301 - 6304.

[12] CHAN K T，NEATON J B，COHEN M L. First-Principles Study of Metal Adatom Adsorption on Graphene. Phys. Rev. B，2008，77：235430.

[13] PERDEW J P，BURKE K，ERNZERHOF M. Generalized Gradient Approximation

Made Simple. Phys. Rev. Lett，1996，77：3865－3868.

[14] BLOCHL P E. Projector Augmented-Wave Method. Phys. Rev. B，1994，50：17953－17979.

[15] KRESSE G，JOUBERT D. From Ultrasoft Pseudopotentials to the Projector Augmented-Wave Method. Phys. Rev. B，1999，59：1758－1775.

[16] SLATER J C. Atomic Radii in Crystals. J. Chem. Phys，1964，41：3199.

[17] MAKOV G，PAYNE M C. Periodic Boundary-Conditions in Ab-Initio Calculations. Phys. Rev. B，1995，51：4014－4022.

[18] NEUGEBAUER J，SCHEFFLER M. Adsorbate-Substrate and Adsorbate-Adsorbate Interactions of Na and K Adlayers on Al (111). Phys. Rev. B，1992，46：16067－16080.

[19] MENG S，GAO S. Formation and Interaction of Hydrated Alkali Metal Ions at the Graphite-Water Interface. J. Chem. Phys，2006，125：014708.

[20] RRTKONEN K，AKOLA J，MANNINEN M. Density Functional Study of Alkali-Metal Atoms and Monolayers on Graphite (0001). Phys. Rev. B，2007，75：075401.

[21] VALENCIA F，ROMERO A H，ANCILOTTO F，et al. Lithium Adsorption on Graphite from Density Functional Theory Calculations. J. Phys. Chem. B，2006，110：14832－14841.

[22] LUGO-SOLIS A，VASILIEV I. Ab Initio Study of K Adsorption on Graphene and Carbon Nanotubes：Role of Long-Range Ionic Forces. Phys. Rev. B，2007，76：235431.

[23] RIBEIRO F J，NEATON J B，LOUIE S G，et al. Mechanism for Bias-Assisted Indium Mass Transport on Carbon Nanotube Surfaces. Phys. Rev. B，2005，72：075302.

[24] MAURICE V，MARCUS P. Stm Study of Sputter-Deposited Al Clusters in Chemical Interaction with Graphite (0001) Surfaces. Surf. Sci，1992，275：65－74.

[25] SRIVASTAVA S，ALMLOF J. Chemisorption of Aluminum Atoms on a Graphite Surface-Cluster Convergence and Effects of Surface Reconstruction. Surf. Sci，1992，274：113－119.

[26] MOULLET I. Ab-Initio Molecular-Dynamics Study of the Interaction of Aluminum Clusters on a Graphite Surface. Surf. Sci，1995，331：697－702.

[27] MA Q，ROSENBERG R A. Interaction of Al Clusters with the (0001) Surface of Highly Oriented Pyrolytic Graphite. Surf. Sci，1997，391：L1224－L1229.

[28] GANZ E，SATTLER K，CLARKE J. Scanning Tunneling Microscopy of Cu，Ag，Au and Al Adatoms，Small Clusters，and Islands on Graphite. Surf. Sci，1989，219：33－67.

[29] ZHANG Y，FRANKLIN N W，CHEN R J，et al. Metal Coating on Suspended

Carbon Nanotubes and Its Implication to Metal-Tube Interaction. Chem. Phys. Lett, 2000, 331: 35-41.

[30] CARAGIU M, FINBERG S. Alkali Metal Adsorption on Graphite: A Review. J. Phys-condens. Mat, 2005, 17: R995-R1024.

[31] ZHU Z H, LU G Q, WANG F Y. Why H Atom Prefers the on-Top Site and Alkali Metals Favorthe Middle Hollow Site on the Basal Plane of Graphite. J. Phys. Chem. B, 2005, 109: 7923-7927.

[32] LINDAN P, DUPLOCK E, ZHANG C J. Thomas M, Chatten R, Chadwick A, The Interdependence of Defects, Electronic Structure and Surface Chemistry. Dalton T. 2004, 19: 3076-3084.

[33] YAGI Y, BRIERE T M, SLUITAR M H F, et al. Stable Geometries and Magnetic Properties of Single-Walled Carbon Nanotubes Doped with 3D Transition Metals: A First-Principles Study. Phys. Rev. B, 2004, 69: 075414.

[34] ROJAS M I, LEIVA E P M. Density Functional Theory Study of a Graphene Sheet Modified with Titanium in Contact with Different Adsorbates. Phys. Rev. B, 2007, 76: 155415.

[35] HIRUMA K, KATSUYAMA T, OGAWA K, et al. Quantum Size Microcrystals Grown Using Organometallic Vapor-Phase Epitaxy. Appl. Phys. Lett, 1991, 59: 431-433.

[36] YAZAWA M, KOGUCHI M, MUTO A, et al. Effect of One Monolayer of Surface Gold Atoms on the Epitaxial-Growth of InAs Nanowhiskers. Appl. Phys. Lett, 1992, 61: 2051-2053.

[37] MUNSHI A M, DHEERAJ D L, FAUSKE V T, et al. Vertically Aligned GaAs Nanowires on Graphite and Few-Layer Graphene: Generic Model and Epitaxial Growth. Nano Lett, 2012, 12: 4570-4576.

[38] CHANG H L, CHAN Z L, LI W J, et al. Graphene-Assisted Quasi-Van Der Waals Epitaxy of AlN Film for Ultraviolet Light Emitting Diodes on Nano-Patterned Sapphire Substrate. Appl. Phys. Lett, 2019, 114: 091107.

[39] ZHU W G, DE MONGEOT F B, VALBUSA U, et al. Adatom Ascending at Step Edges and Faceting on Fcc Metal (110) Surfaces. Phys. Rev. Lett, 2004, 92: 106102.

[40] KLIMES J, BOWLER D R, MICHAELIDES A. Van Der Waals Density Functionals Applied to Solids. Phys. Rev. B, 2011, 83: 195131.

[41] MILLS G, JONSSON H, SCHENTER G K. Reversible Work Transition-State Theory -

Application to Dissociative Adsorption of Hydrogen. Surf. Sci，1995，324：305－337.

[42] MONKHORST H J，PACK J D. Special Points for Brillouin-Zone Integrations. Phys. Rev. B，1976，13：5188－5192.

[43] WANG X G，CHAKA A，SCHEFFLER M. Effect of the Environment on Alpha-Al_2O_3(0001) Surface Structures. Phys. Rev. Lett，2000，84：3650－3653.

[44] ALASKAR Y，ARAFIN S，WICKRAMARATNE D，et al. Towards Van Der Waals Epitaxial Growth of GaAs on Si Using a Graphene Buffer Layer. Adv. Funct. Mater，2014，24：6629－6638.

[45] Al BALUSHI Z Y，MIYAGI T，LIN Y C，et al. The Impact of Graphene Properties on GaN and AlN Nucleation. Surf. Sci，2015，634：81－88.

[46] LIANG D D，WEI T B，WANG J X，et al. Quasi Van Der Waals Epitaxy Nitride Materials and Devices on Two-Dimension Materials. Nano Energy，2020，69：100463.

[47] CHEN Z L，LIU Z Q，WEI T B，et al. Improved Epitaxy of AlN Film for Deep-Ultraviolet Light-Emitting Diodes Enabled by Graphene. Adv. Mater，2019，31：1807345.

[48] REDDY A L M，SRIVASTAVA A，GOWDA S R，et al. Synthesis of Nitrogen-Doped Graphene Films for Lithium Battery Application. AC Nano，2010，4：6337－6342.

[49] LIN Z，WALLER G H，Liu Y，et al. 3D Nitrogen-Doped Graphene Prepared by Pyrolysis of Graphene Oxide with Polypyrrole for Electrocatalysis of Oxygen Reduction Reaction. Nano Energy，2013，2：241－248.

[50] QI Y，WANG Y Y，PANG Z Q，et al. Fast Growth of Strain-Free Ain on Graphene-Buffered Sapphire. J. Am. Chem. Soc，2018，140：11935－11941.

[51] WU Q Q，YAN J C，ZHANG L，et al. Growth Mechanism of AlN on Hexagonal BN/Sapphire Substrate by Metal-Organic Chemical Vapor Deposition. CrystEngComm，2017，19：5849－5856.

[52] HONG Y J，YANG J W，LEE W H，et al. Van Der Waals Epitaxial Double Heterostructure：InAs/Single-Layer Graphene/InAs. Adv. Mater，2013，25：6847－6853.

[53] DAYEH S A，SUSAC D A，KAVANAGH K L，et al. Structural and Room-Temperature Transport Properties of Zinc Blende and Wurtzite InAs Nanowires. Adv. Funct. Mater，2009，19：2102－2108.

[54] TOMIOKA K，MOTOHISA J，HARA S，et al. Crystallographic Structure of InAs Nanowires Studied by Transmission Electron Microscopy. Jpn. J. Appl. Phys，2007，

46: L1102 L1104.

[55] AKIYAMA T, SANO K, NAKAMURA K, et al. An Empirical Potential Approach to Wurtzite-Zinc-Blende Polytypism in Group Ⅲ-Ⅴ Semiconductor Nanowires. Jpn. J. Appl. Phys, 2006, 45: L275-L278.

[56] ALGRA R E, VERHEIJEN M A, BORGSTROM M T, et al. Twinning Superlattices in Indium Phosphide Nanowires. Nature, 2008, 456: 369-372.

[57] JOHANSSON J, DICK K A, CAROFF P, et al. Diameter Dependence of the Wurtzite-Zinc Blende Transition in InAs Nanowires. J. Phys. Chem. C, 2010, 114: 3837-3842.

[58] UTAMA M I B, DE LA MATA M, MAGEN C, et al. Twinning, Polytypism, and Polarity-Induced Morphological Modulation in Nonplanar Nanostructures with Van Der Waals Epitaxy. Adv. Funct. Mater, 2013, 23: 1636-1646.

[59] REUTER K, SCHEFFLER M. Composition, Structure, and Stability of RuO_2(110) as a Function of Oxygen Pressure. Phys. Rev. B, 2002, 65: 035406.

[60] TONG S Y, XU G, HU W Y, et al. Vacancy Buckling Model for the (111) Surface of Ⅲ-Ⅴ-Compound Semiconductors. J. Vac. Sci. Technol. B, 1985, 3: 1076-1078.

[61] OHTAKE A, OZEKI M, NAKAMURA J. Strain Relaxation in InAs/GaAs (111) a Heteroepitaxy. Phys. Rev. Lett, 2000, 84: 4665-4668.

[62] TAGUCHI A, KANISAWA K. Stable Reconstruction and Adsorbates of InAs (111) a Surface. Appl. Surf. Sci, 2006, 252: 5263-5266.

[63] OH H, HONG Y J, KIM K S, et al. Architectured Van Der Waals Epitaxy of ZnO Nanostructures on Hexagonal BN. NPG Asia Mater, 2014, 6: e145.

第 3 章

二维材料/氮化物准范德华外延成键成核

前文已经对二维材料上准范德华外延生长界面结构和理论进行了介绍，对于Ⅲ-Ⅴ族化合物与石墨烯体系，需考虑化合物在石墨烯表面的吸附能与体材料聚合能(即原子结合成为体材料时所释放的能量)的比值。这个比值越大，则意味着Ⅲ-Ⅴ族化合物更容易在石墨烯上吸附成核，并且呈现二维平面生长模式，即更容易通过准范德华外延的方式获得该种材料的光滑、平坦薄膜。除此之外，还应考虑原子在石墨烯表面的迁移势垒，石墨烯与三维材料相比，其表面自由能低，原子在石墨烯上迁移势垒低，因此原子在石墨烯表面的迁移速率远大于在体材料上的迁移速度。对于某种化合物来说，需要结合其在石墨烯上的吸附能与迁移势垒进行分析，以决定外延初始成核阶段的难易程度以及主导原子：吸附能不宜过小，否则不利于原子在石墨烯表面吸附成核；迁移势垒不宜过高，否则易引发三维岛状成核生长，不利于连续薄膜的生成。因此对于成核阶段，通过分析不同化合物、不同原子的吸附能与迁移势垒，可以更加合理地选定外延生长条件参数。

本章主要介绍了氮化物准范德华外延的成核机理，描述了二维材料表面形态、二维材料层数对准范德华外延成核的影响，以及氮化物准范德华外延成核界面处理方法，并对二维材料上氮化物准范德华外延机理也进行了系统阐述。

3.1 氮化物准范德华外延的成核机制

对于氮化物的外延生长，由于缺乏本征衬底，因此氮化物半导体主要生长在异质衬底上[1-5]。然而，大的晶格失配和热膨胀失配是异质外延生长过程中遇到的关键问题[6-7]。因此，在外延生长期间，在生长的薄膜中产生大量的位错密度(包括点位错、螺纹位错和平面位错)以及残余应力，都是影响氮化物器件性能的根本原因。作为一种层状材料，二维材料通常表现为一个或多个原子层的厚度，原子间是共价键合的，而各层则通过弱的范德华力固定在一起[8-10]。可以利用二维材料作为氮化物准范德华外延生长的缓冲层，来降低外延薄膜的应力并提高晶体质量。

1984 年，A. Koma 等人[11]通过范德华外延首次实现了 $NbSe_2/MoS_2$ 异质晶体外延，引起了越来越多的关注。为了提高氮化物基器件的应用范围，二维材料也已被引入到氮化物生长中，可以在衬底和氮化物的界面处看到二维材料的存在。具体而言，在二维材料和氮化物之间的界面成核位置处形成化学键

合，而范德华力保持在其他非成核位置。然而，由于在 sp^2 键合的二维材料的表面上吸附原子的成核被抑制，因此在二维材料上生长三维单晶薄膜仍然是巨大的挑战。为了更好地了解生长机制，有必要清楚地研究界面处的物理和化学变化。因此，掌握氮化物在二维材料上的成核生长情况尤其重要。下面，我们将从二维材料表面氮化物成核机制、二维材料的表面形态（缺陷情况以及二维材料的层数）对氮化物成核的影响几个方面进行介绍。

在氮化物常规的 MOCVD 外延生长中，GaN 的均匀成核对于生长高质量、高度结晶的 GaN 是必不可少的条件。GaN 薄膜的生长需要在高温（通常 >1040℃）下进行，而在此之前，需要在衬底表面先生长低温（<600℃）成核层（Nucleation Layer，NL）。低温 GaN 或 AlN 通常用作高温 GaN 生长的成核层，厚度约在 30～100 nm 范围内。所以，衬底表面的中间层（包括二维材料）是否形成用于高温 GaN 生长的有效成核层至关重要。在这里我们以金属钛（Ti）中间层进行举例说明，研究已经证明钛（Ti）是不良的中间层。例如，在射频等离子体辅助 MBE 系统中，将 Ti 层用作 GaN 生长的掩模，但是高温 GaN 生长很难在 Ti 上成核[12-13]。反过来低温 GaN（LT－GaN，560℃）可以在 Ti 中间层上形成成核层，作为后续高温 GaN 的缓冲层。因此，只有在足够低的温度下，Ga 源的表面扩散和 Ga 的解吸才能被最小化，以便与氮源（如 NH_3）在生长表面反应形成成核位点，然而低的生长温度又明显劣化了外延层晶体质量。图3－1为在衬底/中间层表面上 GaN 的成核示意图[14]。

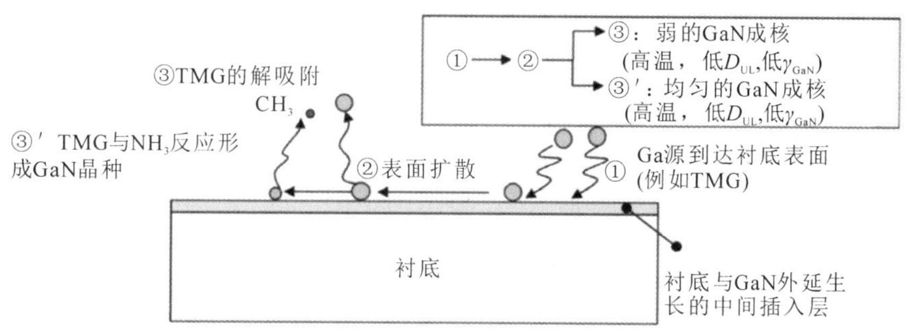

图 3－1　在衬底/中间层表面上 GaN 的成核示意图[14]

二维层状材料（如石墨烯和 h－BN 等）作为 GaN 薄膜材料生长的中间层（Interlayer，IL）时，GaN 的均匀成核要困难得多。这是由于在这些二维材料的表面不存在垂直的悬挂键，导致生长材料在真空或空气中的表面自由能（γ）极

低。表 3－1 列出了几种常见的衬底材料和氮化物材料的 γ。在二维材料上，外来原子的吸附或成核在热力学上是不利因素，因为它们增加了系统的总自由能，其表示如下[14]：

$$\Delta G = G_f - G_i = \gamma_{NL} + \gamma_{IL-NL} - \gamma_{2D-IL} \gg 0 \quad (3-1)$$

其中，G_i、G_f 分别是均匀成核层形成前后的总吉布斯自由能；γ_{NL}、γ_{2D-IL} 和 γ_{IL-NL} 是真空中成核层 NL 和中间层 IL 的表面自由能以及 NL 和 IL 之间的界面能。因此，在二维材料上 GaN 的成核非常具有挑战性。实际上，已经发现在高度取向的热解石墨烯上直接进行低温(530℃)GaN 生长，会导致仅在石墨烯的晶界处成核。解决此问题的一种方法是在二维材料中引入缺陷，相应的生长模型及界面成核方法将会在第 3.4 节中进行阐述。

表 3－1　几种常见的二维材料和半导体材料的表面自由能[14]

材料	表面自由能/(mJ·m^{-2})
Si (111)	1467
蓝宝石 (001)	4800 (释放应力前)，1850 (释放应力后)
ω-ZnO (001)	2025～2040
ω-GaN (001)	1970
ω-AlN (001)	5840
h－BN (001)	37～57 (立方 BN)
石墨烯 (001)	52 (多层)
α-Ti (001)	2048
玻璃	2000～4000

2018 年，Y. Qi 等人[15]研究了蓝宝石衬底上石墨烯作为缓冲层生长 AlN 材料的成核机理。在生长的初始阶段，表面覆盖的石墨烯对 AlN 的成核密度和单个核的生长速率具有明显的影响。如图 3－2(a)所示，扫描电子显微镜(Scanning Electron Microscope，SEM)图像显示了裸露蓝宝石上的 AlN 成核(右上方)和石墨烯覆盖的蓝宝石的 AlN 成核(左下方)，如图 3－2(b)所示，可以很容易地将 AlN 不同成核密度的两个典型区域分开。如图 3－2(c)、(d)所示的放大 SEM 统计数据表明，AlN 在蓝宝石上的成核密度为 41/μm^2，而在石墨烯/蓝宝石上为 23/μm^2。该结果暗示石墨烯可以抑制 AlN 成核，这很可能归因于转移的高质量石墨烯表面上缺乏悬挂键。此外，在蓝宝石和石墨烯/蓝宝石上，对

角线距离大于 200 nm 的 AlN 核岛的密度分别为 $3/\mu m^2$ 和 $11/\mu m^2$（如图 3－2(e)所示），说明在石墨烯上生长的 AlN 核岛的横向生长速率比在蓝宝石上生长大得多。之所以 AlN 在两种类型衬底上具有不同的增长率，是因为石墨烯可以减少表面金属原子的扩散势垒，从而使得吸附原子易于以较大的扩散长度扩散，进而加快了石墨烯覆盖的蓝宝石上岛的二维横向生长，如图 3－2(f)所示。

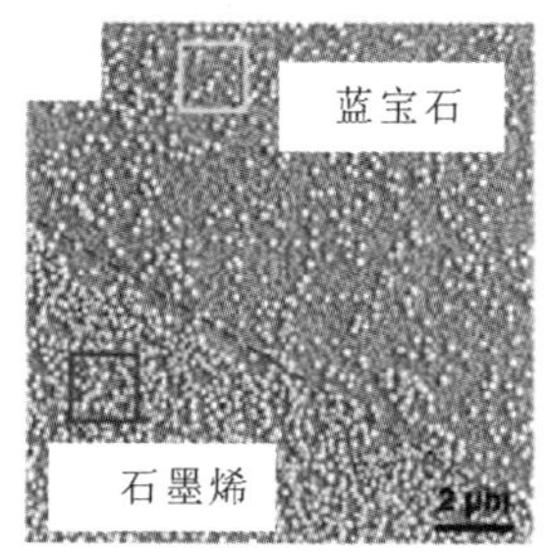

(a) SEM显示AlN在裸蓝宝石和石墨烯缓冲蓝宝石上的形核

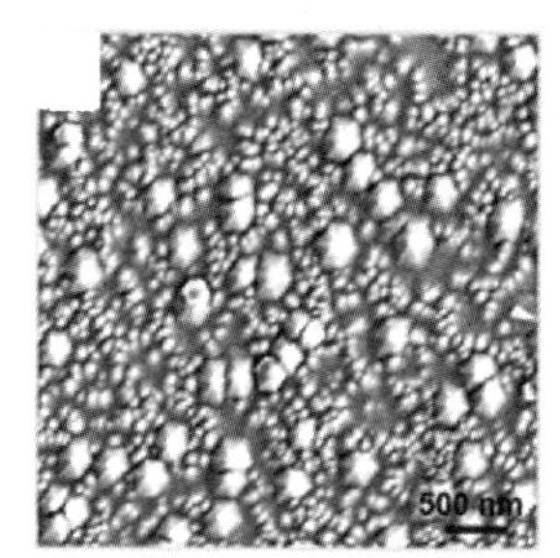

(b) 相应的示意图

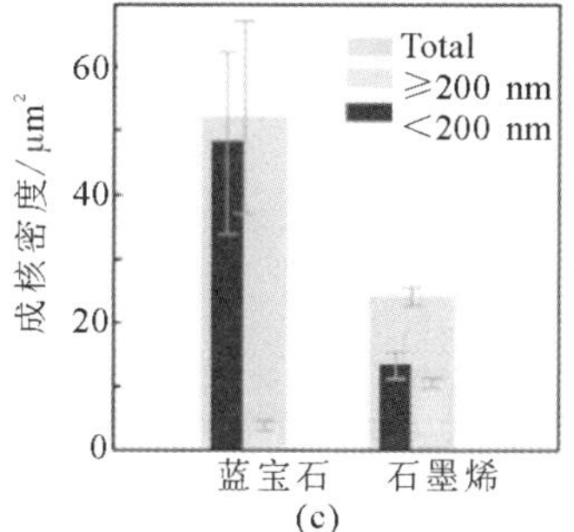

(c)

(d)

(c)、(d) 放大的SEM图像，显示了AlN核在裸蓝宝石和石墨烯缓冲蓝宝石上的分布

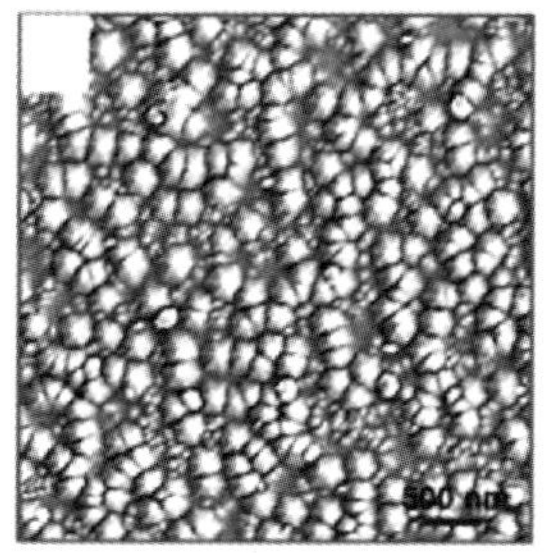

(e) 蓝宝石和石墨烯/蓝宝石上AlN核的密度和大小

(f) 裸蓝宝石和石墨烯缓冲蓝宝石上合并的薄膜形貌

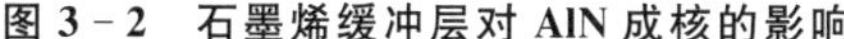

图 3－2　石墨烯缓冲层对 AlN 成核的影响

H. Chang 等人[16]同样研究了石墨烯表面的 AlN 的成核机理，在氮气等离子体处理过的石墨烯上，氮化物利用吡咯氮可以有效成核。为了探究在成核生长后的 AlN 核点之间的聚结行为，Chang 等人利用第一性原理研究了 Al 原子在石墨烯上小的 AlN 团簇上的吸附和扩散。首先，考虑 AlN 在 Al_2O_3(0001)表面的生长，在 Al_2O_3 3×3 表面单元上添加四个 Al 原子(三个位于高 Al 位置，一个位于空位- Al 位置)和三个 N 原子，以形成一个小的 $Al_{10}N_3$ 团簇(见图 3-3(a)中的黑色三角形)，然后将另一个 Al 原子引入团簇。Al_2O_3 表面上和 AlN 团簇边缘附近最稳定的吸附位点是附近的高 Al 位点，如图 3-3(a)中的实心红色圆圈所示。但是，N 原子最上面的位点比该位置能量还要低 0.085 eV，因此更加稳定。尽管能量差很小，但从顶部位置到高 Al 位置的扩散势垒经计算为 1.107 eV(见图 3-3(b))。因此，即将到来的 Al 原子在能量上有利于吸附在现有 AlN 团簇的顶部，并且难以向下跳至 Al_2O_3 表面。换句话说，Al_2O_3 表面的 AlN 核点更倾向于三维扩张模式，但是在石墨烯表面上表现出了不同的生长模式。考虑铝原子在较大的 Al_9N_4 团簇上的吸附，如图 3-3(c)中的 t1 和 t2 所示，两个顶部位点的吸附能量稳定在 1.8～1.9 eV 左右，其他两个 N 原子的顶部位点也是不稳定的。在石墨烯上，Al_9N_4 团簇的边缘附近有两种类型的吸附位，如图 3-3(c)所示，一种类型是簇中 N 原子旁边的 a1 和 a2 位点，另一种类型是附近没有 N 原子的 b1 和

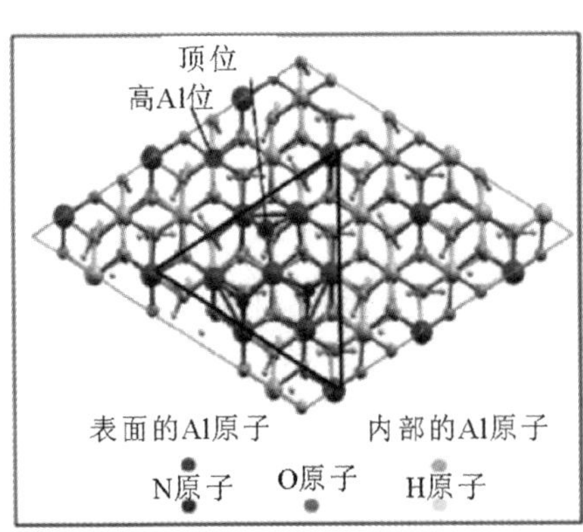

(a) Al原子对Al_2O_3（0001）表面上的$Al_{10}N_3$团簇的吸附位点，$Al_{10}N_3$团簇由三角形表示，实心红色圆圈表示在Al_2O_3表面且紧邻$Al_{10}N_3$团簇的高Al吸附位点，而空心红色圆圈表示$Al_{10}N_3$团簇中N原子的顶部位点，H原子用于钝化Al_2O_3板的底层

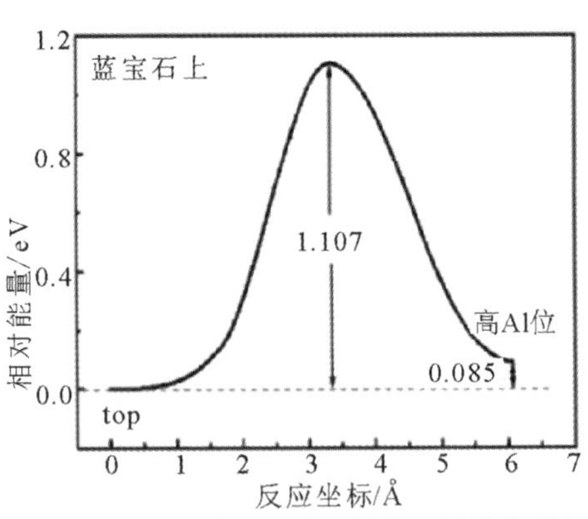

(b) 通过NEB法计算的Al原子从顶部扩散到高Al位的能垒

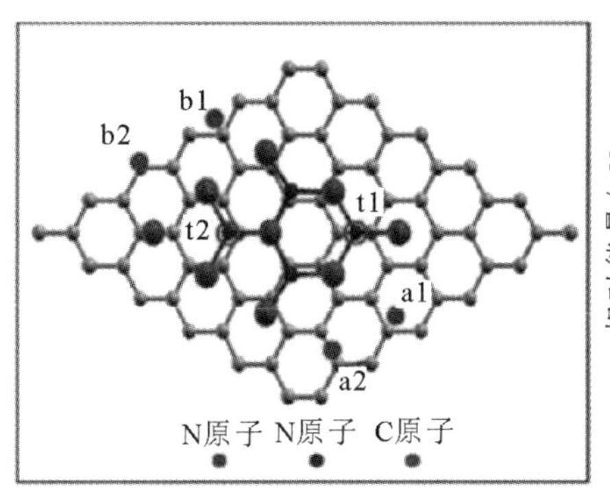

(c) Al原子在石墨烯表面上的Al_9N_4团簇的吸附位点，实心红色圆圈(a和b位置)代表在石墨烯表面且紧靠Al_9N_4团簇的Al吸附位点，而空红色圆圈代表Al_9N_4团簇中N原子的顶部位点

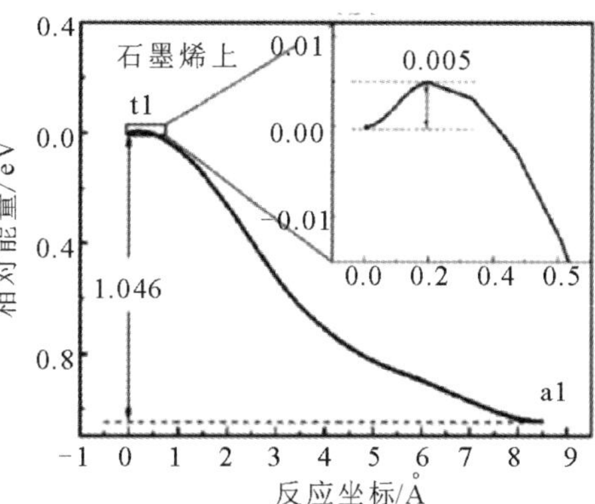

(d) 计算的Al原子从t1位扩散到a1位的能量势垒

图 3-3　Al 原子在蓝宝石和石墨烯上的第一性原理计算

b2 位点。Al 在 b1 和 b2 位点上的吸附比顶部位点稍好，吸附能为 1.9～2.1 eV。但是，Al 原子最稳定的吸附位点是 a1 和 a2 位点，具有 2.7～2.9 eV的较大吸附能。此外，从顶部 t1 位点到侧面 a1 位点的势垒经计算仅为 0.005 eV(见图 3-3(d))。考虑到这么小的势垒，t1 位点的 Al 原子很容易跳到石墨烯表面。因此，可以得出的结论是，在初始生长阶段石墨烯上的 AlN 在能量和动力学上都倾向于横向二维生长。

3.2　二维材料表面形态对准范德华外延成核的影响

氮化物是由离子键和共价键相互作用的，而二维材料层是由范德华力相互作用的。由于二维材料表面缺乏化学活性，直接在二维材料上生长氮化物是非常困难的。因此这意味着要完成高质量氮化物的生长，二维材料的表面化学活性必须得到提高[17-23]。通常情况下，二维材料的表面有一定的台阶和边界，晶畴尺寸从几十纳米到几微米不等。所以氮化物的成核通常发生在表面状态变化的地方，如台阶处和褶皱处。然而，由于外延生长只在台阶和边界上进行，很难实现高质量的氮化膜外延。因此，对于氮化物在二维材料上的生长，通过引入

其他缺陷和形成悬挂键来提高其对 Al、Ga、N 等原子的吸附能力至关重要。在这种情况下，通常先对二维材料的表面进行预处理或者在生长室进行原位预处理。

2012 年，J. K. Choi 等[24]发现 GaN 材料很容易在天然石墨烯脊上成核，覆盖石墨烯涂层的蓝宝石模板是通过低温下的扩散辅助合成(Diffusion-Assisted Synthesis，DAS)工艺制备的。值得注意的是，这里石墨烯层在多晶 Ni 膜晶界的相应位置形成了脊，可以作为氮化物生长的成核位点。与在带有边界的金属上生长的石墨烯不同，在 SiC 衬底上产生的石墨烯通常伴随着台阶的形成。Kim 等[25]在覆盖石墨烯的 SiC 衬底上生长了高质量的 GaN 膜，如图 3-4(a)所示为石墨烯化 SiC 表面的阶梯形貌原子力显微镜图像(Atomic Force Microscope，AFM)，

15 nm

(a) SiC衬底表面石墨化后的AFM图像(比例尺：10 mm)

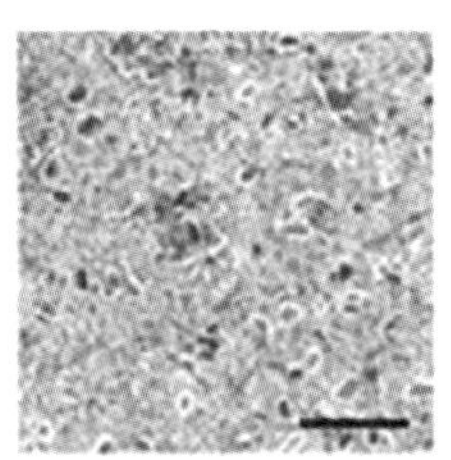

(b) 传统的两步法生长

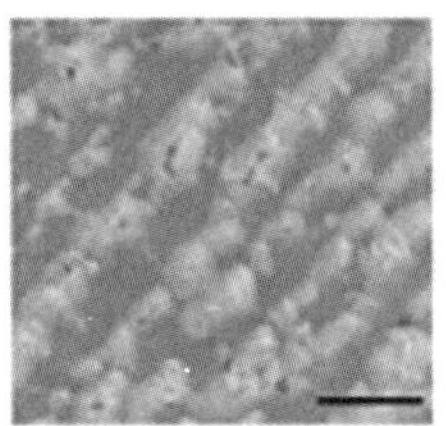

(c) 1100℃条件下的一步法生长

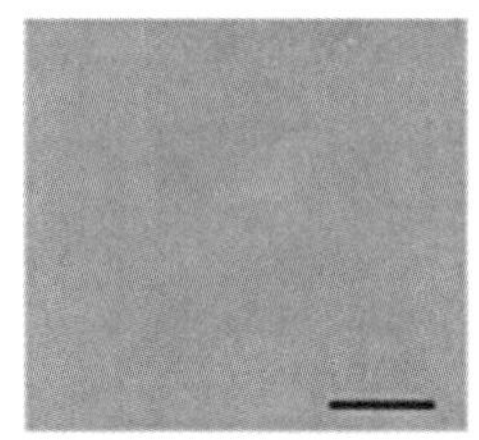

(d) 改良的两步法在三种生长条件下石墨烯上生长的GaN薄膜的SEM图像(比例尺：10 mm)

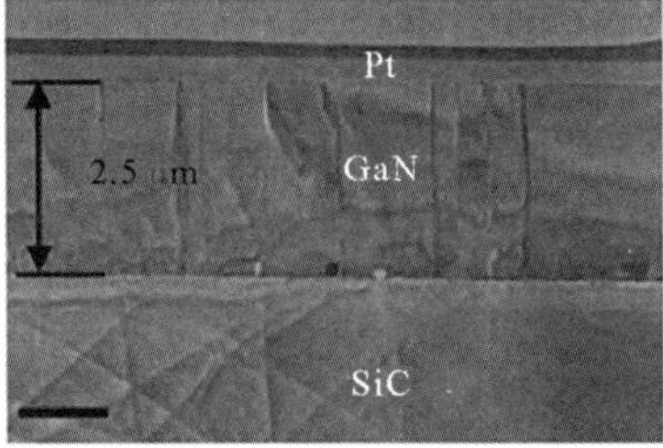

(e) 石墨烯/SiC衬底上生长的2.5 mm厚GaN材料的低分辨截面TEM图像(比例尺：1 mm)

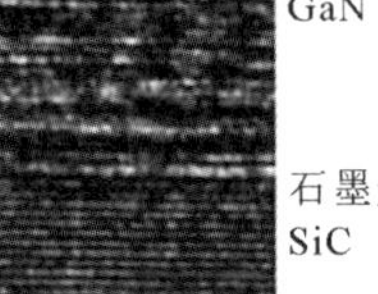

(f) GaN/石墨烯/SiC界面的HRTEM图像(比例尺：2 nm)

图 3-4 石墨烯/SiC 衬底和石墨烯上生长的 GaN 的表面形貌[25]

覆盖石墨烯的 SiC 的表面台阶高度和平台宽度分别为 5～10 nm 和 5～10 μm。据推测，GaN 在条形台阶处成核，然后横向生长以形成薄膜。图 3-4(b)～(d)显示了在不同的生长条件下，通过 MOCVD 在石墨烯上外延 GaN 膜的 SEM 图像。在 MOCVD 生长过程中，温度的影响是非常重要的，MOCVD 生长的温度是所有方法(其他生长方法包括 CVD、MBE、HVPE 等)中最高的。这项研究的实验条件如下：常规两步法生长(在 580℃时成核，在 1150℃时生长)，在 1100℃条件下一步法生长，以及改良的两步法生长(在1100℃下成核，在 1250℃下生长)。这些结果表明，由于 Ga 原子在二维材料表面的迁移率在低温下受到限制，580℃的温度不利于 GaN 在石墨烯上的成核生长。由改进的两步法生长的 GaN 薄膜的线位错密度为 1×10^{9} cm^{-2}，这个数值与在蓝宝石或 SiC 衬底上通过 AlN 作为缓冲层的数值相当(5×10^{8}～8×10^{9} cm^{-2})。此外，如图 3-4(e)、(f)所示，通过 GaN/石墨烯/SiC 界面之间的 TEM 分析表明，在高温和复杂气体的生长条件下，室内生长后的石墨烯仍然存在于界面位置。

此外，还可以通过人工改变二维材料的表面形貌，如引入台阶和边界来控制氮化物在二维材料上的生长。Z. Y. Balushi 等人[26]通过引入氢气刻蚀石墨烯的表面，来制备具有高密度台阶及褶皱的石墨烯衬底。如图 3-5 所示，生长结果表明 AlN 的成核主要发生在石墨烯的台阶边缘，并且 AlN 核的尺寸随温度的升高而增加，这归因于吸附原子迁移率随温度的升高而提高。此外，石墨烯台阶上 AlN 核的密度随着成核温度的提高(生长温度从 500℃提高到 900℃)而增加。根据 Y. C. Lin 等人的解释，这种现象[27]与材料表面能的降低有关，从而影响了二维材料表面的化学活性。通过表面电势显微镜(Surface Potential Force Microscopy, SPFM)测量，这些位置主要发生在石墨烯覆盖的 SiC 衬底的阶梯边缘处。

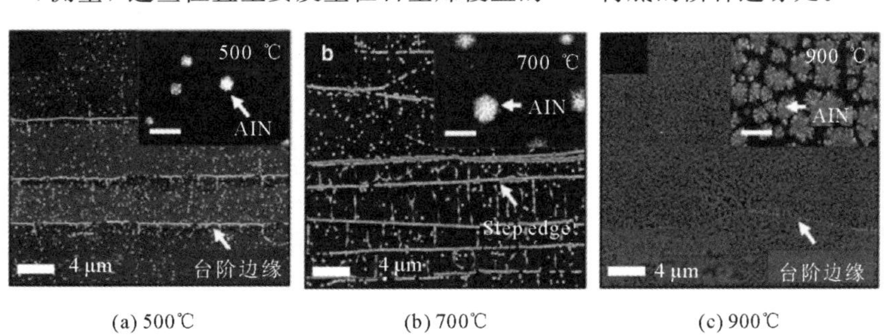

(a) 500℃　(b) 700℃　(c) 900℃

图 3-5　不同温度下的 AlN 成核后的 SEM 图像[26]

Y. Feng 等人[28]研究了石墨烯/SiO_2/Si(100)衬底上氮化物的成核情况。由于本征石墨烯的 sp^2 成键结构使其表面没有悬挂键，因此在石墨烯上成核将难以生长。当氮化物不经过任何表面处理直接沉积在石墨烯上时，形成表面粗糙的多面氮化物团簇。然而，通过对本征石墨烯进行氨预处理，可以观察到氮化物成核数量明显增多。为了揭示氮化物在 sp^2 键合的石墨烯上的成核机理，他们利用 XPS 光谱研究氮化物与石墨烯之间的成键情况。为了将氮化物/石墨烯界面保持在 XPS 的穿透深度内，在相同条件下在石墨烯/Si(100)衬底和 Si(111)衬底上沉积了厚度小于 5 nm 的 AlN。如图 3-6(a)所示，石墨烯上 AlN 的 1s 结合能在 394～402 eV 范围内出现了一个宽峰，该峰被 CasaXPS 软件分解为三个单独的峰，分别位于 397.6 eV、398.7 eV 和 399.6 eV。如图 3-6(b)所示，常规 Si(111)上的 AlN 也可以观察到位于 397.6 eV 处的峰值，因此该峰值的出现与石墨烯无关，可能源于 AlN 的氧化。图 3-6(b)中的另一个峰可能来源于 Si 衬底在 NH_3 中的预处理导致的 AlN 和 SiN_x 共沉积，位于 398.7 eV 和 399.6 eV 的峰值来自氮掺杂的石

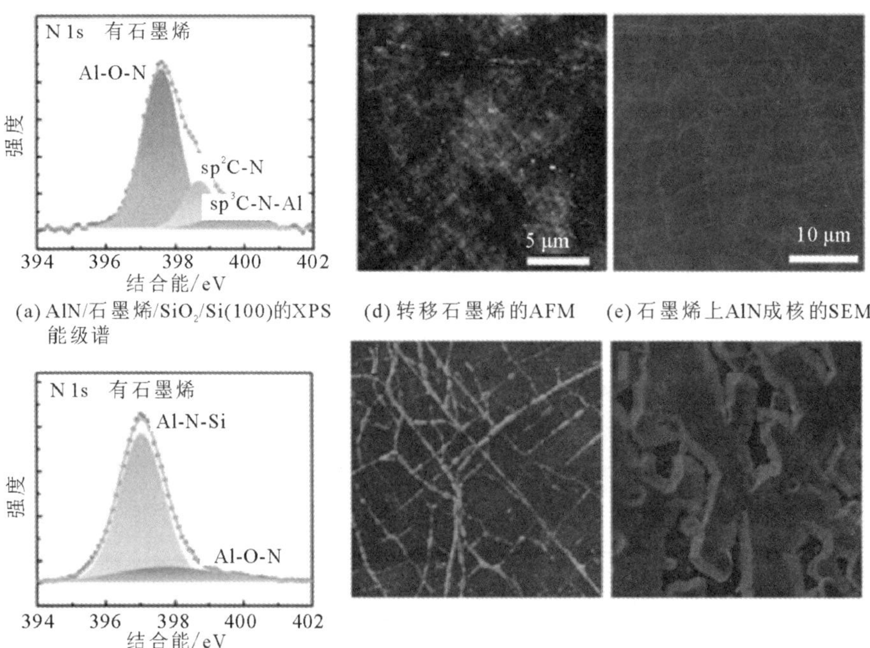

(a) AlN/石墨烯/SiO_2/Si(100)的XPS能级谱

(d) 转移石墨烯的AFM

(e) 石墨烯上AlN成核的SEM

(b) AlN/Si(111)的XPS能级谱

(f) AlN/石墨烯上生长初期GaN的SEM

(g) 正常V/Ⅲ比情况下(V/Ⅲ=1500)生长的2.5 μm厚GaN的SEM

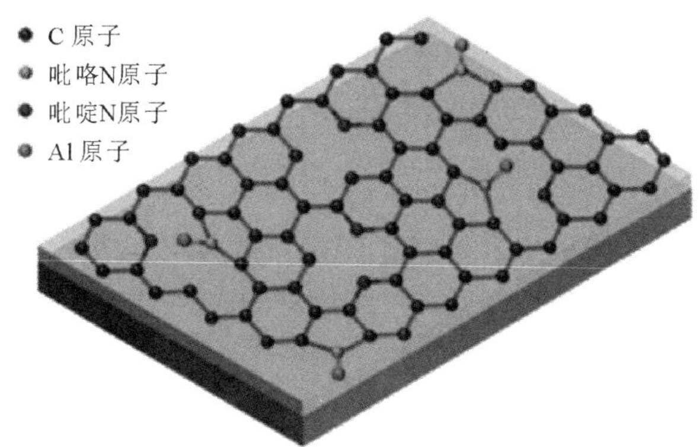

(c) 转移的经过氮化的石墨烯的原子结构示意图

图 3-6　石墨烯/SiO_2/Si(100)上 GaN 薄膜的成核机理及外延过程[28]

墨烯，与底层衬底无关。398.7 eV 处的峰值对应于 sp^2 杂化的 C—N 键，而 399.6 eV 处的峰值对应于 sp^3 杂化的 C—N 键，如图 3-6(c)所示，在石墨烯经过 NH_3 预处理后，sp^2 杂化的 C—N 键和 sp^3 杂化的 C—N 键都可以形成。由于 C—N—Al 三原子架构形成在外延过程中，因此，NH_3 的预处理可以产生 sp^3 杂化的 C—N 键，从而通过形成 C—N—Al 三原子架构促进石墨烯表面氮化物的成核。

同时他们还研究了单晶 GaN 成核后的外延过程，探究了单晶 GaN 在各关键过程中的生长中断。由于 CVD 工艺和转移工艺之间的热失配，转移石墨烯的表面形貌呈现出高密度褶皱。沉积 AlN 后，氮化物成核仍然主要发生在石墨烯表面褶皱处，在平坦区域只有少数岛屿，如图 3-6(e)所示。随后在 GaN 生长初期，也主要沿褶皱沉积在 AlN 上形成 GaN 条纹。GaN 条状附近的生长速度比扁平石墨烯区域的岛状 GaN 的生长速度要快得多，这主要归因于褶皱上的氮化铝成核密度较高。在常规 GaN 生长条件下(MOCVD 生长中 NH_3 和有机源的流量比Ⅴ/Ⅲ＝1500)，生长的 GaN 显示出未完全合并的表面形态，带有离散的条带，这是因为石墨烯表面的原子核密度较低，GaN 的侧向生长不足以形成连续的薄膜，如图 3-6(g)所示。可以通过增加Ⅴ/Ⅲ来提高横向增长速率，进而实现平滑连续的 GaN 薄膜的生长。总体而言，氮化物在石墨烯上的外延过程是：首先由 AlN 在石墨烯上成核，然后横向生长 GaN 条纹，最终形成连续光滑的薄膜。

3.3 二维材料层数对准范德华外延成核的影响

二维材料的表面特性在很大程度上取决于层数，这将改变二维材料表面的功函数、表面电势和二维材料表面的氧化特性等，以及可能影响二维材料的表面化学活性，从而改变氮化物的成核位置。另外，通常将二维材料用作氮化物材料与蓝宝石、硅、碳化硅和玻璃等衬底之间的插入层，其厚度一般不超过几十纳米。因此，当二维材料达到一定厚度(通常小于 4 层)时，可以屏蔽二维材料下衬底对氮化物生长的影响。

2012 年，J. K. Choi 等人[24]首先提出了不同厚度的石墨烯会影响氮化物外延层的质量。如图 3－7 所示，他们通过 DAS 工艺制备了石墨烯，并通过更改涂层参数来调整石墨烯的厚度。增加石墨烯涂层(约 7.9 nm 厚)的厚度可以解决 GaN 和蓝宝石之间晶格失配和表面化学活性差异的问题，通过 X 射线衍射(X-Ray Diffraction，XRD)数据显示，在厚度为 7.9 nm 的石墨烯上生长的 GaN 薄膜为单晶，石墨烯/蓝宝石上 GaN 薄膜的位错密度约为 $1.2\times10^{9}\ \mathrm{cm}^{-2}$。此外，石墨烯的厚度在氮化物成核位点的选择中也起重要作用。随着层数的增加，石墨烯的表面缺陷增加，这有利于成核并促进随后的生长。与此相反的是，Z. Y. Balushi 等人[26]研究了 6H-SiC 的 Si 极性面上制备的多层外延石墨烯上氮化物的外延生长情况，发现氮化物在少数几层(≤3 层)外延石墨烯的区域上有选择地成核，而在石墨烯上厚层(＞ 3 层)区域却很少成核。上述实验结果的差异，与氮化物薄膜外延生长前石墨烯衬底表面预处理的调节有关。

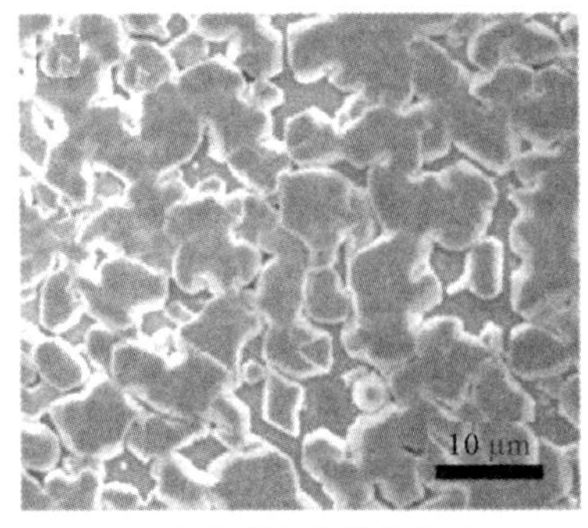

(a) 没有石墨烯插入层

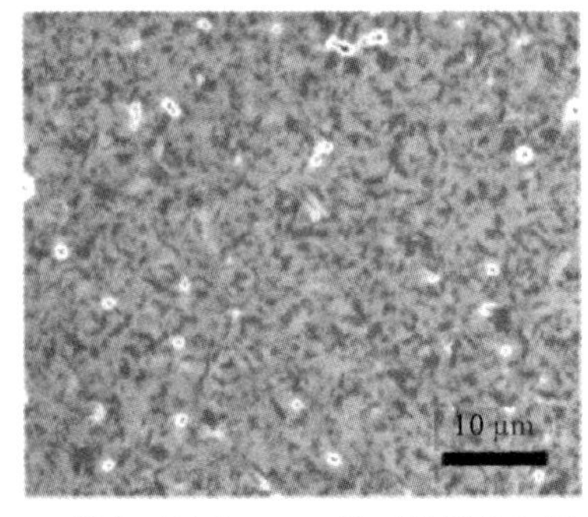

(b) 蓝宝石衬底/0.6 nm的石墨烯插入层

(c) 蓝宝石衬底上/7.9 nm的石墨烯插入层衬底上生长的GaN薄膜的SEM(插图为GaN薄膜的AFM)

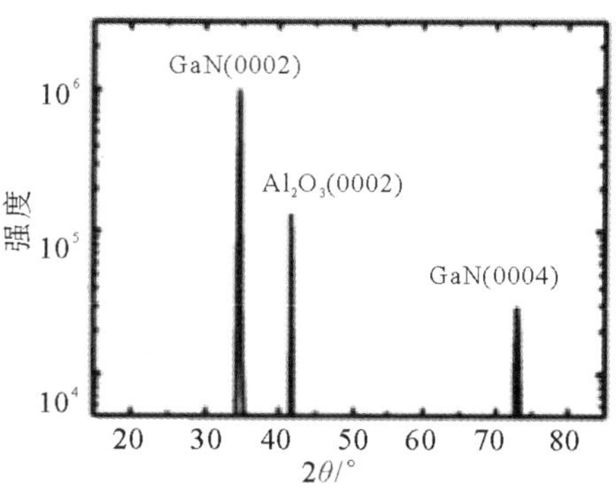

(d) 石墨烯涂层厚度为7.9 nm的GaN/石墨烯/蓝宝石的XRD结果

图 3-7　石墨烯/蓝宝石上生长 GaN 薄膜形貌的 SEM，生长温度为 1040℃，生长时间为 1.3 h[24]

此外，S. Fernandez-Garrido 等人[29]还研究了等离子体辅助分子束外延(Plasma-Assisted MBE，PAMBE)的生长方法，以及不同石墨烯厚度条件对氮化物生长的影响。PAMBE 的生长控制更为精确，使 MBE 可以生长出直径非常小的 GaN 纳米线(Nanowire，NW)。由于在 SiC 衬底上合成了不同厚度的石墨烯，因此石墨烯/SiC 衬底可直接用于 GaN 纳米线的生长。图 3-8(a)～(c)和图 3-8(d)～(f)分别代表了不同层数石墨烯的衬底示意图和 AFM 图像，石墨烯层结构有三种类型，包括单层石墨烯、双层石墨烯和多层石墨烯(75±15层)。GaN 纳米线的生长结果如下：① 如图 3-8(g)、(j)所示，对于单层石墨烯，纳米线仅沿台阶边缘形成，其中成核位置处的石墨烯比单层厚；② 如图 3-8(h)、(k)所示，对于双层石墨烯，纳米线在石墨烯表面大部分区域都能够成核，在台阶边缘处成核密度反而降低；③ 如图 3-8(i)、(l)所示，对于多层石墨烯，纳米线优先在台阶边缘和结构缺陷处成核。值得注意的是，当 GaN 在单层和双层石墨烯上生长时，无法通过拉曼测试检测到石墨烯的信号峰。在 GaN 纳米线生长相同的条件下，单层石墨烯在生长过程初期与 Ga 或活性 N_2 结合而被刻蚀掉，在 PAMBE 生长期间存在活性的氮等离子体刻蚀石墨烯的过程。相应地，多层石墨烯在 PAMBE 生长过程中被刻蚀，从而形成新的缺陷位置，最终成为 GaN 纳米线生长的成核位点。

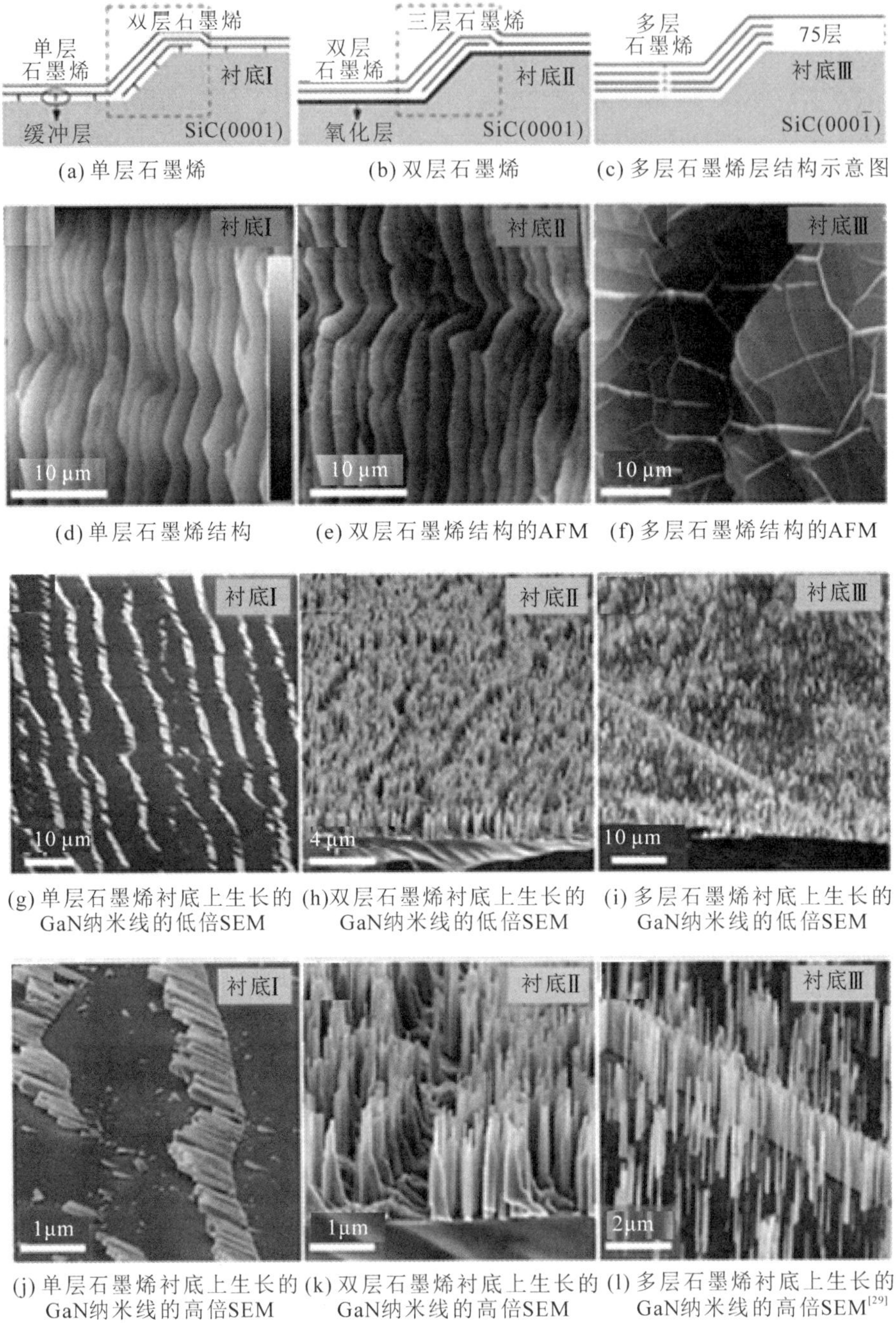

(a) 单层石墨烯　(b) 双层石墨烯　(c) 多层石墨烯层结构示意图

(d) 单层石墨烯结构　(e) 双层石墨烯结构的AFM　(f) 多层石墨烯结构的AFM

(g) 单层石墨烯衬底上生长的GaN纳米线的低倍SEM　(h)双层石墨烯衬底上生长的GaN纳米线的低倍SEM　(i) 多层石墨烯衬底上生长的GaN纳米线的低倍SEM

(j) 单层石墨烯衬底上生长的GaN纳米线的高倍SEM　(k) 双层石墨烯衬底上生长的GaN纳米线的高倍SEM　(l) 多层石墨烯衬底上生长的GaN纳米线的高倍SEM[29]

图 3-8　不同衬底上 GaN 纳米线生长的 SEM 形貌

此外，具有不同层数的二维材料也可用于屏蔽衬底对氮化物生长的影响。常规氮化物外延通常不插入二维材料层，但是氮化物的生长却受到外延层与衬底的晶格匹配、热失配和衬底表面的化学性质等各方面的影响。引入二维材料中间层后，氮化物的生长可直接在二维材料表面进行，因此初始衬底如何影响氮化物的生长成为关键问题。美国麻省理工学院的 W. Kong 等人[30]分析了底层衬底和二维材料中间层中的原子键极性以及二维材料层数对外延的影响，他们提出了远程外延的概念。在单层石墨烯覆盖的 GaN 衬底上生长 GaN 材料时，GaN 外延层和 GaN 衬底之间的原子相互作用，成功地穿透了单层石墨烯，并将 GaN 衬底的原子排列向上延续到 GaN 外延薄膜中。然而，在单层石墨烯覆盖的 Si 和 Ge 衬底上，Si 和 Ge 却获得了多晶生长，这表明单层石墨烯可以隔离衬底对外延层的影响。为了证明静电势从衬底向上的穿透距离与衬底离子性的关系，如图 3－9 所示，在具有各种厚度的石墨烯中间层的衬底上进行了 Si、GaAs、GaN 和 LiF 的外延生长实验。此外，DFT 理论计算表明三维材料具有很强的离子性，其原子势波动可以传输超过 3 层石墨烯的距离。随着衬底的原子间键极性的增加，需要更多的石墨烯层来隔离衬底对外延生长的影响。图 3－9显示了生长实验和 DFT 计算的结果，无论石墨烯具有多少层，硅的生长不受衬底的影响。在单层石墨烯上仅获得了单晶 GaAs，在两层石墨烯的中间层上获得了单晶 GaN，而在三层石墨烯中间层获得了单晶 LiF。值得注意的是，具有极性键的二维材料比石墨烯具有更好的屏蔽衬底电场的能力。

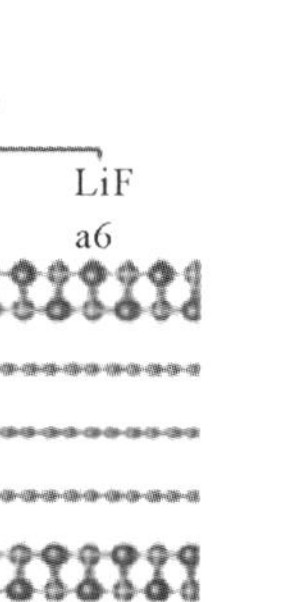

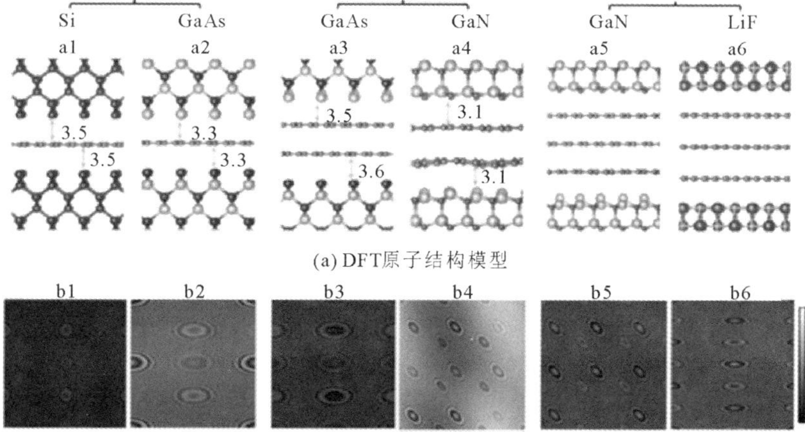

(a) DFT原子结构模型

(b) 电位波动图，范围为0~25 mV

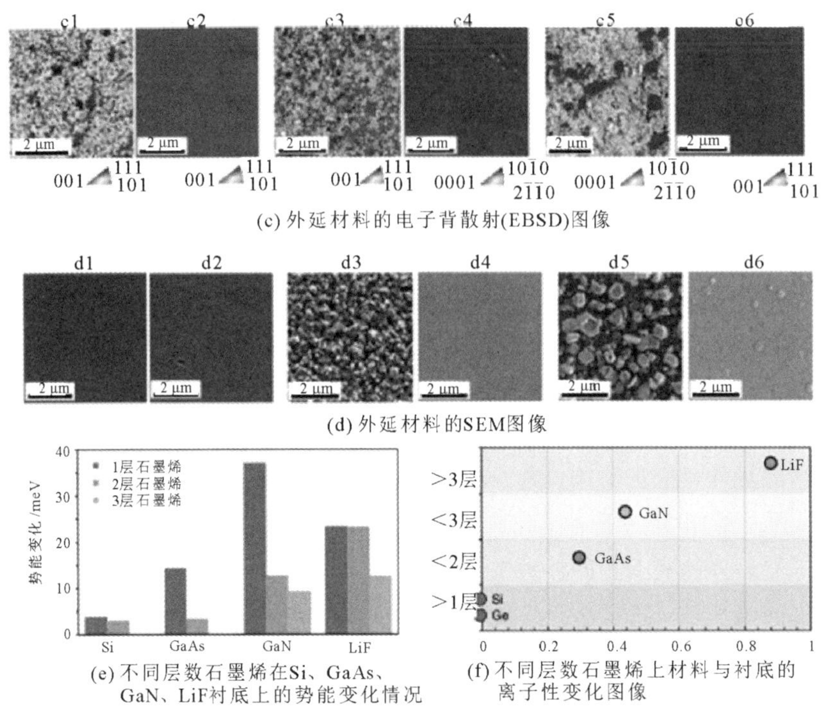

(c) 外延材料的电子背散射(EBSD)图像

(d) 外延材料的SEM图像

(e) 不同层数石墨烯在Si、GaAs、GaN、LiF衬底上的势能变化情况

(f) 不同层数石墨烯上材料与衬底的离子性变化图像

图 3-9　不同层数石墨烯上 DFT 理论计算结果

3.4　氮化物准范德华外延成核界面处理方法

二维材料上氮化物生长的面内取向和晶体质量的调节，是氮化物准范德华外延生长需要解决的关键性问题，其主要障碍是二维材料上金属原子的化学惰性和低迁移率。上一节系统地研究了二维材料的表面形态(包括表面缺陷、二维材料的层数)对氮化物准范德华外延的影响。为解决这些问题，近年来在二维材料上使用了缓冲层，例如 ZnO 纳米墙、AlN 缓冲层、MOCVD 原位 NH_3 处理、O_2 等离子体和 N_2 等离子体处理石墨烯表面等，以提高二维材料表面的化学反应活性，进而提高氮化物准范德华外延晶体的质量。本节将详细阐述目前常用的几种氮化物准范德华外延的生长处理模型。

3.4.1　O_2 等离子体处理

氮化物准范德华外延最大的挑战是二维材料的无悬挂键特性抑制了氮化

物的成核，为了促进氮化物在二维材料上得到更好的外延生长，通常采用等离子体处理来提高二维材料的表面活性，等离子体源包括氧、氮等。2010年初，K. Chung等人[31]首先研究了石墨烯上氮化物的生长，发现GaN可以直接在未处理的石墨烯上生长，但最终获得的是多晶态。作为解决方法，可以用O_2等离子体处理衬底，然后在O_2等离子体处理的石墨烯层上生长高密度ZnO纳米线[32]。虽然O_2等离子体处理可以提高石墨烯的表面活性，但仍难以生长高质量的GaN晶体材料。因此，有必要引入高成核密度的ZnO纳米粒子作为后续GaN生长的中间层。

为了进一步研究O_2等离子体处理对石墨烯的影响，Z. Y. Balushi等人[26]利用拉曼光谱分析了石墨烯的变化。首先在(0001)6H-SiC衬底上生长外延的石墨烯样品，然后在100 W和500 mTorr条件下使用O_2等离子体对样品处理90 s，以增加石墨烯中的点缺陷密度。石墨烯层中的点缺陷密度可以通过石墨烯的D峰和G峰的拉曼强度比值来确定，即I_D/I_G。经过等离子体处理后石墨烯的缺陷增加，将会导致I_D/I_G比的增加。这里石墨烯中的G峰对应的是sp^2杂化的碳原子的高频E_{2g}声子震动，而D峰对应的是缺陷导致的无序的sp^2杂化的石墨烯晶格的震动。在石墨烯表面引入缺陷后，AlN的成核位点在石墨烯表面均匀分布。

此外，为了提高氮化物外延层的晶体质量，T. Li等人[33]引入了高阶热解石墨烯(Highly Ordered Pyrolytic Graphene，HOPG)，这是一种由热解石墨在高温高压下制备的新型石墨烯材料，HOPG的性能与单晶相近。用O_2等离子体处理石墨烯后，AFM分析表明，处理后的石墨烯的粗糙度明显高于未处理的石墨烯，均方根粗糙度(Root-Mean-Square，RMS)从处理前的0.28 nm提高到处理后的0.39 nm，这意味着石墨烯表面的缺陷增加了。此时在石墨烯表面生长GaN的核和小岛并进行高温退火，GaN核只被分解而没有再结晶，这是因为大部分退火的GaN核和小岛不能达到奥斯瓦尔德熟化的临界尺寸。高温下，石墨烯的粘滞系数会降低，根据成核速率公式，在高温下通过提高吸附能和降低成核层与石墨烯之间的迁移障碍，可以提高成核密度。结果表明，由于Al原子的高吸附能和石墨烯的低迁移势垒，AlGaN更容易在石墨烯表面成核。

除了使用石墨烯，h-BN也是氮化物准范德华外延的一种常用的二维材料。H. Oh等人[34]使用氧或氩等离子体处理h-BN表面，使其表面形成氢悬挂键，从而促进后续ZnO的成核。结果表明，h-BN衬底等离子体处理对ZnO

的生长有着明显的影响，可以通过对衬底不同区域的特殊处理，实现选择性的生长，从而控制 ZnO 纳米管的形状和位置。此外，DFT 计算表明，相互作用能($\Delta E = E_{total} - E_{ZnO} - E_{h-BN}$)的数值(2.170 eV/nm^2 或 2.165 eV/nm^2)比典型共价键束缚能要小 1 ～ 2 个数级。ZnO 与 h－BN 的平衡间距为 3.4 Å，大于典型的共价键或离子键距离。通过进一步的理论分析并没有发现 ZnO/h－BN 外延异质结构具有界面间距大、结合能小的主要化学结合特征。

此外，Q. Wu 等人[35]也研究了 AlN 薄膜在 h－BN 上的生长。首先通过 LPCVD 在铜箔上生长出单层 h－BN，然后转移到蓝宝石衬底上，在 100 W 的射频功率下，使用氧等离子体对蓝宝石上的 h－BN 处理 3 min，最后在处理后的衬底上进行 AlN 材料的生长。如图 3－10(a)～(c)所示，对 h－BN/蓝宝石、

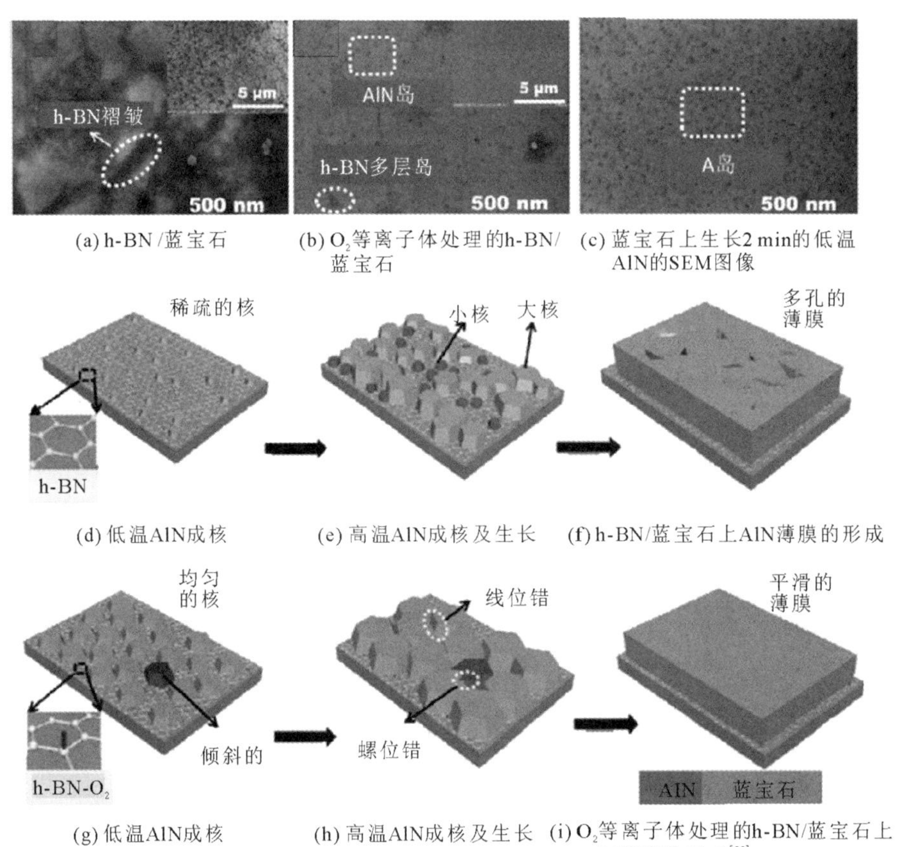

(a) h-BN/蓝宝石
(b) O_2等离子体处理的h-BN/蓝宝石
(c) 蓝宝石上生长2 min的低温AlN的SEM图像
(d) 低温AlN成核
(e) 高温AlN成核及生长
(f) h-BN/蓝宝石上AlN薄膜的形成
(g) 低温AlN成核
(h) 高温AlN成核及生长
(i) O_2等离子体处理的h-BN/蓝宝石上AlN薄膜的形成[35]

图 3－10　h－BN/蓝宝石上 O_2 等离子体处理的低温 AlN SEM 形貌及生长机理示意图

O_2等离子体处理的h-BN/蓝宝石和蓝宝石衬底上的AlN成核情况进行比较。O_2等离子体处理的h-BN/蓝宝石上的AlN成核形态与蓝宝石衬底相似，但在h-BN/蓝宝石上基本没有成核点。图3-10(d)～(i)所示为蓝宝石衬底和O_2等离子体处理后的h-BN/蓝宝石衬底上AlN薄膜生长的过程。可见O_2等离子体处理后，h-BN表面的缺陷有利于AlN在其表面均匀地成核，并以核为中心纵向生长、横向合并，最后生长出平滑且连续的薄膜，O_2等离子体处理后的h-BN/蓝宝石上的AlN晶体质量通过XRD进行表征，(0002)和(10-12)的半高宽值(Full Width at Half Maximum，FWHM)分别为409 arcsec和963 arcsec，与直接生长在蓝宝石上的AlN薄膜的数值相当。

3.4.2 N_2等离子体处理

由于氮元素本身是氮化物材料的组成成分，N_2等离子体处理在二维材料上生长高质量氮化材料更具优势。在N_2氮等离子体处理中，氮原子对二维材料表面的影响至关重要。例如，M. Rybin等人[36]报道了在铜箔上合成转移石墨烯，然后将石墨烯转移到SiO_2/Si衬底上，通过N_2等离子体对石墨烯表面进行处理。在有效射频功率为10 W的射频放电中处理的石墨烯样品，通过SEM和拉曼光谱进行了仔细的研究。在N_2等离子体处理后，石墨烯表面缺陷数量显著增加。图3-11(a)为不同时期(2～20 min)石墨烯薄膜经过N_2等离子体处理前后的拉曼光谱对比。可见，在1350 cm^{-1}左右的D峰在N_2等离子体处理后增加了几倍，且不受处理时间的影响；而另一个峰值在1617 cm^{-1}左右，称为D′，也对应于石墨烯晶格中的缺陷，随着处理时间的增加而增大。图3-11(b)给出了N_2等离子处理的石墨烯的N 1s能级的XPS图谱，研究不同处理时间的样品在XPS光谱中的结合能为400 eV左右的N 1s谱线，发现在长时间处理过程中，谱带中各组分的强度都发生了重新分布。能量对应于(398.7±0.2) eV和(402.0±0.2) eV的两个峰(分别对应吡啶N和四元N)减小，而另一组分对应的能量为(400.1±0.2) eV(对应吡咯N)增大，这是由N_2等离子体中氨自由基(如NH_2和NH)对石墨烯薄膜的强烈影响而引起的。N_2等离子体处理前后的石墨烯薄膜的SEM显示了石墨烯的损伤情况，图3-11(c)给出了等离子体处理前的石墨烯形貌，暗区对应石墨烯，亮区对应衬底。N_2等

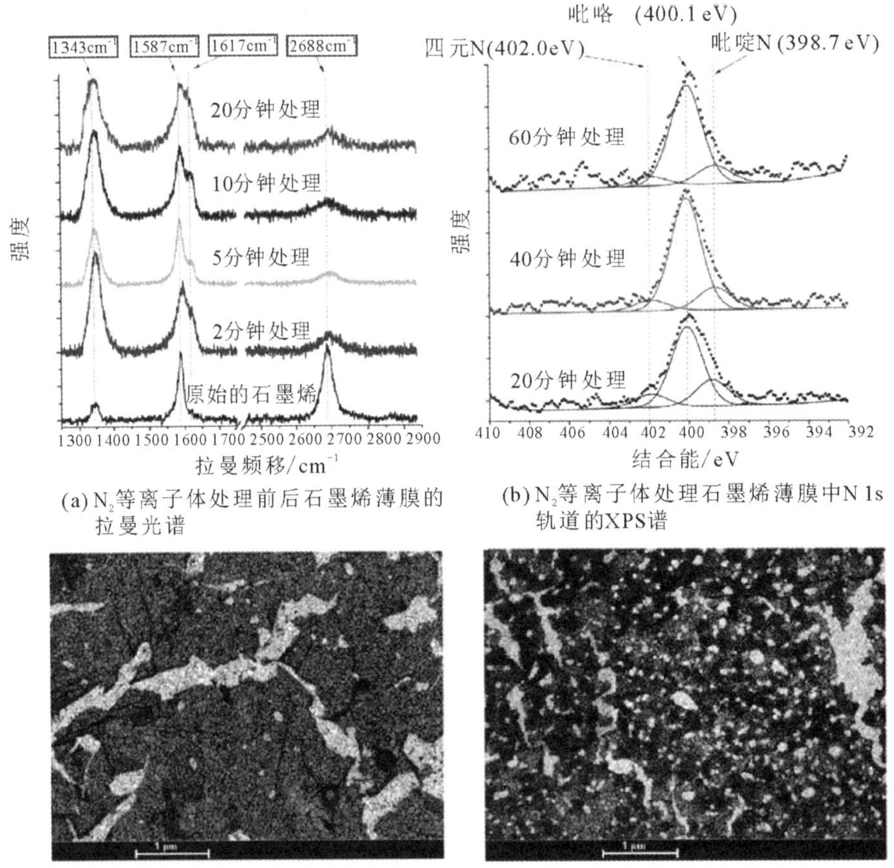

(a) N_2等离子体处理前后石墨烯薄膜的拉曼光谱

(b) N_2等离子体处理石墨烯薄膜中N 1s轨道的XPS谱

(c) 等离子体处理前

(d) 等离子体处理20 min后石墨烯SEM[36]

图 3-11　不同时间 N_2 等离子体处理前后石墨烯薄膜的拉曼光谱、XPS 谱及 SEM

离子体处理前，在石墨烯表面观察到一些裂纹，在 N_2 等离子处理后其数量显著增加，经过长时间的 N_2 等离子的处理(超过 20 min)，得到了有趣的结果，如图 3-11(d)所示。因为在这种情况下，氮原子的数量是固定的，但是掺杂类型发生了改变。XPS 光谱显示，经 N_2 等离子体处理后，石墨烯中吡咯 N 的含量为 5.6%，而未经处理的石墨烯 XPS 光谱则没有出现对应的峰位[37]。N_2 等离子体处理后的石墨烯上氮化物的生长过程大致如下：首先，蓝宝石表面存在低能 Al 原子和高能 Al 原子，低能 Al 原子与表面下的 O 原子结合强度较大。根据 DFT 计算[38]，Al 原子在蓝宝石衬底上有高能 Al 和空位两个吸附位置，吸附能分别为 2.69 eV 和 1.67 eV。当 Al 原子从低能 Al 原子位置移动到其他位置

时，必须克服 1.02 eV 的能量差。此外，与 Ga 原子的吸附能(1.5 eV)和迁移势垒(0.05 eV)相比，Al 原子在石墨烯表面表现出更高的吸附能(1.7 eV)和更低的迁移势垒(0.03 eV)，这表明 AlN 比 GaN 更容易在石墨烯上生长，而且它们更趋向于形成大的原子核。

为了进一步研究成核界面的变化，Z. Chen 等人[37]详细研究了 AlN 在石墨烯上的成核过程。经过 N_2 等离子体处理的石墨烯，石墨烯中的缺陷密度从 $2.13\times10^{11}\ cm^{-2}$ 增加到 $3.23\times10^{11}\ cm^{-2}$。XPS 光谱显示，存在新的 N - sp^3C 峰(约为 286.5 eV)并且形成吡咯 N。DFT 计算显示，N_2 等离子处理后石墨烯上形成的吡咯 N 使 Al 原子的吸附能大大增加，达到 5.9～8.6 eV，而在本征石墨烯的褶皱及台阶处的吸附能仅为 1.1 eV 左右。因此，石墨烯表面显著增强了 AlN 成核的反应活性。此外，一个 Al 原子的吸附，部分恢复了 N 缺陷附近的蜂窝结构，但引入了明显的结构畸变。为了实验验证 N_2 等离子处理石墨烯薄膜生长 AlN 的优越性，在相同生长条件下，在蓝宝石、石墨烯/蓝宝石和 N_2 等离子处理的石墨烯/蓝宝石衬底上进行 AlN 成核的实验。结果表明，经过 N_2 等离子体处理的石墨烯上的 AlN 成核是连续的，成核密度提高了近一个数量级，核岛尺寸明显变小，如图 3 - 12(c)所示。相比之下，在裸蓝宝石和未经处理的石墨烯/蓝宝石衬底上，AlN 晶粒分别较大并且稀疏，如图 3 - 12(a)、(b)所示。这是因为 AlN 成核化主要发生在 N 缺陷位点，减少了理想石墨烯上原子的扩散势垒，并大大促进了 AlN 岛的二维横向生长，所以 AlN 岛可以通过 2D 侧向生长形成连续的膜，如图 3 - 12(d)所示。综上，N_2 等离子体处理在石墨烯表面引入了更多的缺陷位置，这些缺陷可以为金属层的横向扩展提供切入点，因此在 GaN 横向扩展生长过程中，成核层表现出完美的连续性，最终生长出连续且高质量的氮化物薄膜。

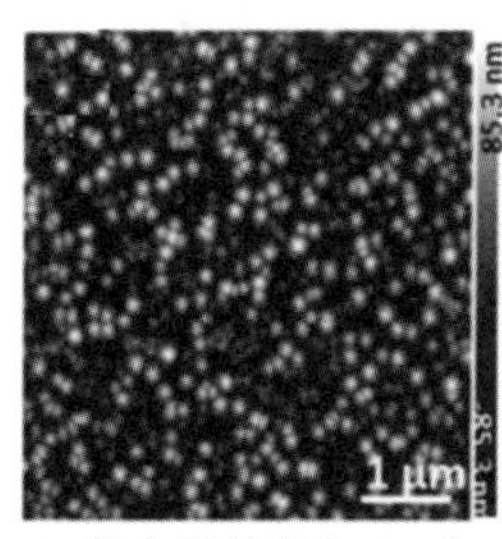

(a) 蓝宝石衬底上AlN成核的AFM

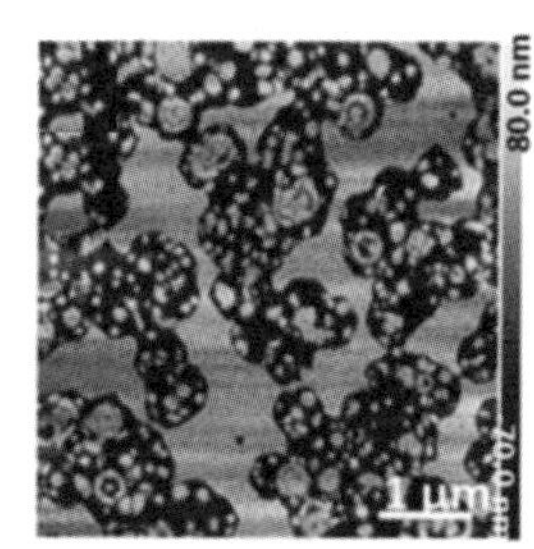

(b) 不经处理的石墨烯/蓝宝石衬底上AlN成核的AFM

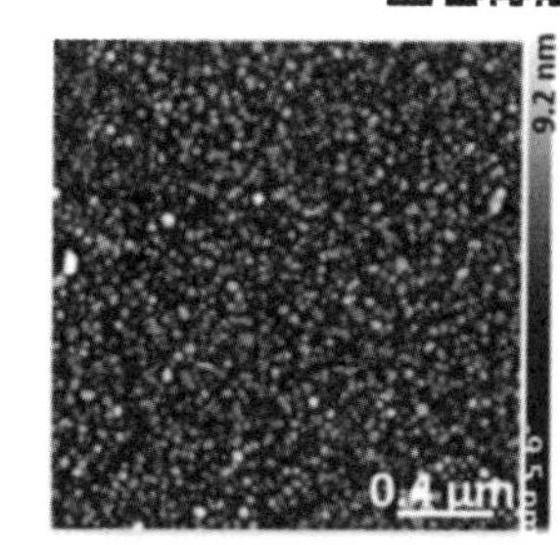

(c) 经过N_2等离子体处理的石墨烯/蓝宝石上AlN成核的AFM

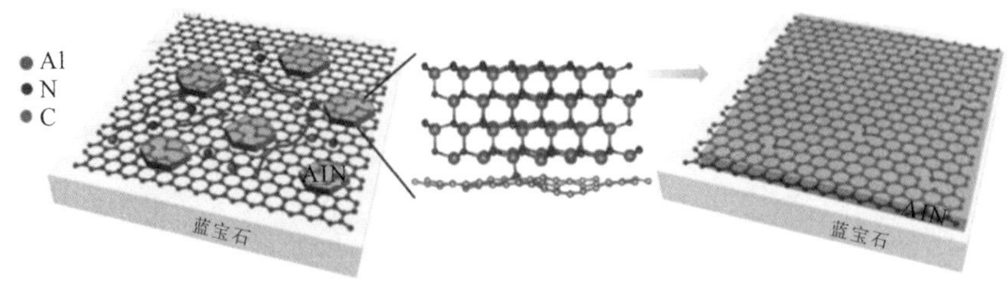

(d) 经N_2等离子体处理的石墨烯/蓝宝石上AlN的成核和薄膜生长示意图[37]

图 3-12　不同处理方法的衬底上 AlN 成核的 AFM 图像及 AlN 薄膜生长示意图[37]

3.4.3　NH_3的原位处理

除了 N_2 和 O_2 等离子体处理外，NH_3 也可以用来处理二维材料的表面。通常这些处理的目的是增加二维材料的表面缺陷密度，即提高二维材料的表面化学活性。采用 NH_3 对二维材料表面进行处理的一个优点是 MOCVD 设备室生长氮化物的气体中包括 NH_3，所以它可以在生长室中直接进行预处理，以减少对衬底的污染。Z. Y. Balushi 等人[26]观察到高温下石墨烯表面生长的 AlN 成核密度显著增加，这是由于在生长过程中二维材料暴露于高温 NH_3 生长条件下，将缺陷引入了石墨烯的晶格。通常可以通过 XPS 的分析，由观察到的 sp^3 的 C—N 键来证实石墨烯和 AlN 之间发生了化学反应。

后来 M. Heilmann 等人[39]通过 MOCVD 技术利用纳米尺寸的 AlGaN 成核小岛在单层石墨烯上生长单晶 GaN 纳米棒，在纳米棒生长之前，在高温下进行了 NH_3 的氮化步骤。通过 DFT 计算预测了间距小于 2Å 的 N 原子在石墨烯上的化学吸附键合，而较大距离的原子，其物理吸附键合(如 Al 和 Ga 原子)则较弱。此外，如前所述，Al 原子在石墨烯上具有更高的吸附能和迁移能。在石墨烯覆盖的 Si 上，AlGaN 核的密度可以高达约 1.2×10^{10} cm^{-2}，这有利于之后 GaN 纳米棒的生长。此外，Feng 等人[28]也报道了石墨烯 NH_3 预处理有助于形成 sp^3 杂化的 C—N，从而通过形成 C—N—Al 键来促进氮化物的成核，利用此方法可以在单晶石墨烯/ SiO_2/Si(100)衬底上生长单晶的氮化镓薄膜。界面处的石墨烯薄层可以通过电子能量损失谱(Electron Energy Loss Spectroscopy, EELS)来进行表征，EELS 表明 O 的 k 边信号仅出现在 C(石墨烯)下方，而 N

的 k 边信号仅出现在 C(石墨烯)上方，这意味着外延过程中石墨烯之间没有相互扩散。二维材料上氮化物外延生长界面原子成键情况，可以通过 XPS 进行表征和分析，这将有助于深入地分析二维材料上范德华外延的成核机理、界面成键的理论机制。

小　　结

氮化物材料作为一种重要的第三代半导体材料，但由于缺乏本征衬底，氮化物的外延生长主要生长在异质衬底上，这导致其晶体质量与成熟的 Si 外延片相比仍然相差甚远。分析主要原因是：氮化物异质外延生长过程中面临大的晶格失配和热膨胀系数失配，当采用低温氮化物缓冲层的办法进行外延生长时，进一步导致了外延过程中薄膜出现了大量的位错密度及残余应力，最终影响了氮化物的器件性能。二维材料通常表现为一个或多个原子的厚度，层内的原子间通过共价键连接，层间则通过弱的范德华力连接。通过将二维材料作为缓冲层来实现氮化物的准范德华外延，可以降低氮化物外延薄膜的应力并提高晶体材料质量。

将二维材料作为缓冲层，在不同异质衬底上生长氮化物的准范德华外延，尽管已经做了大量的研究，但是仍面临着许多挑战。由于原子在二维材料表面的迁移势垒较低，其在二维材料表面的迁移率较大，导致生长过程中容易引发二维光滑薄膜生长，而成核阶段对后续薄膜生长的影响是至关重要的。因此，研究二维材料表面准范德华外延的成核机理、二维材料表面形态，以及二维材料层数对准范德华外延成核的影响，可用来调控成核过程；采用二维材料界面处理方法可解决不易成核的问题。通过优化成核外延过程最终实现了氮化物薄膜的准范德华外延。

总之，氮化物材料在半导体器件领域具有广阔的应用前景。通过二维材料缓冲层上的准范德华外延，有望实现高质量氮化物薄膜的生长，进而实现更多功能化的半导体电子器件。这对于未来的半导体行业发展具有很大的影响，同时对我国的科学技术进步和经济发展也有一定的推动作用。

参 考 文 献

[1] YAMADA A, HO K P, AKAOGI T, et al. Layered compound substrates for GaN growth. J. Cryst. Growth, 1999, 201/202: 332 - 335.

[2] LIU L, EDGAR J H. Substrates for gallium nitride epitaxy. Materials Science and Engineering R, 2002, 37: 61 - 127.

[3] LI G, WANG W, YANG W, et al. GaN-based light-emitting diodes on various substrates: a critical review. Rep. Prog. Phys, 2016, 79: 056501.

[4] WEI T, YANG J, WEI Y, et al. Cross-stacked carbon nanotubes assisted self-separation of free-standing GaN substrates by hydride vapor phase epitaxy. Sci. Rep, 2016, 6: 28620.

[5] ZHANG Z H, LI L, ZHANG Y, et al. On the electric-field reservoir for Ⅲ-nitride based deep ultraviolet light-emitting diodes. Opt. Express, 2017, 25: 16550 - 16559.

[6] CHEN Y, HONG S K, KO H J, et al. Effects of an extremely thin buffer on heteroepitaxy with large lattice mismatch. Appl. Phys. Lett, 2001, 78: 3352 - 3354.

[7] MORELLI D T, HEREMANS J P, SLACK G A. Estimation of the isotope effect on the lattice thermal conductivity of group Ⅳ and group Ⅲ-Ⅴ semiconductors. PhRvB, 2002, 66.

[8] GEIM A K, GRIGORIEVA I V. Van der Waals heterostructures. Nature, 2013, 499: 419 - 425.

[9] CI L, SONG L, JIN C, et al. Atomic layers of hybridized boron nitride and graphene domains. Nat Mater, 2010, 9: 430 - 435.

[10] ZHAO W, GHORANNEVIS Z, AMARA K K, et al. Lattice dynamics in mono- and few-layer sheets of WS2 and WSe2. Nanoscale, 2013, 5: 9677 - 9683.

[11] KOMA A, SUNOUCHI K, MIYAJIMA T. Fabrication and characterization of heterostructures with subnanometer thickness. Microelectron. Eng, 1984, 2: 129 - 136.

[12] TETSUYA K, KATSUMI K, KOUJI Y, et al. Two-dimensional light confinement in periodic InGaN/GaN nanocolumn arrays and optically pumped blue stimulated emission. Opt. Express, 2009, 17: 20440.

[13] KISHINO K, SEKIGUCHI H, KIKUCHI A. Improved Ti-mask selective-area growth (SAG) by rf-plasma-assisted molecular beam epitaxy demonstrating extremely uniform

GaN nanocolumn arrays. J. Cryst. Growth, 2009, 311: 2063 - 2068.

[14] CHOI J H, KIM J, YOO H, et al. Heteroepitaxial Growth of GaN on Unconventional Templates and Layer-Transfer Techniques for Large-Area, Flexible/Stretchable Light-Emitting Diodes. Adv. Opt. Mater, 2016, 4: 505 - 521.

[15] QI Y, WANG Y, PANG Z, et al. Fast Growth of Strain-Free AlN on Graphene-Buffered Sapphire. J Am Chem Soc, 2018, 140: 11935 - 11941.

[16] CHANG H, CHEN Z, LIU B, et al. Quasi-2D Growth of Aluminum Nitride Film on Graphene for Boosting Deep Ultraviolet Light-Emitting Diodes. Adv Sci (Weinh), 2020, 7: 2001272.

[17] XIAO N, DONG XC, SONG L, et al. Enhanced Thermopower of Graphene Films with Oxygen Plasma Treatment. ACS Nano, 2011, 5: 2749 - 2755

[18] WANG B B, GAO D, LEVCHENKO I, et al. Self-organized graphene-like boron nitride containing nanoflakes on copper by low-temperature $N_2 + H_2$ plasma. RSC Advances, 2016, 6: 87607 - 87615.

[19] SINGH G, SUTAR D S, DIVAKAR B V, et al. Study of simultaneous reduction and nitrogen doping of graphene oxide Langmuir-Blodgett monolayer sheets by ammonia plasma treatment. Nanot, 2013, 24: 355704.

[20] LIM T, KIM D, JU S. Direct deposition of aluminum oxide gate dielectric on graphene channel using nitrogen plasma treatment. Appl. Phys. Lett, 2013, 103.

[21] GOKUS T, NAIR R R, BONETTI A, et al. Hartschuh A, Making Graphene Luminescent by Oxygen Plasma Treatment. ACS Nano, 2009, 3: 3963 - 3968.

[22] DUAN L, ZHAO L, CONG H, et al. Plasma Treatment for Nitrogen-Doped 3D Graphene Framework by a Conductive Matrix with Sulfur for High - Performance Li-S Batteries. Small, 2019, 15: e1804347.

[23] DAI X J, CHEN Y, CHEN Z, et al. Controlled surface modification of boron nitride nanotubes. Nanot, 2011, 22: 245301.

[24] CHOI J K, HUH J H, KIM S D, et al. One-step graphene coating of heteroepitaxial GaN films. Nanotechnology, 2012, 23: 435603.

[25] KIM J, BAYRAM C, PARK H, et al. Principle of direct van der Waals epitaxy of single-crystalline films on epitaxial graphene. Nat. Commun, 2014, 5: 4836.

[26] BALUSHI Z Y, MIYAGI T, LIN Y C, et al. The impact of graphene properties on GaN and AlN nucleation. Surf Sci, 2015, 634: 81 - 88.

[27] LIN Y C, LU N, PEREA LOPEZ N, et al. Mayer T S, errones M T, Robinson J A, Direct Synthesis of van der Waals Solids. ACS Nano, 2014, 8: 3715 - 3723.

[28] FENG Y, YANG X, ZHANG Z, et al. Epitaxy of Single-Crystalline GaN Film on CMOS-Compatible Si (100) Substrate Buffered by Graphene. Adv. Funct. Mater, 2019, 29.

[29] FERNANDEZ-GARRIDO S, RAMSTEINER M, GAO G, et al. Molecular Beam Epitaxy of GaN Nanowires on Epitaxial Graphene. Nano Lett, 2017, 17: 5213 - 5221.

[30] KONG W, LI H, QIAO K, et al. Polarity governs atomic interaction through two-dimensional materials. Nat. Mater, 2018, 17: 999 - 1004.

[31] CHUNG K, LEE C H, YI G C. Transferable GaN layers grown on ZnO-coated graphene layers for optoelectronic devices. Science, 2010, 330: 655 - 657.

[32] LU X, HUANG H, NEMCHUK N, et al. Patterning of highly oriented pyrolytic graphite by oxygen plasma etching. Appl. Phys. Lett, 1999, 75: 193 - 195.

[33] LI T, LIU C, ZHANG Z, et al. Understanding the Growth Mechanism of GaN Epitaxial Layers on Mechanically Exfoliated Graphite. Nanoscale Res. Lett, 2018, 13: 130.

[34] OH H, HONG Y J, KIM K S, et al. Architectured van der Waals epitaxy of ZnO nanostructures on hexagonal BN. NPG. Asia. Materials, 2014, 6: e145 - e145.

[35] WU Q, YAN J, ZHANG L, et al. Growth mechanism of AlN on hexagonal BN/sapphire substrate by metal-organic chemical vapor deposition. Cryst. Eng. Comm, 2017, 19: 5849 - 5856.

[36] RYBIN M, PEREYASLAVTSEV A, VASILIEVA T, et al. Efficient nitrogen doping of graphene by plasma treatment. Carbon, 2016, 96: 196 - 202.

[37] CHEN Z, LIU Z, WEI T, et al. Improved Epitaxy of AlN Film for Deep-Ultraviolet Light-Emitting Diodes Enabled by Graphene. Adv. Mater, 2019, 31: e1807345.

[38] CHANG H, CHEN Z, LI W, et al. Graphene-assisted quasi-van der Waals epitaxy of AlN film for ultraviolet light emitting diodes on nano-patterned sapphire substrate. Appl. Phys. Lett, 2019, 114.

[39] HEILMANN M, MUNSHI A M, SARAU G, et al. Vertically Oriented Growth of GaN Nanorods on Si Using Graphene as an Atomically Thin Buffer Layer. Nano Lett, 2016, 16: 3524 - 3532.

第 4 章
单晶衬底上氮化物薄膜准范德华外延

因为缺乏性价比高的同质衬底，所以氮化物薄膜一般在各种异质衬底上进行异质外延生长[1-2]。无论是蓝宝石还是 Si 衬底，氮化物与其都有着较大的晶格失配及热失配，而对于 SiC 衬底虽然失配较小，但由于其价格昂贵，并且在其上生长的氮化物，特别是 AlN 极易产生裂纹，因此较少被使用。氮化物和衬底之间较大的晶格和热膨胀系数失配，造成两者界面处产生较高的界面能[3-4]，若在其上直接进行异质外延生长，则会产生大量自然位错并且导致外延层开裂。

近年来，随着二维材料上范德华外延技术的发展，将石墨烯[5-6]、h - BN[7-8]和 TMDC[9-10]等作为插入层，成为了在大失配衬底上外延高质量氮化物薄膜的一种有前景的新方法，有望打破大失配外延过程中衬底的影响。如前一章节所述，在二维层状材料上外延三维氮化物薄膜的过程，被称为准范德华外延过程[11-13]，本章重点介绍准范德华外延氮化物薄膜的形成机理和位错湮没规律；针对二维材料自身特征，对氮化物薄膜的准范德华外延过程的影响进行系统的阐述。

4.1 二维材料/平面蓝宝石衬底上氮化物薄膜准范德华外延

4.1.1 石墨烯/平面蓝宝石衬底上氮化物薄膜准范德华外延

蓝宝石衬底价格低廉，并且具有非常高的全光谱透光性，所以在(0001)面蓝宝石衬底上异质外延生长高质量氮化物成为了当前产业的主流技术。但由于氮化物和蓝宝石衬底之间存在较大的晶格和热膨胀系数失配，将导致在外延层中产生大量位错，因此如何改进蓝宝石上氮化物外延的生长模式，进一步缓解大失配衬底对外延层的影响，成为核心问题。

为了克服上述问题，当前在蓝宝石上异质外延氮化物可采用“两步法”生长策略：首先生长无定形结构的低温成核层，高温下退火后，固相重结晶形成柱状晶体，然后初始的高温层在这些柱状结构缓冲层上继续成核，形成柱状结构

的小岛，小岛继续沿横向和纵向长大而后合并形成薄膜[14]，如图 4-1 所示。1986 年，日本科学家天野浩和赤崎勇首先在蓝宝石衬底上采用了低温 AlN 成核层技术，之后通过高温生长 GaN 得到了高质量的 GaN 外延薄膜；1991 年，中村修二利用低温 GaN 成核层技术，也得到了表面光亮的高质量 GaN 外延层。在很短的时间内，这种两步法外延 GaN 的技术被广泛采用，GaN 基材料和器件的研究进入了快速发展阶段，这三位日本科学家也因此获得了 2014 年诺贝尔物理学奖。目前 AlN 在蓝宝石上的外延借鉴了 GaN 的外延方式，一般也会有低温成核层的存在，然后再进行高温 AlN 的外延。在两步法的实施过程中，低温成核层势必会在初始的外延层中堆积大量的位错，而且在之后的生长过程中难以消除，同时复杂的前期预处理步骤和温度转换过程也会增加外延生长的时间。

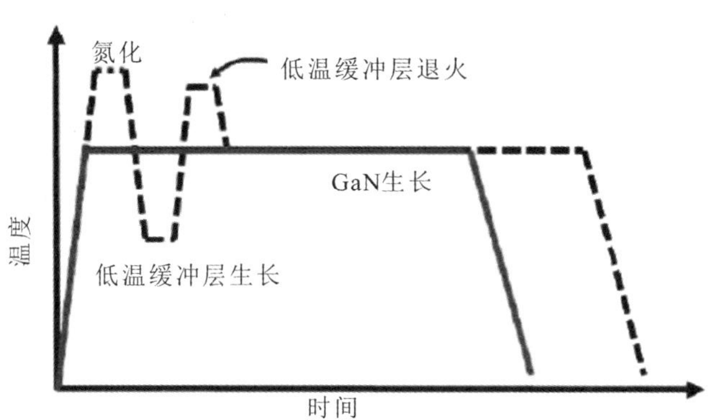

图 4-1　传统的两步工艺(黑色虚线)和使用石墨烯缓冲层的单步工艺(红色线)：温度曲线与时间的比较

以石墨烯为代表的二维材料，由于其层间由弱的范德华力连接，使得它有希望缓解衬底与外延层之间的晶格失配和热失配的影响，从而有可能避免异质外延大量位错的产生。因此，在覆盖二维材料的蓝宝石上生长高质量的氮化物，这种技术近年来得到了广泛关注。2010 年，韩国首尔大学 K. Chung 等人将石墨烯转移至蓝宝石衬底上，随后对石墨烯表面进行等离子体处理，首次在石墨烯上实现了 GaN 单晶薄膜外延[16]。Choi 等人使用石墨烯作为插入层，通过 MOCVD 方法在蓝宝石上实现了一步高温异质外延生长，同样获得了高质量的 GaN 平坦薄膜[17]。引入的石墨烯缓冲层可以消除 MOCVD 过程中的复杂步骤，如衬底表面预处理、缓冲层沉积和缓冲热处理等，从而极大简化了氮化物的生长过程，如图 4-1 所示。

随后，利用石墨烯中间层代替传统两步法中的低温缓冲层，对如何在二维材料上采用一步法获得准范德华外延氮化物进行了深入研究。Y. Qi 等人[18]将 Cu(111)箔上生长的单层石墨烯转移到蓝宝石衬底上，转移过程中须保证石墨烯无破损，随后利用 MOCVD 方法在所得石墨烯/蓝宝石衬底上进行 AlN 生长。初始成核后形成的三维成核岛逐渐合并成膜，当生长持续时间延长到 60 min 左右时，AlN 会在石墨烯/蓝宝石上聚结形成平坦的外延层，这与蓝宝石上获得的粗糙 AlN 膜形成鲜明对比(见图 4-2(a))。与此同时，对于在蓝宝石上生长的 AlN 薄膜，加入石墨烯插入层后，有效消除了由于失配导致的残余应力，接近无应力状态。如图 4-2(b)所示，对应变敏感的 E_2峰对应 AlN/石墨烯/蓝宝石的峰位于 658.9 cm^{-1}较低波数处，与 AlN/蓝宝石(661.7 cm^{-1})的波峰相比，更接近无应力体单晶 AlN 的峰位(657.4 cm^{-1})，这表明 AlN 中压缩应变大幅度释放，从 A_1(LO)峰的分析可以得出相同的结论(AlN/石墨烯/蓝宝石约为 890.4 cm^{-1}，体单晶 AlN 约为 890.0 cm^{-1}，AlN/蓝宝石约为 896.7 cm^{-1}(见图 4-2(c))。图 4-2(d)中来自 AlN/石墨烯/蓝宝石的 E_2峰为 752.0 cm^{-1}(黑色)，更接近于无应力状态(绿色)，而在 AlN/蓝宝石结构(红色)中它移至低波数(748.3 cm^{-1})，进一步证实 AlN/石墨烯/蓝宝石结构中蓝宝石的拉伸应变减小了。同时，石墨烯的 2D 和 G 峰也表现出较高的应力敏感性，当石墨烯存在于 AlN 和蓝宝石之间时，其 G 和 2D 峰相对于本征状态(分别为 1581.6 cm^{-1}和 2676.9 cm^{-1})移动到更高的波数(1648.3 cm^{-1}和 2810.3 cm^{-1})，表现出了压应变状态，如图 4-2(e)所示。石墨烯出现较大峰位移的原因是承受了本来施加在 AlN 外延层的压应力，通过自身的扭曲形变弛豫了应力。图 4-2(f)、(g)分别显示的是 AlN/蓝宝石和 AlN/石墨烯/蓝宝石上 AlN 的 E_2峰值的拉曼映射 (5 μm×5 μm)，AlN /蓝宝石上 AlN 上 E_2 峰值转移到更高的波数，而 AlN /石墨烯/蓝宝石上 AlN 的 E_2峰值是更接近原始 AlN 的，证明了在大范围内石墨烯上的 AlN 层均有效释放了应力而表现出无应变状态。

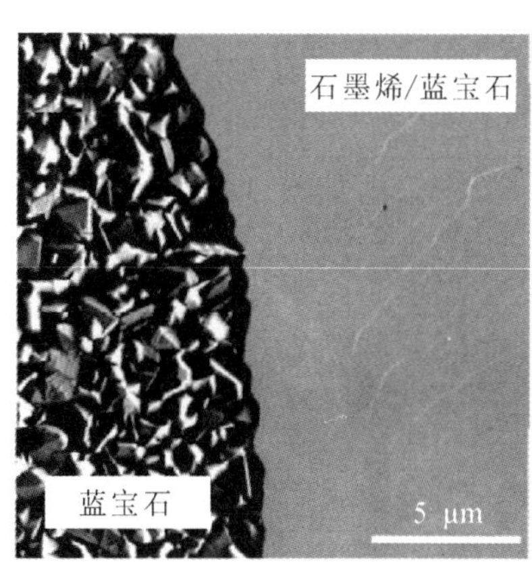

(a) 石墨烯层对AlN在蓝宝石上成膜的影响

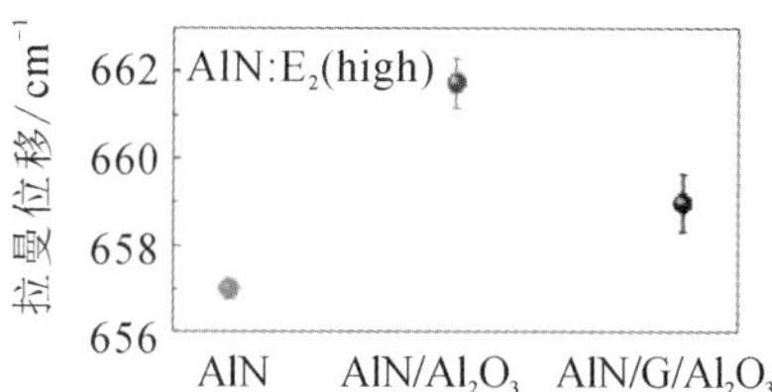

(b) 单晶AlN、AlN/蓝宝石和AlN/石墨烯/蓝宝石中AlN的E_2峰的相对拉曼位移

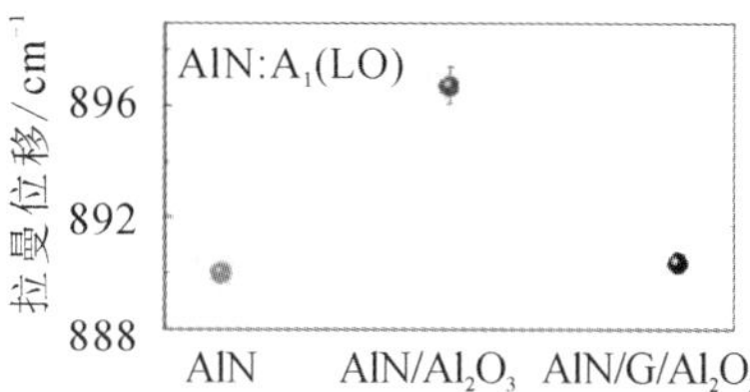

(c) 单晶AlN、AlN/蓝宝石和AlN/石墨烯/蓝宝石中AlN的A_1(LO)的相对拉曼位移

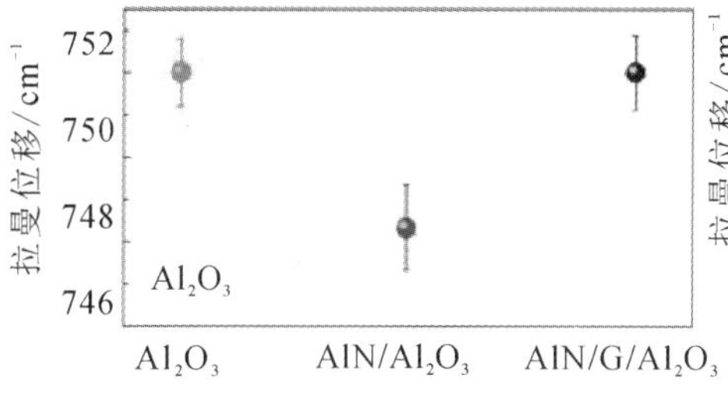

(d) 蓝宝石、AlN/蓝宝石和AlN/石墨烯/蓝宝石中蓝宝石的相对拉曼位移

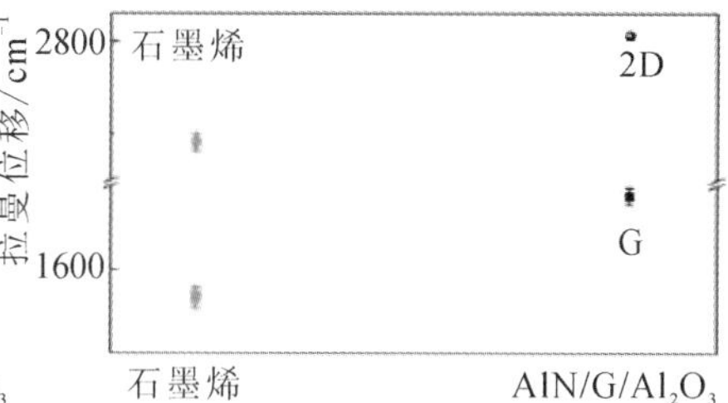

(e) 本征石墨烯和AlN/石墨烯/蓝宝石中石墨烯的G和2D峰的相对拉曼位移

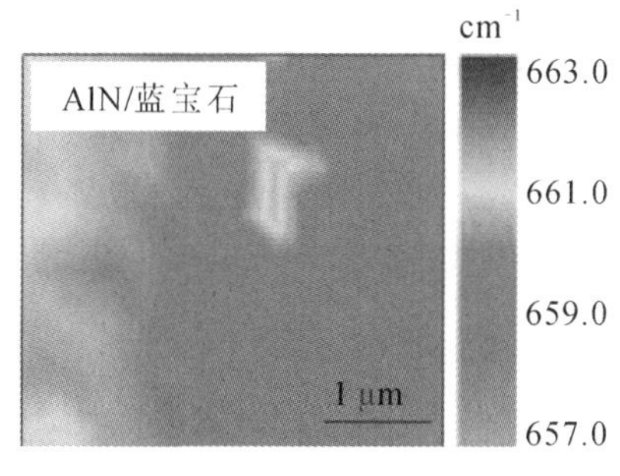

(f) AlN/蓝宝石中AlN E_2峰的拉曼映射

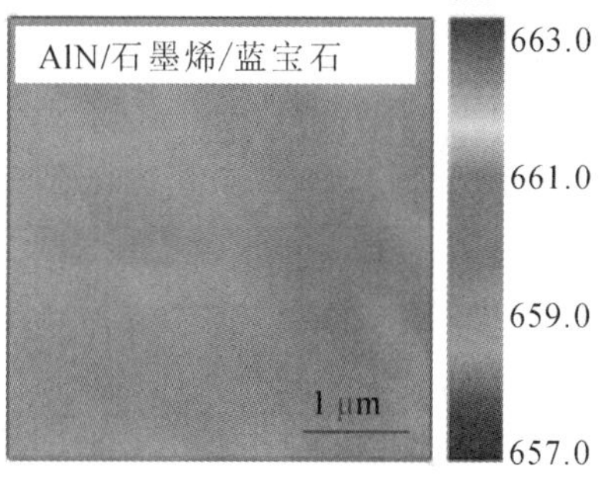

(g) AlN/石墨烯/蓝宝石中AlN E_2峰的拉曼映射

图 4－2　通过 SEM 和拉曼谱表征 AlN/蓝宝石和 AlN/石墨烯/蓝宝石中的表面形貌及应力状态

石墨烯同样可以有效释放蓝宝石衬底上外延 GaN 薄膜的应力[19]，石墨烯/c 面蓝宝石衬底上生长 3.5 min 的 GaN 外延层，其典型拉曼散射光谱如图 4-3(a)所示。光谱在大约 567 cm^{-1} 处表现出强 E_2 拉曼模式，半高宽（FWHM）仅为 2.82 cm^{-1}，证实了 GaN 具有良好的晶体质量。在 GaN 微结构生长后，石墨烯相关峰的出现也证实石墨烯的存在，即 G 峰和 2D 峰分别接近 1589 cm^{-1} 和 2704 cm^{-1}。图 4-3(b)所示为生长在石墨烯插入层和 c 面蓝宝石衬底上的 GaN 薄膜(生长 35 min)的 E_2 声子模的拉曼光谱，石墨烯上生长的 GaN 的 E_2 声子峰在(566.9 ± 0.2) cm^{-1}处，与体单晶 GaN 的值相近[20]，半高宽为$(3.04\pm0.3)cm^{-1}$，这说明生长出的 GaN 为高质量晶体；相反地，在 c 面蓝宝石上生长的 GaN 的峰位置为$(568.4\pm0.2)cm^{-1}$，半高宽为7.35 ± 1.0 cm^{-1}。在两个区域上生长的 GaN 相对应力差通过线性关系 $\Delta\omega=k\sigma$ 来表征，其中 $\Delta\omega$ 是 E_2 声子拉曼位移，k 是校准常数(4.2/(cm · GPa))，σ 是双轴应力[21]。E_2 的本征峰值位置在 566.9 cm^{-1}，而 c 面蓝宝石上 GaN 峰值位置的偏差约为 1.5 cm^{-1}，正值表示施加的是压应力。由上式可知，在石墨烯上生长的 GaN 中引起的应力经估算约为0.36 GPa，这充分证明了石墨烯可以有效缓解 GaN 外延层中存在压应力。

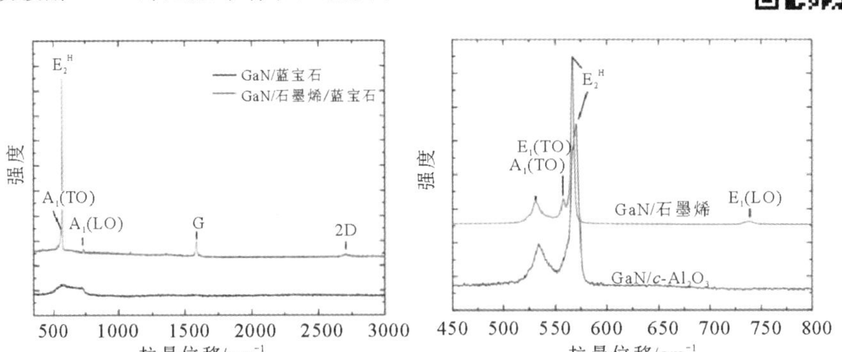

(a) 在裸露(黑线)和多层石墨烯覆盖(红线)c面蓝宝石上生长 3.5 min的GaN外延层的拉曼光谱

(b) 在裸露(黑线)和多层石墨烯覆盖的(红线)c面蓝宝石上生长Ga薄膜的拉曼光谱[19]

图 4-3 拉曼谱表征 GaN/蓝宝石和 GaN/石墨烯/蓝宝石的应变状态

除了大失配衬底外延技术，S. H. Bae 等人[22]在外延层和衬底之间插入原子级厚度石墨烯层，以研究有无石墨烯插入层的晶格失配衬底上生长的应变异质外延膜的弛豫行为。为了跟踪中间弛豫过程，在 GaAs 衬底上生长 $In_{0.4}Ga_{0.6}P$ 薄膜，探索具有小晶格失配（0.74%）的系统。通过测量 $In_{0.4}Ga_{0.6}P$ 薄膜的拉曼

光谱，研究了有无单层石墨烯插入层的 GaAs 衬底上生长 300 nm $In_{0.4}Ga_{0.6}P$ 薄膜的应变弛豫，如图 4-4(a)、(b)所示，在石墨烯涂层衬底上的外延样品与空白衬底上的样品之间的峰位置存在明显差异，从完全弛豫的 $In_{0.4}Ga_{0.4}P$(386 cm^{-1})的参考纵向光学（LO）峰开始，在石墨烯/GaAs 上生长的 $In_{0.4}Ga_{0.6}P$ 峰位移了 0.75 cm^{-1}，这对应于拉伸应变为 0.15%；而直接在 GaAs 上生长的 $In_{0.4}Ga_{0.6}P$ 的峰进一步移动了 2.41 cm^{-1}，这对应于 0.5%的拉伸应变。因此，在石墨烯/GaAs 上生长的 $In_{0.4}Ga_{0.6}P$ 上弛豫了约 78%，而直接在 GaAs 上生长的 $In_{0.4}Ga_{0.6}P$ 则弛豫了 30%。累积应变能随着膜变厚而增加，在此基础上研究者进一步探究了有无石墨烯样品的弛豫行为作为外延膜厚度的变化，如图 4-4(c)所示，从直接在 GaAs 上生长的 $In_{0.4}Ga_{0.6}P$ 可看出弛豫随厚度的变化而逐渐增加；在石墨烯/GaAs 上生长的 $In_{0.4}Ga_{0.6}P$ 薄膜则自发弛豫，这表明即使薄膜厚度为 40 nm，其弛豫程度也大于异质外延 $In_{0.4}Ga_{0.6}P$ 在 GaAs 上的弛豫程度。众所周知，用于异质外延的应变外延膜的弛豫途径是引入位错，而研究者则发现引入石墨烯后存在另一种弛豫途径，即失配应变可以在石墨烯表面上通过界面滑移弛豫。这一结果证明了采用自发弛豫来减轻晶格失配系统中位错的形成，这在大失配的单片集成技术领域具有很好的应用前景。

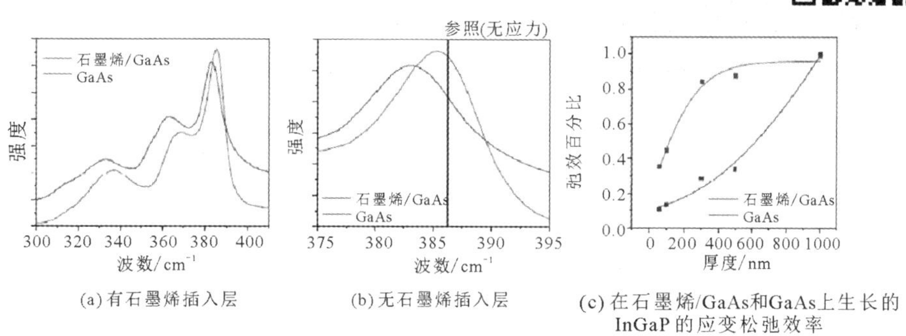

(a) 有石墨烯插入层　　(b) 无石墨烯插入层　　(c) 在石墨烯/GaAs和GaAs上生长的 InGaP 的应变松弛效率

图 4-4　通过拉曼光谱进行应变分析

为避免石墨烯从金属衬底转移到目标衬底时带来的尺寸限制和重复性问题，以及降低石墨烯薄膜在转移过程中被污染的风险，Z. Chen 等人采用无金属催化剂的常压化学气相沉积方法，在 *c* 面蓝宝石上直接生长了高质量石墨烯[23]，层数在 1～6 层可以调控。由于无缺陷的石墨烯表面悬挂键缺失，使得

AlN 无法有效成核，为了增强石墨烯表面的反应活性，生长前首先利用 N_2 等离子体处理石墨烯，引入含有 C—N 键的缺陷结构。在经过等离子体处理的石墨烯上，AlN 膜连续且光滑，RMS 粗糙度仅为 0.27 nm，如图 4-5(a)所示。此外，AlN 在等离子体处理的石墨烯上准范德华外延生长也可以释放双轴应力，并降低外延层中的位错密度，在 N_2 等离子体处理的石墨烯层上生长 AlN 的 E_2 峰位于 657.8 cm^{-1}，几乎与图 4-5(b)中的无应力 AlN(657.4 cm^{-1})相同[24]。根据推算，石墨烯可以将 AlN 的残余应力降低至 0.11 GPa[25]。石墨烯缓冲层对 AlN 外延层晶体质量的影响如图 4-5(c)所示，其给出了 AlN 外延层的 X 射线 ω-扫描摇摆曲线的(0002)峰 FWHM。根据推算，在蓝宝石上直接生长的 AlN 薄膜中，螺位错密度约为 1.06×10^9 cm^{-2}，而等离子体处理过的石墨烯上 AlN 薄膜螺位错密度降低至 2.67×10^8 cm^{-2}。因此，等离子体处理石墨烯上生长的 AlN 外延层不仅使应力得以释放，并且可以有效降低位错密度[25]。

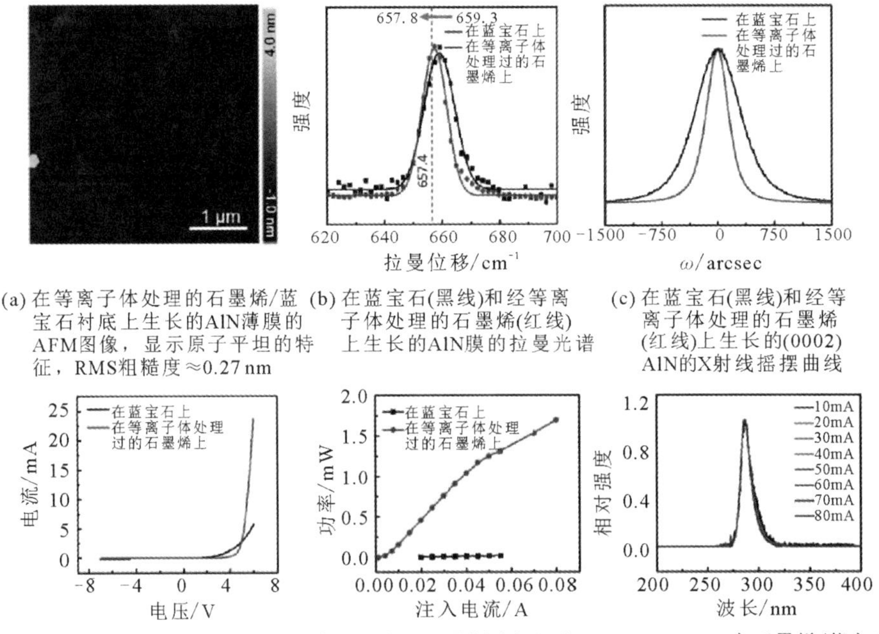

(a) 在等离子体处理的石墨烯/蓝宝石衬底上生长的AlN薄膜的AFM图像，显示原子平坦的特征，RMS粗糙度≈0.27 nm
(b) 在蓝宝石(黑线)和经等离子体处理的石墨烯(红线)上生长的AlN膜的拉曼光谱
(c) 在蓝宝石(黑线)和经等离子体处理的石墨烯(红线)上生长的(0002) AlN的X射线摇摆曲线
(d) 带有和不带有石墨烯中间层的DUV-LED的电流-电压曲线
(e) 有无石墨烯中间层的DUV-LED的光输出功率对比
(f) DUV-LED在石墨烯/蓝宝石上的归一化EL光谱，电流范围为10~80 mA

图 4-5　石墨烯上生长的 AlN 质量表征以及外延 DUV-LED 的光电性质

进一步评估等离子体处理石墨烯对深紫外发光二极管(Deep Ultraviolet Light-Emitting Diode，DUV－LED)的电致发光(Electroluminescence，EL)影响。很明显，带有石墨烯插入层的DUV-LED在4.6 V下开启，其电流-电压曲线显示出良好的整流性能(见图4－5(d)中的红线)，在－4 V时测得的泄漏电流约为3 mA，而蓝宝石上直接生长的DUV－LED则显示出很低的开启电压和高的反向漏电流。石墨烯/蓝宝石上的DUV－LED的光输出功率(Light Output Power，LOP)与输入电压呈线性关系，斜率效率约为20 μW /mA，这表明EL发射是由MQW层上的载流子注入和辐射复合产生的(见图4－5(e)中的红线)。此外，带有石墨烯的DUV－LED在不同电流下的峰位没有变化，这表明由于准范德华外延的生长模式，外延层中的应变得到了有效释放，大大降低了量子阱中的量子限制斯塔克效应(见图4－5(f))，从而提升了器件内量子效率。上述结果表明，高性能DUV－LED可以直接在等离子体处理的石墨烯/蓝宝石衬底上实现。

4.1.2　h－BN/平面蓝宝石衬底上氮化物薄膜准范德华外延

h－BN又称白石墨，属于六方晶系，为最常见的BN晶体结构，具有类似石墨烯的层状结构，即面内由B原子和N原子以sp^2杂化方式交替排列形成六方对称的蜂窝状晶格。因此利用h－BN作为缓冲层或者插入层，同样可以实现高质量氮化物的生长。Q. Paduano等人[26]在sp^2键合的BN上通过MOCVD方法生长出高质量的GaN薄膜。与石墨烯类似，由于sp^2键合的BN表面缺乏悬空键，在BN/蓝宝石上容易导致非均匀分布的低密度的GaN晶体岛，因此无法合并成具有良好形态的连续层，即使可以随机地获得连续层，但晶体结构质量也相对较差。如图4－6(a)所示，直接在BN/蓝宝石上外延的GaN层(002)和(102)衍射峰的FWHM为0.18°和0.26°，该值并不能满足光电器件对高质量GaN模板层的应用要求(见图4－6(a)下图)。在h－BN/蓝宝石上采用厚度为6～20 nm的AlN进行成核层的生长，可以始终获得具有镜面光滑的表面形貌的GaN连续层。在不同的AlN成核层厚度下生长的GaN，其采用XRD摇摆曲线测量的FWHM值如图4－6(b)所示，(002)和(102)衍射的FWHM值分别达到0.13°和0.17°(见图4－6(a)上图)，说明加入AlN成核层可以有效提升随后外延GaN的晶体质量。与此同时，如图4－6(c)、(d)所示，比较了在

h BN/蓝宝石上生长的 AlGaN/GaN 的典型表面和蓝宝石上生长相同结构的 AFM 形貌，在 h－BN 上生长的 AlGaN/GaN 的 RMS 仅为 0.283 nm，而在蓝宝石上为 0.257 nm，二者极为接近，所显示的台阶流表面形貌，与传统蓝宝石衬底上观察到的 GaN 表面形态也十分相似。

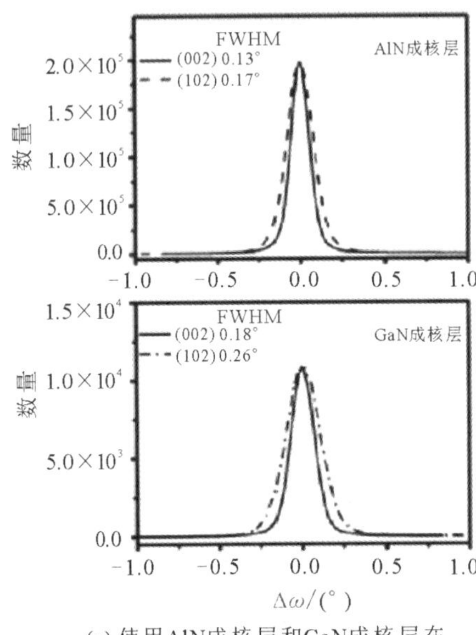

(a) 使用AlN成核层和GaN成核层在h-BN/蓝宝石上生长的GaN获得的(002)和(102)摇摆曲线的XRD结果

(b) (002)和(102)衍射的FWHM作为AlN NL厚度的函数，展现在h-BN/蓝宝石上生长的GaN X射线衍射的摇摆曲线结果

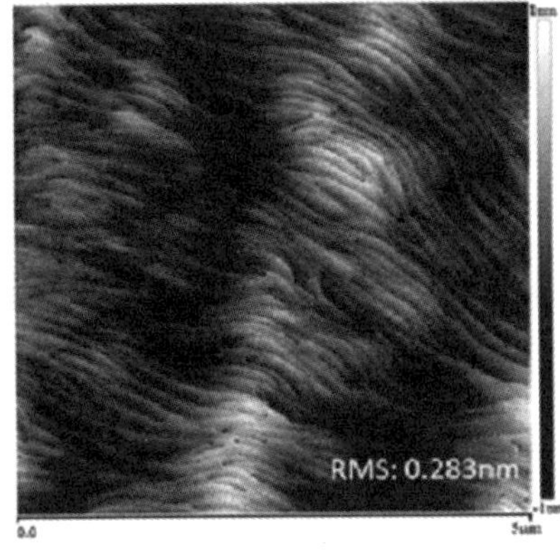

(c) 生长在h-BN/蓝宝石上的AlGaN/GaN表面AFM图像

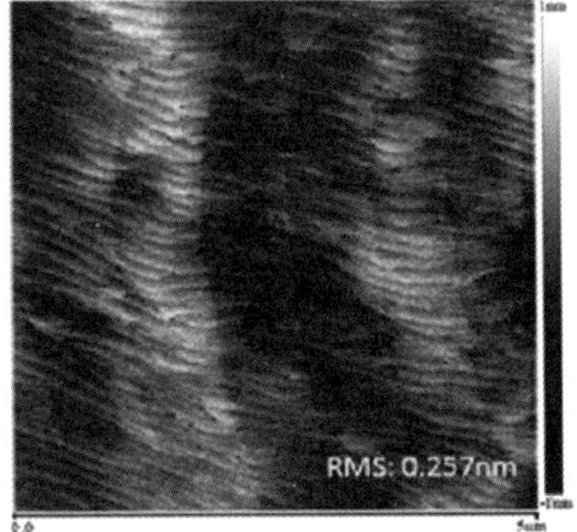

(d) 生长在蓝宝石上的AlGaN/GaN表面AFM图像

图 4－6　h－BN/蓝宝石上外延氮化物结构表征

Q. Q. Wu 等人在蓝宝石、未经氧等离子体处理的 h - BN/蓝宝石和氧等离子体处理的 hBN-O_2/蓝宝石上研究了 AlN 的生长，并比较了衬底处理对外延薄膜质量的影响[27]。研究发现，经过 O_2 等离子体处理后的 h - BN 材料的原子连接结构发生了变化，O 原子可以代替 h - BN 材料中的一些 N 原子，并且 O 原子的结合可能会将 B 原子的 sp^2 杂化轨道变成 sp^3 杂化轨道[28]，具有 N—B—O 的 B 原子的化学态会稍微上升，以遵循最小能量原理。此外，某些 B—O 化学键可能会偏离与蓝宝石(0001)面垂直的 c 轴而倾斜。在该结构中，少量的 N 原子被 O 原子取代，大多数 O 原子悬浮在 B 原子上，悬浮在 h - BN 上的 B—O 化学键可以看作是悬挂键。因此，由于 h - BN - O_2 表面悬挂键的增加[29]，该处理可以使随后的 AlN 成核受益。图 4 - 7 为在两种 h - BN 上生长 AlN 和 DUV-LED 的表征结果，图 4 - 7(a)显示在未用 O_2 等离子体处理的 h - BN 上生长的 AlN 为多孔结构，孔的密度约为 1.5×10^{-8} cm^{-2}，h - BN 上缺少悬挂键使得 AlN 难以合并，故表面为多孔。从图 4 - 7(b)、(c)可以看出，O_2 等离子体处理后h -BN 上生长的 AlN 表面连续且原子级平整，其 AFM 图中能隐约看到台阶流，在 5 μm×5 μm 的范围内 RMS 仅 0.25 nm，充分了证实了 O_2 等离子体确实增加了 h - BN 的悬挂键从而促进了 AlN 的成核与合并。XRD 摇摆曲线常用于表征材料的晶体质量及估算材料的位错密度，图 4 - 7(d)、(e)的实验结果显示出在h - BN-O_2/蓝宝石上 AlN 的(002)和(102)晶面摇摆曲线 FWHM 分别为409 arcsec和 963 arcsec，由此计算出相应放入螺位错和刃位错密度分别为3.65×10^8 cm^{-2}和 1.01×10^{10} cm^{-2}，与蓝宝石上传统两步法生长的 AlN 晶体质量相近，因而该方法可用于生长 DUV-LED。而在 h - BN/蓝宝石上 AlN 的(002)和(102)晶面摇摆曲线 FWHM 分别为 227 arcsec 和 1148 arcsec，计算出相应放入螺位错和刃位错密度分别为 1.13×10^8 cm^{-2}和 1.56×10^{10} cm^{-2}，总位错密度显然高于h -BN-O_2/蓝宝石上 AlN。进一步地，在该 AlN 模板上生长了常规的 DUV-LED 器件结构，如图 4 - 7(f)所示。对该 DUV-LED 的电致发光性质进行了表征，当注入电流为 90 mA、积分时间为 100 ms 时，可明显观察到 290 nm 处有强度为 12000 的 EL 发光峰。这证实了经 O_2 等离子体处理后的 h - BN 表面悬挂键明显增加，促进了 AlN 的成核及合并，由此得到的 AlN 表面平整且晶体质量较好，并实现了 DUV-LED 器件发光。

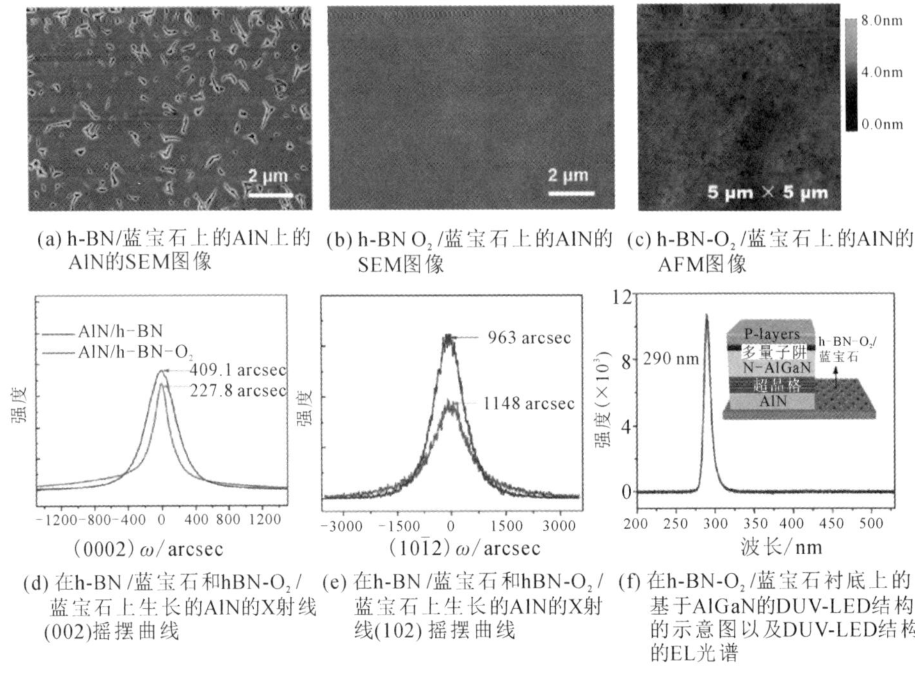

(a) h-BN/蓝宝石上的AlN上的AlN的SEM图像 (b) h-BN O$_2$/蓝宝石上的AlN的SEM图像 (c) h-BN-O$_2$/蓝宝石上的AlN的AFM图像

(d) 在h-BN/蓝宝石和hBN-O$_2$/蓝宝石上生长的AlN的X射线(002)摇摆曲线 (e) 在h-BN/蓝宝石和hBN-O$_2$/蓝宝石上生长的AlN的X射线(102)摇摆曲线 (f) 在h-BN-O$_2$/蓝宝石衬底上的基于AlGaN的DUV-LED结构的示意图以及DUV-LED结构的EL光谱

图 4-7 h-BN 上外延的 AlN 质量表征以及 LED 的 EL 表征

4.1.3 二硫化物/平面蓝宝石衬底上氮化物薄膜准范德华外延

此外，将过渡金属硫化物类作为插入层，同样可以在其上实现氮化物的准范德华外延生长。B. S. Ooi 等人[13]利用与 GaN 晶格失配仅为 0.8%的单层 MoS_2 做插入层，采用 MBE 方法在 CVD 沉积的单层 MoS_2/蓝宝石上生长 GaN，并通过拉曼光谱表征单层 MoS_2 的存在和以及外延的 GaN 的质量。图 4-8(a)显示了 MoS_2/蓝宝石、GaN/MoS_2/蓝宝石和 GaN/蓝宝石的拉曼光谱，图中黑色和红色曲线显示了 385.5 cm^{-1} 和 405.0 cm^{-1} 处的声子模式，它们分别对应于 Mo 和 S 原子的面内振动(E_{2g}^1)和面外 S 原子(A_g^1)在 MoS_2 中的振动。除了 MoS_2 声子模式之外，红色曲线还反映了在 MoS_2 上生长的 3 nm 厚 GaN 层的低强度 E_2^H 声子特性。蓝色曲线显示了在 568.5 cm^{-1} 处具有 E_2^H 声子模式的 GaN 外延膜上获得的拉曼峰，与红色曲线中的 GaN 薄层的 E_2^H 声子模式相匹配。这可以推断出红色曲线对应样品中的 GaN 薄层，由于

GaN 和 MoS_2 之间的晶格失配较小(0.8%)而达到了与蓝色曲线对应的样品同样的应力松弛程度。图 4－8(b)为典型的 GaN/单层 MoS_2/蓝宝石异质结处获得的横截面 HRTEM 图像，该异质结的 MoS_2 厚度为 0.8 nm，与 S-Mo-S 单层的厚度一致，证实了在 GaN 的生长过程中单层 MoS_2 的稳定存在。与此同时，通过确定 GaN/单层 MoS_2 异质结构的能带对准参数，有望将Ⅲ族氮化物材料与 2D 过渡金属 MoS_2 层集成在一起，从而为发展基于异质结的电子和光子器件提供一种新方法。

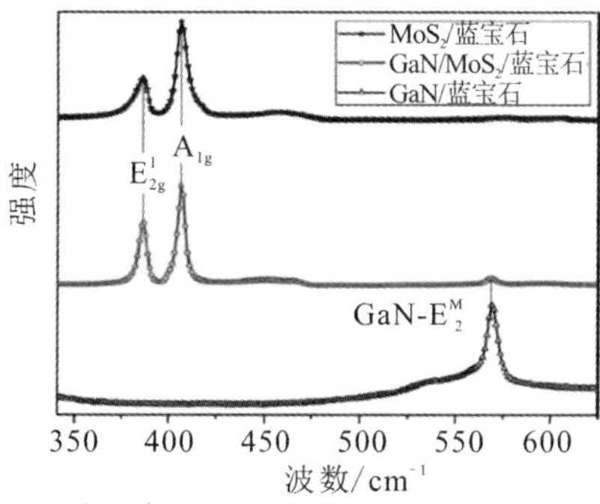

(a) 分别在 MoS_2、GaN/MoS_2 和外延GaN样品测得的拉曼光谱

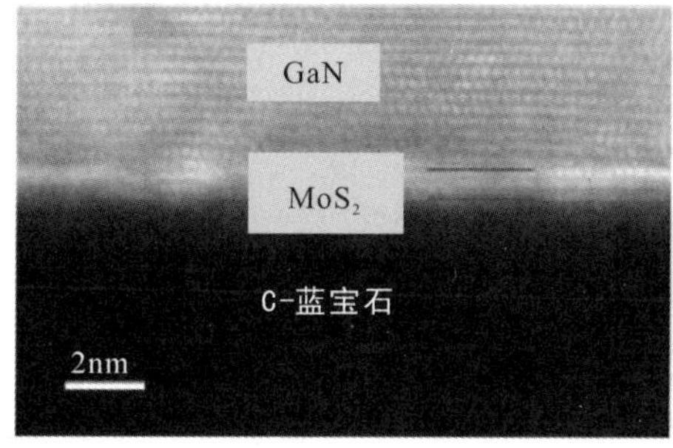

(b) GaN/MoS_2/蓝宝石异质结的HRTEM横截面图像

图 4－8　外延 GaN 层的拉曼及截面形貌表征

Y. Yin 等人[30]采用 MOCVD 方法在具有 WS_2 覆盖层的蓝宝石上生长了高质量、光滑、无裂纹的 AlN 薄膜，如图 4－9(a)所示，并通过拉曼光谱确认了 AlN 膜生长后 WS_2 的存在，并且评估了成膜的 AlN 外延层的双轴拉应力值仅为 0.27 GPa(见图 4－9(b))。根据测得的 AlN 的(002)和(102)摇摆曲线的 FWHM 分别为 546 arcsec 和 1469 arcsec，可估计 AlN 外延层中位错密度为 2.48×10^{10} cm^{-2}(见图 4－9(c)、(d))。之后进一步研究了 WS_2/蓝宝石衬底上 DUV－LED 结构晶圆上的电致发光性能，观察到单峰光谱，其峰值波长在 283 nm 处，注入电流为 80 mA(见图 4－10(a))。此外，在 3.38 V 的开启电压下具有 WS_2 中间层的 DUV－LED 表现出了良好的整流性能(见图4－10(b))，在－4 V 时测得的漏电流约为 0.04 mA，这证实了 WS_2/蓝宝石上的 AlN 薄膜的质量足以制备 DUV－LED。图 4－10(c)显示了发光功率 LOP 和 LED 注入电流之间的关系，LOP 与注入电流同时

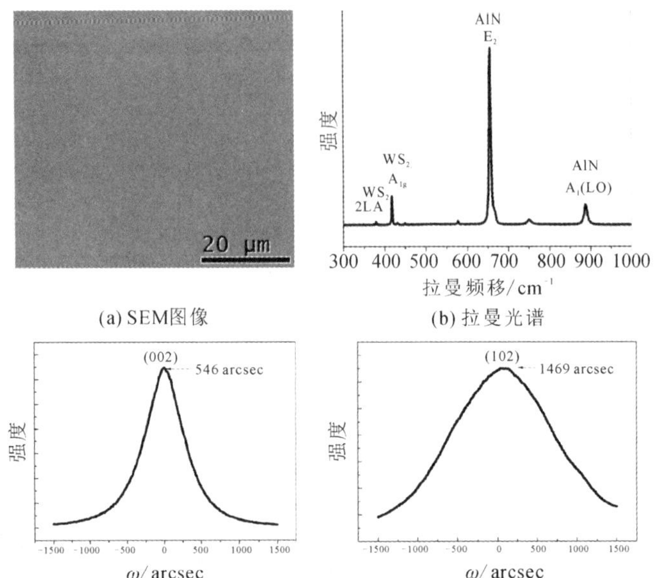

(a) SEM图像

(b) 拉曼光谱

(c) 在具有WS_2中间层的蓝宝石上生长的AlN膜(002)的X射线摇摆曲线

(d) 在具有WS_2中间层的蓝宝石上生长的AlN膜(102)的X射线摇摆曲线

图 4-9 WS_2上外延 AlN 的质量表征

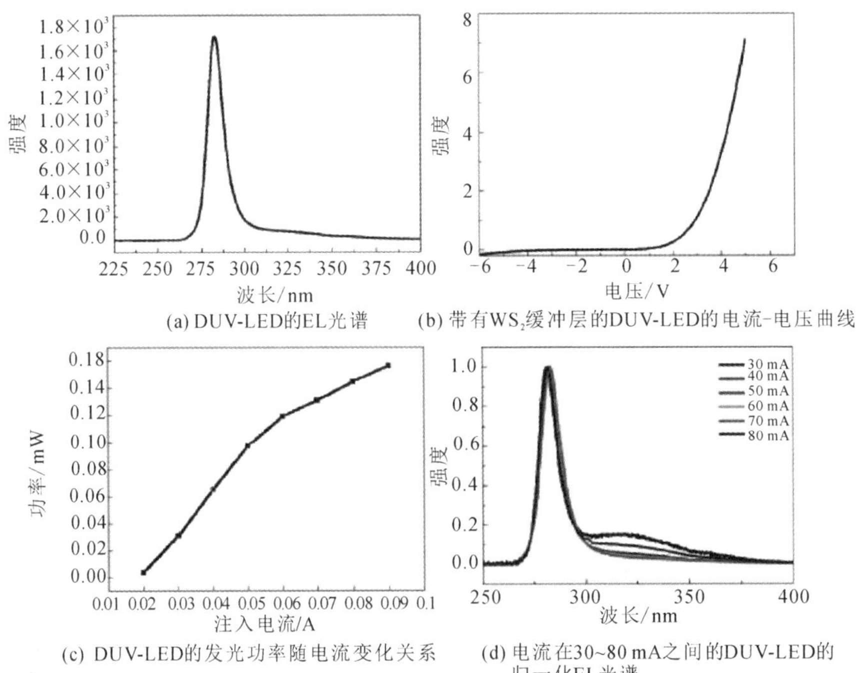

(a) DUV-LED的EL光谱

(b) 带有WS_2缓冲层的DUV-LED的电流-电压曲线

(c) DUV-LED的发光功率随电流变化关系

(d) 电流在30~80 mA之间的DUV-LED的归一化EL光谱

图 4-10 WS_2/蓝宝石上 DUV-LED 的器件结果

增加，表明 EL 发射是由多量子阱层处的载流子注入和辐射复合产生的。为了评估波长稳定性，对不同注入电流下制成的 LED 的归一化 EL 进行了研究，如图 4-10(d)所示。在电流从 30 mA 增加至 70 mA 过程中，峰的波长仅显示出微弱的峰位红移，从 281.8 nm 移至 283 nm，在 80 mA 的注入电流下蓝移至 282.6 nm。这些结果表明，可以在 WS_2/蓝宝石衬底上制备常规的 DUV-LED。

4.2　二维材料/图形衬底上氮化物薄膜准范德华外延

由于氮化物和蓝宝石衬底之间的大晶格失配和热膨胀失配始终会引起大的残余应力和高位错密度，进而影响其上生长的器件性能。针对这一问题，目前国际上相关研究机构已经开发了多种方法来实现高质量的氮化物的制备，如多层缓冲层技术、超晶格层技术、梯度组分变化层技术等。从稳定性和可重复性角度来看，图形衬底是被广泛认可的一种能够稳定且有效获得高质量氮化物模板的方法。一方面，氮化物在图形衬底上横向合并的过程中，界面处产生的位错会发生弯曲并且相互湮灭，从而达到提高晶体质量的目的；另一方面，由于氮化物材料较高的折射率，导致发光器件出射的光在器件与空气界面处全反射严重，然而图形衬底上外延的薄膜会形成空气隙，增加了光在 LED 中的散射，因而可以提升器件的光提取效率[31-32]。2013 年，P. Dong 等人[31]在对比平面蓝宝石衬底外延 AlN 模板的基础上，通过纳米图形蓝宝石衬底(Nano-Pattern Sapphire Substrate，NPSS)外延，提升了 AlN 模板材料质量。在 NPSS 上高温外延 4 μm AlN 薄膜，可使 AlN 模板表面达到原子级平整度，如图 4-11(a)所示，与普通平面蓝宝石衬底上外延的 AlN 材料相比，其结晶质量显著提升，进而改善了 AlN 模板上外延 283 nm DUV 量子阱结构的材料质量，并使内量子效率提升了 43%。但是，氮化物在 NPSS 上外延生长同样是存在困难的，由于 Al 原子在蓝宝石上具有高的表面黏滞系数，Al 原子的表面迁移率远远低于 Ga 原子，同时 AlN 较高的键能使其倾

向于三维岛状生长模式[33]，不利于薄膜二维生长。因此，AlN 薄膜即使在 NPSS 上也需要较高的合并厚度(通常在 3 μm 以上(见 4.11(b))，这意味着 AlN 在 NPSS 上外延比在平面衬底上需要更长的生长时间及以更高的原材料成本。而采用二维材料做插入层，在图形衬底上外延 AlN 薄膜，不仅可以充分发挥二维材料缓解应力的作用，同时还可以有效解决上述图形衬底上外延所遇到的诸多问题。

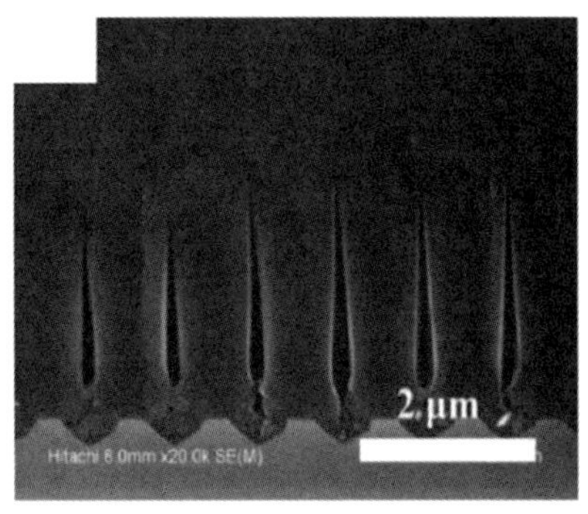

(a) NPSS上外延AlN的截面AFM图像　(b) NPSS上外延AlN的截面SEM图像

图 4－11　纳米图形蓝宝石衬底上生长 AlN 的形貌表征

针对上述问题，H. Chang 等人[34]采用纳米压印光刻技术制备了 NPSS，为了避免复杂且技术要求很高的石墨烯转移，通过无催化剂的化学气相沉积方法，在 NPSS 上直接生长了高质量石墨烯层。在 MOCVD 外延生长之前，在 50 W 的功率下进行 30 s 的 N_2 等离子体处理，用以将缺陷引入石墨烯中使其产生悬挂键从而增强表面的化学反应活性，进而通过一步外延法直接在石墨烯覆盖的 NPSS 上进行外延。对于传统的两步法生长，低温下获得的 AlN 层表面较为粗糙，有许多孔洞存在，生长 2 h 后表面趋于平整，但从截面 SEM 图像来看，合并厚度需要达到 2.9 μm；与之对比，即使在生长初期，AlN 生长在石墨烯覆盖的 NPSS 平面区域，它也倾向于横向二维方式生长，可始终保持平整表面并迅速合并来覆盖凹洞图形，直至生长 2h 后才能完全覆盖图形形成平滑薄膜，从 AlN 相应的截面 SEM 图像上可以清楚地观察到，借助石墨烯中间层，AlN 在厚度约为 1 μm 时已经完全合并，切实解决了在 NPSS 上需要较高合并厚度的问题，如图 4－12 所示。

无石墨烯缓冲层	有石墨烯缓冲层

(a) 650℃下在NPSS上生长6 min的AlN的SEM图像

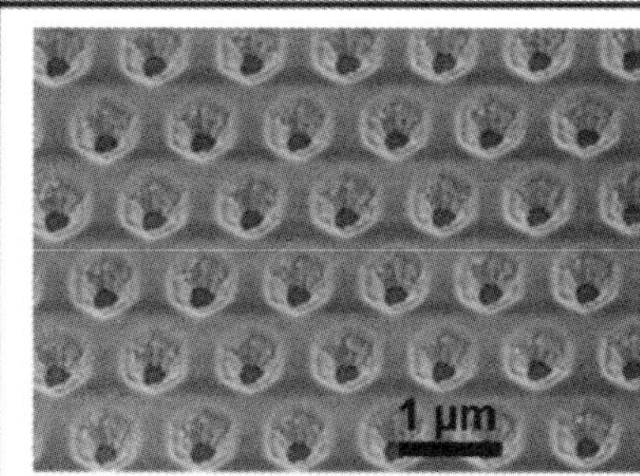

(b) 1270℃下在具有石墨烯缓冲层的NPSS上直接生长6 min的AlN的SEM图像

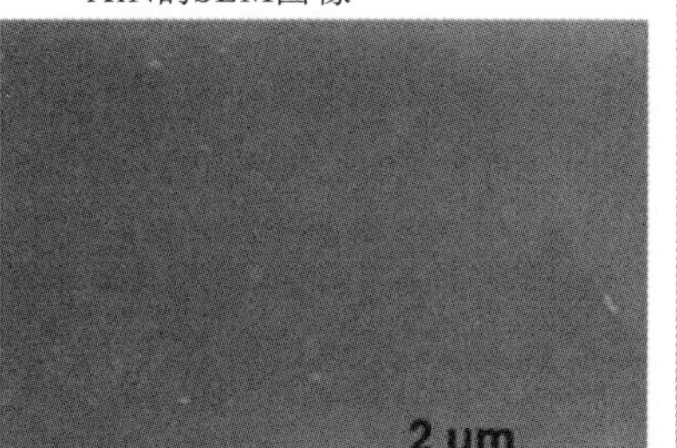

(c) 在没有石墨烯的情况下，1270℃下在NPSS上生长2 h的AlN的SEM图像

(d) 在有石墨烯的情况下，1270℃下在NPSS上生长2 h的AlN的SEM图像

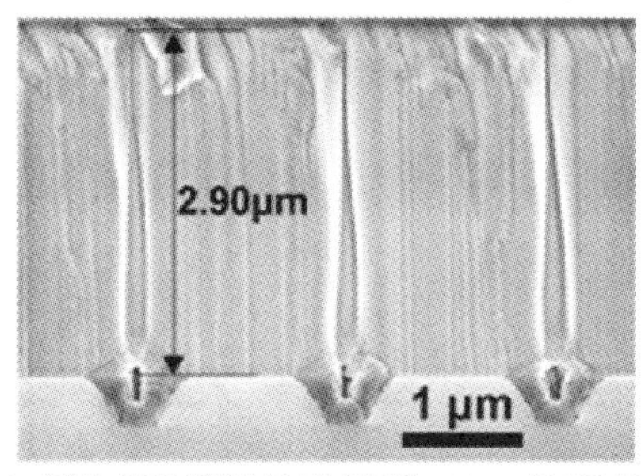

(e) 在没有石墨烯的情况下，1270℃下在NPSS上生长2 h的AlN膜的横截面SEM图像

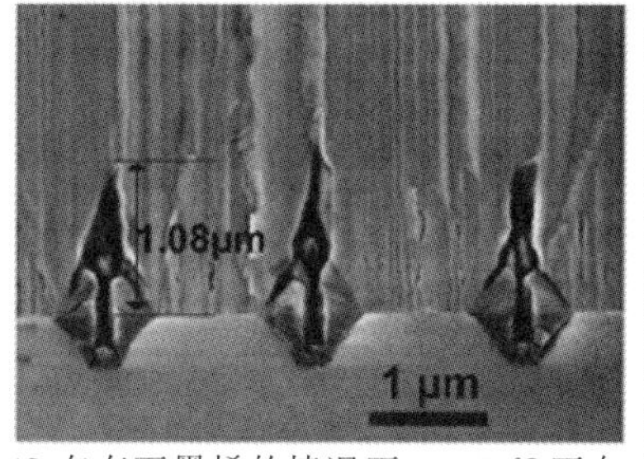

(f) 在有石墨烯的情况下，1270℃下在NPSS上生长2 h的AlN膜的横截面SEM图像

图 4-12　外延在石墨烯/NPSS 上的 AlN 的形貌表征

基于上述计算和分析表征，H. Chang 等人提出了一个模型，以阐明石墨烯缓冲层对 AlN 从团簇聚结到覆盖 NPSS 直至形成连续膜的生长过程。如图 4-13(a)所示，AlN 在无石墨烯的 NPSS 上生长的初始阶段，根据最小能量原理，Al 原子很容易吸附在 AlN 团簇上方，并且趋于稳定地吸附在该最低能量

位置。这意味着在生长的 AlN 团簇上方(见图 4-13(a)),存在一个典型的三维主导的 Volmer-Weber 生长模式(见图 4-13(b))。因此,如图 4-13(c)、(d)所示,AlN 团簇的横向合并趋势相对较慢,并且难以快速覆盖 NPSS 的凹锥图案。相反,引入石墨烯缓冲层后,有效避免了上述生长过程中遇到的问题,经 N_2 等离子体处理的石墨烯表面上,成核位点大幅度增加,因而 AlN 可以相对致密且均匀地成核。同时初始生长的 Al 原子在高温下具有足够高的迁移率,可以移动到能量上有利的位置,即核簇的边缘(见图 4-13(e))。同时,与蓝宝石相比,Al 原子在石墨烯表面的迁移势垒较低,这意味着 Al 原子易于在石墨烯表面扩散,并且具有较长的横向扩散长度[35]。因此,AlN 在石墨烯/NPSS 上外

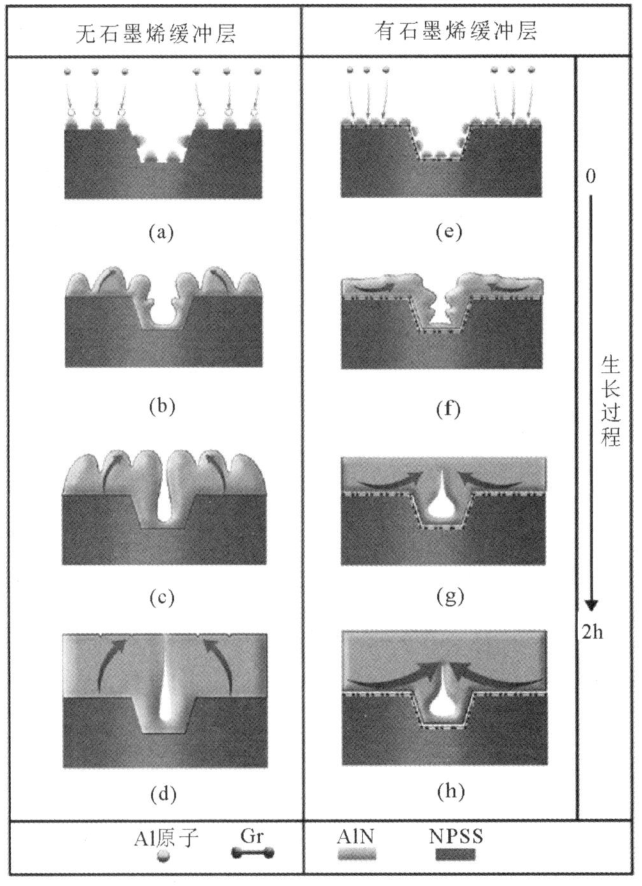

图 4-13　NPSS 上 AlN 薄膜的生长演变示意图

延生长的生长模式不是三维主导的 Volmer-Weber 模式，而是从初始阶段就以横向迁移生长为主要趋势的准二维生长模式(见图 4-13(f))。因此，它可以使 AlN 更快地合并覆盖凹锥图案(见图 4-13(g))，并最终形成光滑的薄膜(见图 4-13(h))。

与此同时，覆盖在 NPSS 上的石墨烯还可以有效帮助 AlN 外延层提升晶体质量，并释放外延层中的双轴应力。从图 4-14(a)、(b)中可以看出石墨烯的存在引入了多种有益效应。一方面，石墨烯上可直接高温生长，不存在低温 AlN 缓冲层，这样大大减少了在凹锥图案之间的 AlN/石墨烯/Al_2O_3界面处产生位错的数量；另一方面，由石墨烯引起的 AlN 生长表现出强烈的二维生长趋势，导致一些位错倾斜并相互堆积湮没，并不会延伸到薄膜表面，从而提高了上层外延层的晶体质量。AlN 中的应变对其拉曼光谱的 E_2声子模式可产生影响，使用石墨烯缓冲层，AlN 的 E_2峰位于 657.9 cm^{-1}，非常接近无应力时的 657.4 cm^{-1}[36]，如图 4-14(c)所示。然而，由于受到高压应变，没有石墨烯缓冲层的 AlN 膜表现出更高的频率

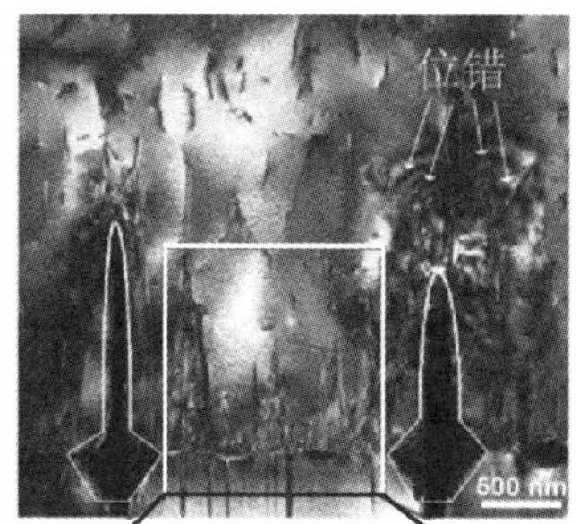

(a) 在带有Gr缓冲层的NPSS上外延AlN的暗场像图像($g=[0002]$)

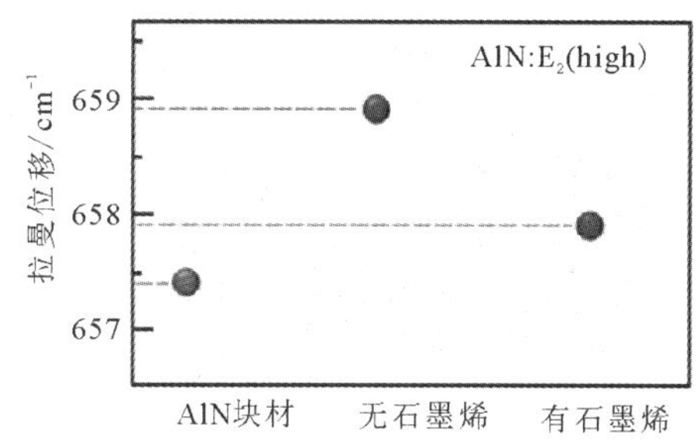

(c) 在无应力的AlN、AlN/NPSS和AlN/石墨烯/NPSS中，AlN的E_2峰相对拉曼位移

(b) 在图(a)中标记的矩形区域中AlN/石墨烯/NPSS界面的放大暗场像图像

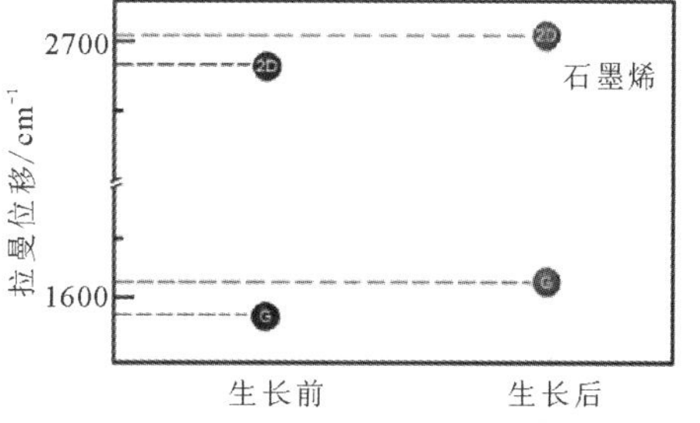

(d) AlN生长前后，G峰和2D峰的相对拉曼位移

图 4-14　外延在石墨烯/NPSS 上的 AlN 膜质量表征

(658.9 cm^{-1})[37]。因此，与未使用石墨烯(0.42 GPa)的 AlN 中的残余应力相比，使用石墨烯缓冲层(0.14 GPa)的 AlN 的残余压应力显著降低[24]。同时，石墨烯的拉曼光谱的 G 和 2D 峰也表现出较高的应力敏感性[34]，如图4－14(d)所示，相对于生长前的原始峰分别为 1587.6 cm^{-1}和 2682.9 cm^{-1}，位于 AlN 和 NPSS 之间的石墨烯的拉曼光谱 G 和 2D 峰移向更高的波数(分别为 1612.3 cm^{-1}和 2705.3 cm^{-1})，这表明石墨烯受到了压缩应力。因此，可以推断出石墨烯自身发生形变，从而弛豫了由外延层与衬底之间不匹配所引起的应力，使得 AlN 表现出较低的残余应力状态。

进一步地，将 DUV-LED 结构生长在具有不同缓冲层的 NPSS 上可获得 DUV-LED 器件，其结构示意图如图 4－15(a)所示。图4－15(b)分别给出了 NPSS 上采用传统低温 AlN 缓冲层和石墨烯缓冲层的 DUV-LED 的电流-电压特性，与具有 6.1 V 开启电压的低温 AlN 缓冲 DUV-LED 相比，带石墨烯的 DUV-LED 电压略微增加到 6.5 V。值得注意的是，随着施加反向电压的增加，具有石墨烯的 DUV-LED 在图 4－15(c)

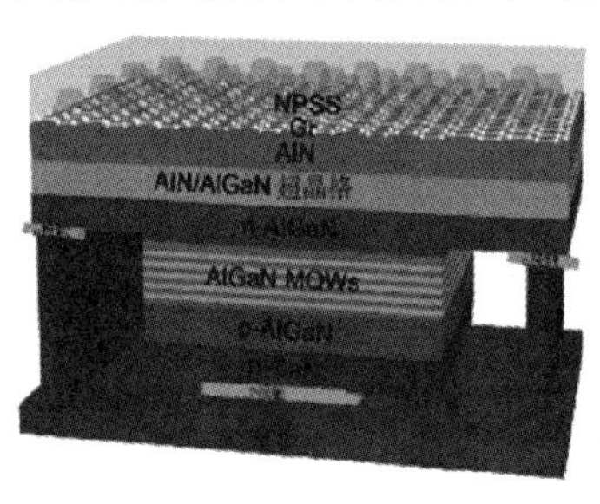

(a) 带有石墨烯的DUV-LED结构的示意图

0.10
无石墨烯缓冲层
有石墨烯缓冲层
电流/A
0.05
0.00
2
4
6
8
电压/V

(b) 具有不同缓冲层的成品DUV-LED的电流-电压特性

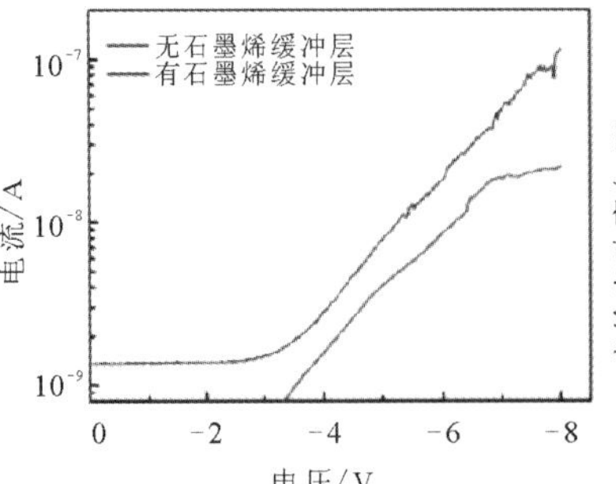

(c) 半对数刻度上的反向电流-电压曲线

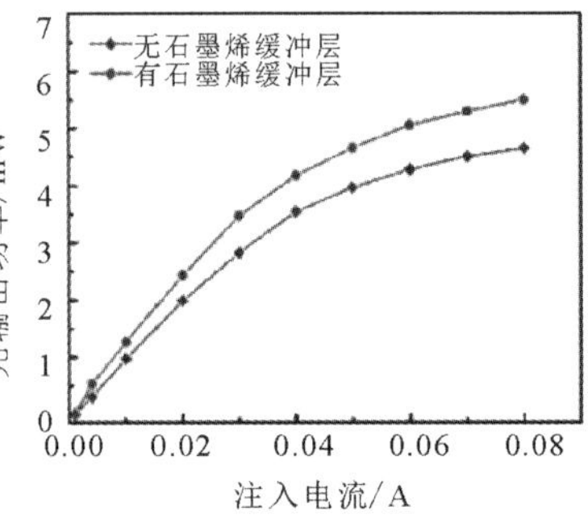

(d) 作为注入电流的函数，具有不同缓冲层的DUV-LED的光输出功率

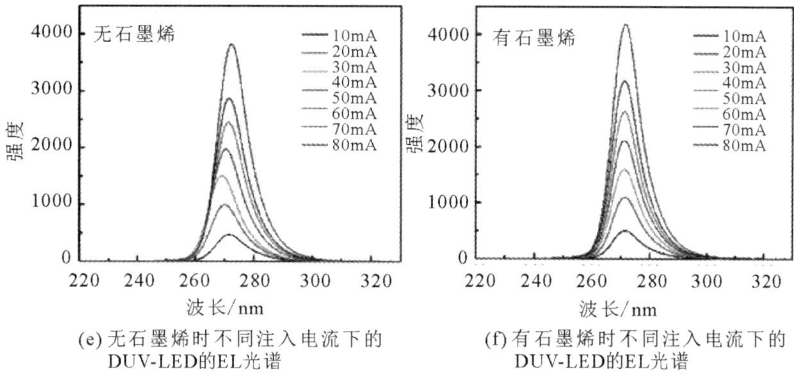

(e) 无石墨烯时不同注入电流下的DUV-LED的EL光谱

(f) 有石墨烯时不同注入电流下的DUV-LED的EL光谱

图 4-15　石墨烯上制成的 DUV-LED 的光电特性

中始终显示出比较低的反向漏电流(在−8 V 时仅为 0.02 μA)，这证实了具有石墨烯缓冲层的 DUV-LED 的位错密度明显降低。相比之下，带有低温 AlN 缓冲层的 DUV-LED 的反向漏电流在−8 V 时达到0.12 μA。272 nm DUV-LED 的光输出功率(LOP)随电流变化的关系如图4-15(d)所示，在 20 mA 下，石墨烯缓冲层的 DUV-LED 的 LOP 为 2.43 mW，高于带低温 AlN 缓冲的 DUV-LED 的 LOP(1.99 mW)，这归因于量子阱晶体质量的提高。根据计算，当施加的电流为 20 mA 时，带有石墨烯缓冲层的 DUV-LED 的相应外部量子效率(External Quantum Efficiency，EQE)和壁塞效率(Wall Plug Efficiency，WPE)分别为 2.66%和 1.94%，均高于具有低温 AlN 缓冲层的 LED 的 EQE(2.17%)和WPE(1.65%)。为了评估光谱稳定性，研究了在不同注入电流下制成的 LED 的归一化电致发光(EL)，如图 4-15(e)、(f)所示。当施加的电流从 10 mA 增加到 80 mA 时，石墨烯缓冲层的 DUV-LED 的 EL 峰值波长显示出 0.8 nm 的蓝移，与使用低温 AlN 缓冲层的 LED(2.4 nm)相比，其波长漂移明显减小。这归因于石墨烯缓冲层导致的量子阱中应力弛豫，同时石墨烯 LED 利于散热，降低了非辐射复合引起的热效应。

4.3　二维材料/SiC 衬底上氮化物薄膜准范德华外延

由于 SiC 和氮化物的晶体结构相似，几乎可以忽略晶格失配，因此高质量

的氮化物薄膜可以在 SiC 衬底上生长。尽管如此，在 SiC 上生长无裂纹的氮化物外延层仍然是一项艰巨的任务[38]。因为在生长过程中，当氮化物成核岛合并在一起时，将会在外延层积累张应力，从而使得外延层在特定厚度下极易产生裂纹。如果采用石墨烯作为缓冲层，其表面缺乏悬挂键，那么外延层可以按照固有的晶格进行生长，在一定程度上规避了由于晶格失配引入的位错，进而缓解了垂直方向上应力的累积；同时，Ⅲ族金属原子在石墨烯表面的迁移率有很大提升，使得金属原子可以迁移到能量更低的位置进行成核，加之表面悬挂键的缺失，形成尺寸大而稀疏的核岛，降低边界密度，进而缓解横向合并时产生的应力。因此研究者利用二维石墨烯材料做缓冲层，来提高 SiC 衬底上外延氮化物薄膜的外延质量。

在蓝宝石衬底上覆盖石墨烯通常有两种方法：一种是在金属衬底上生长石墨烯后转移至目标外延衬底上；另一种是在目标衬底上通过化学气相沉积直接进行石墨烯的生长。对于转移的石墨烯，尽管具有质量高、面积大等优势，但是中间的湿法转移过程使得整个工艺的复杂度大大增加。在蓝宝石、Si 等传统衬底上通过化学气相沉积方法直接生长石墨烯，该方法生长过程中不使用金属催化剂，仅仅依靠碳源裂解、重组生成石墨烯，因此所制备的石墨烯材料畴区较小、质量较差，有很多无定形碳存在，且通常不能完全覆盖衬底表面[39]。而在 SiC 衬底上可以通过高温裂解的方法得到高质量石墨烯薄膜，在高温下，衬底中的 Si 原子会首先进行升华，使得剩下的 C 原子重新组合形成石墨烯[40]，原理如图 4-16(a)、(b)所示。该方法获得的石墨烯质量很高，可以完全覆盖衬底表面。与此同时，在 SiC 衬底上产生石墨烯的同时也通常伴随着台阶的形

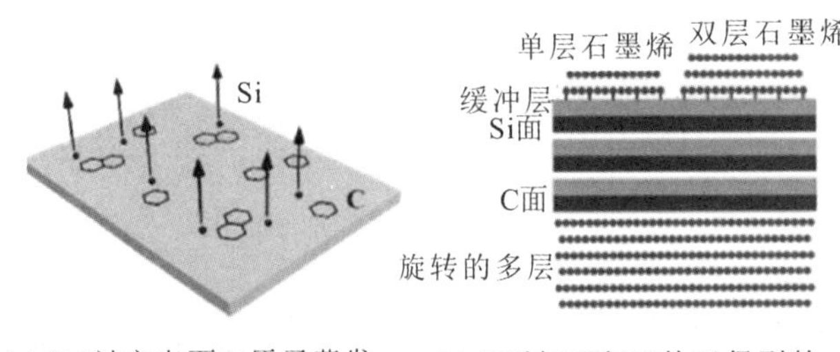

(a) SiC衬底表面Si原子蒸发过程示意图　(b) Si面与C面SiC外延得到的石墨烯的结构差异示意图　(c) 石墨烯化SiC衬底表面原子力显微镜图像

图 4-16　SiC 衬底上生长石墨烯

成，如图 4－16(c)所示。SiC 衬底有两个不同的极性面，分别为 Si 面(0001)和 C 面(000-1)，在这两个面上石墨烯制备具有不同的生长机制，并且在相同条件下，C 面比 Si 面原子升华的速度要快得多。从图 4－16(b)中可以看出，对于 Si 面生长的石墨烯材料，其最底层与衬底之间具有缓冲层结构[40]，且为 AB 型堆垛，这种堆垛每两层为一个周期，层间距为 0.667 nm，绕 c 轴有着 60°的旋转。对于 C 面生长的石墨烯材料，其最底层与衬底之间没有缓冲层，层与层之间的作用力很微弱，是非 AB 填充型石墨烯。

4.3.1　二维材料/SiC 衬底上 GaN 薄膜准范德华外延

J. Kim 等人[41]在石墨烯覆盖的 SiC(0001)衬底上生长了高质量的 GaN 膜，证实了 GaN 优先在石墨烯台阶处成核，然后横向生长以形成平整薄膜。图4－17(a)～(c)显示了不同条件下通过 MOCVD 方法在石墨烯上外延 GaN 薄膜的 SEM 图像，传统的两步生长(在 580℃时成核，在 1150℃时生长)形成了多晶面的 GaN 簇，而在 1100℃的一步生长则形成了沿 SiC 相邻台阶排列的

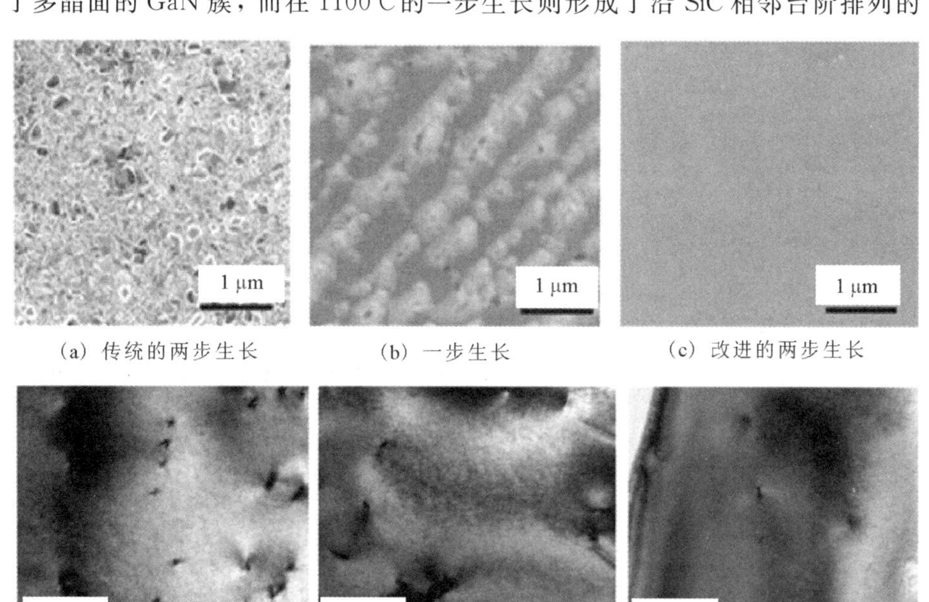

(a) 传统的两步生长　(b) 一步生长　(c) 改进的两步生长

(d) 石墨烯/SiC衬底上的GaN的平面透射电子显微镜图像

图 4－17　SiC 衬底上不同方法外延的 GaN 膜的形貌表征

连续 GaN 条纹。可以推测，由传统的两步生长形成的这种多晶面簇，是在 580℃时有限的原子迁移率以及在石墨烯表面上被抑制的成核作用所致，从而导致低密度的核随机地形成在台阶上。由 1100℃的一步生长形成表面条纹，意味着因温度升高而增加的原子迁移率使吸附原子在能量上有利的台阶边缘处成核。改进的两步生长（在 1100℃时成核，在 1250℃时生长）可以形成连续且光滑的 GaN 薄膜，这归因于在 1100℃时形成的沿着台阶边缘 GaN 核在 1250℃的高温条件下可以更快地横向生长。使用平面 TEM 分析 GaN 膜的缺陷率，计算出在 30 μm^2 的区域中螺纹位错的平均密度约为 $1\times10^9\ cm^{-2}$，如图 4－17(d)所示。

A. Kovács 等人[42]在 Si 终止面的 6H-SiC(0001)上通过高温升华方法得到了石墨烯，如图 4－18(a)所示。连续的石墨烯层被聚甲基丙烯酸甲酯覆盖，并使用电子束光刻技术进行图案化，以 3 μm 为间隔，图案部分留下 1 μm 宽的未掩盖区域。使用 Ar(89%)和 O_2(11%)混合气体的高密度等离子体刻蚀来去除未掩盖的石墨烯层，而残留的聚甲基丙烯酸甲酯则使用丙酮进行溶解而去除。然后将 100 nm 厚的 AlN 缓冲层沉积到图案化的石墨烯/6H-SiC 上，再沉积约 300 nm 厚的 $Al_{0.2}Ga_{0.8}N$ 和约 1.5 μm 厚的 GaN 层，如图 4－18(b)所示。图 4－18(c)显示了异质结构的横截面低倍率 TEM 图像，箭头所标记 1 μm 宽的区域是石墨烯层被刻蚀掉的区域。可以看出在完整的石墨烯层上方 GaN 层包含半圆形的多晶区域，而在连续的石墨

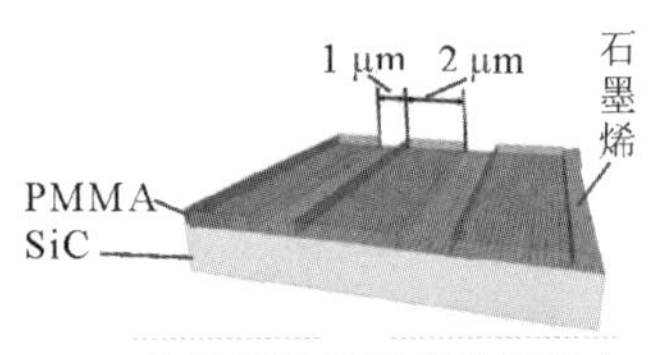

(a) 使用聚甲基丙烯酸甲酯来图案化石墨烯层的示意图

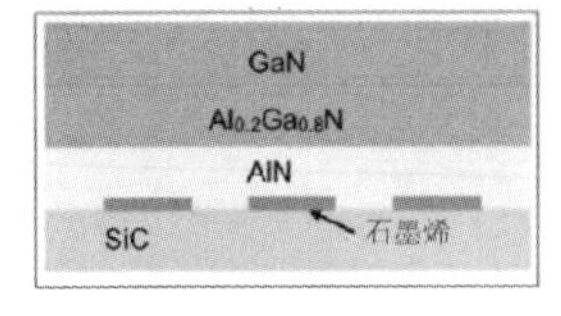

(b) 氮化物沉积层序列的示意图

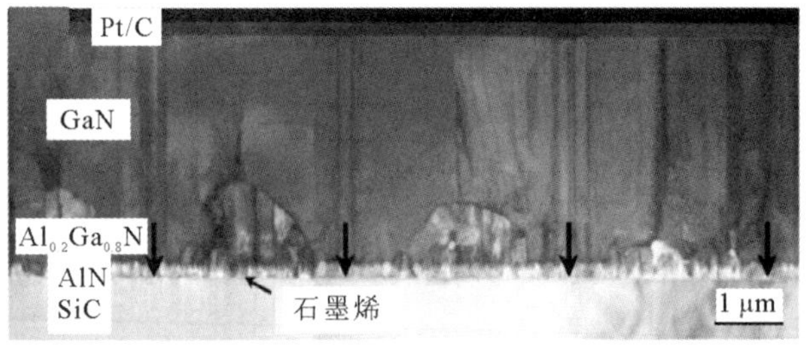

(c) 异质结构的低倍率明场透射电子显微镜图像

图 4－18　图案化石墨烯上氮化物外延示意图及表征

烯层上方，多晶缺陷 GaN 被来自刻蚀区域的质量更好的单晶 GaN 迅速横向过生长而覆盖住，形成了光滑的 GaN 表面。通过使用电子能量损失谱估计，图 4-18 所示的区域中样品厚度介于 80～120 nm 之间，位错密度约为 3×10^{9} cm^{-2}。这里石墨烯的作用是作为掩模存在，石墨烯上方未经有效的成核处理，获得的是多晶 GaN 薄膜。

4.3.2　二维材料/SiC 衬底上 AlN 薄膜准范德华外延

Y. Wang 等人[43]研究了石墨烯/SiC 上高质量 AlN 薄膜的直接准范德华外延生长，并提出了详细的成核机理和应力释放机制。首先通过热分解方法在半绝缘 4H-SiC(0001)上直接生长大晶畴石墨烯，而后经过 N_2 等离子体处理后用于氮化物薄膜的外延。在经过 1 h 的较长生长时间后，在 N_2 等离子体处理过的石墨烯/SiC 上的 AlN 膜仍看到一些台阶，不过在每一个条形台阶上可以获得连续且光滑的 AlN 膜，如图 4-19(a)所示，RMS 仅为 0.162 nm。为了确认 AlN 膜的面内取向，进行了电子背散射衍射的分析，如图 4-19(b)所示，可以看到，AlN 薄膜的反方向极

(a) 石墨烯/SiC上的AlN膜在1200℃下1 h的SEM图像

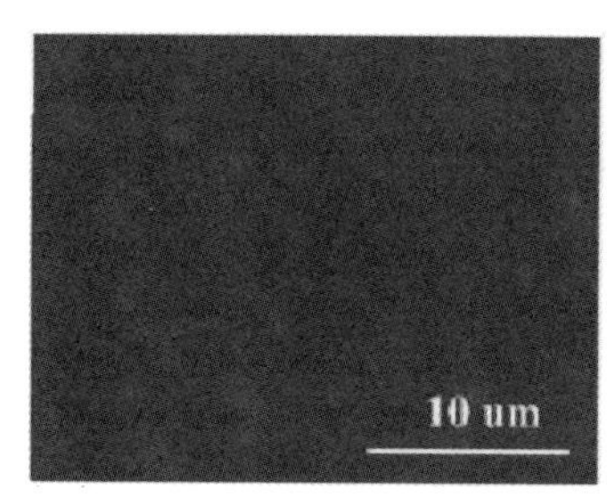

(b) 石墨烯/SiC上AlN膜的电子背散射衍射

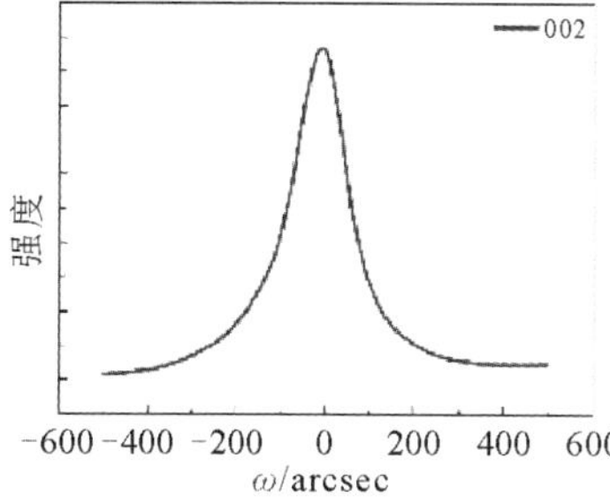

(c) 石墨烯/SiC上生长AlN膜的X射线摇摆曲线

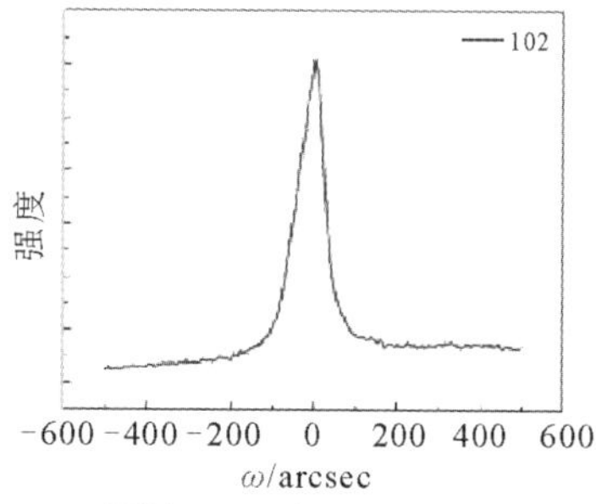

(d) 石墨烯/SiC上生长AlN膜的X射线摇摆曲线

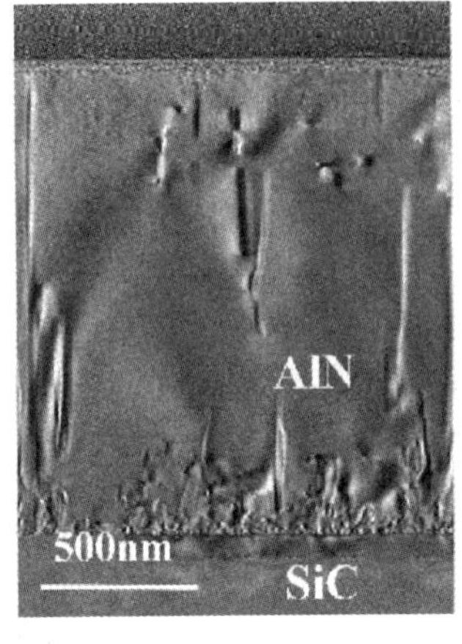

(e) 石墨烯/SiC上生长AlN膜的截面TEM图像

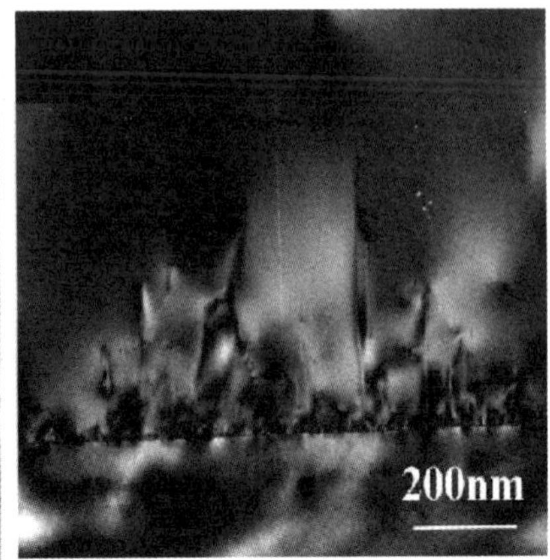

(f) 石墨烯/SiC上生长AlN膜的明场TEM图像

图 4-19 石墨烯/SiC 上外的 AlN 的质量表征

像图彩色三角形用红色表示(0001)取向，因此整个薄膜的面内取向一致，为高度 c 轴取向。

通过 XRD 研究 AlN 薄膜的晶体质量，图 4-19(c)、(d)展示了在石墨烯/SiC 上生长的 AlN 膜的(002)平面和(102)平面的 ω 扫描。通过引入等离子体处理的石墨烯作为缓冲层，AlN(002)平面的 FWHM 为 148 arcsec，(102)平面为 79 arcsec。应用扫描透射电子显微镜研究了石墨烯/SiC 衬底上 AlN 薄膜的详细结构，图 4-19(e)给出了厚度接近 1.3 μm 的整个 AlN 膜的截面 TEM 图像。界面的放大明场 TEM 图像如图 4-19(f)所示，堆垛层错集中在最初的 200 nm 范围内，是初始 AlN 膜内的主要缺陷，而较少的螺位错扩展到了表面。当假设特征化样品厚度为 150 nm 时，估计的位错密度约为 6.7×10^{8} cm^{-2}，这与 X 射线摇摆曲线的结果几乎一致。

为了更好地理解氮化物-石墨烯体系的应力释放机制，研究者采用第一性原理计算，系统分析对比 SiC/AlN 与石墨烯/AlN 两个界面的差异。AlN 外延层的吸附能通过下式进行计算：

$$E_{ads}=-(E_{sub/AlN}-E_{sub}-E_{AlN})$$

式中，E_{sub}、E_{AlN}、$E_{sub/AlN}$ 分别代表衬底、AlN 外延层及衬底与 AlN 界面的能量，正结合能对应稳定的吸附态。在 SiC/AlN 体系中，4H-SiC 衬底由双分子

层(Bilayer，BL)厚的模型表示，底层由氢原子进行钝化。考虑到 SiC 与 AlN 之间的晶格失配较小(1%)，可将其界面的晶格常数固定为 SiC 的晶格常数。在石墨烯/AlN 体系中，使石墨烯晶胞(14 个 C 原子组成)通过旋转与 AlN 2×2 晶胞匹配，该结构可以极大降低界面处的应力。进一步设计厚度为 4BL 和 8BL 的 AlN，研究外延层厚度对外延层中应力的影响，这里顶层原子由赝氢原子进行钝化来去除悬挂键的干扰。对于 4H-SiC 体材料、AlN 体材料、单层石墨烯，其晶格常数分别设定为 3.09 Å、3.12 Å 及 2.47 Å，与实验数值保持一致[44]。实验中利用 SiC 衬底上生长的双层石墨烯作为缓冲层进行 AlN 薄膜生长，因此主要关注 AlN 与石墨烯之间的相互作用，采用 AlN/石墨烯界面来研究 AlN 薄膜的准范德华外延，并忽略了 SiC 衬底的影响。计算模型如图 4-20 所示，4.20(a)为 AlN/SiC 界面的原子结构，

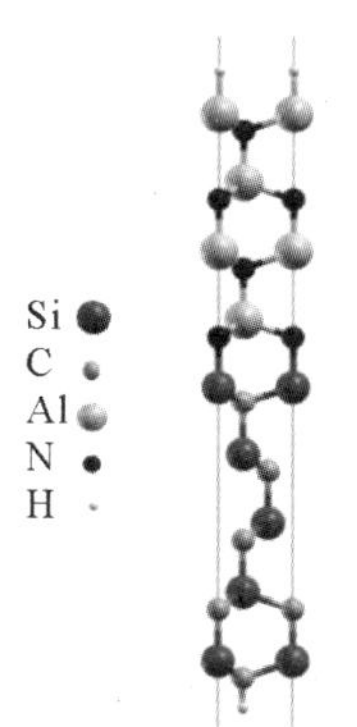

(a) AlN/SiC界面的结构图, 在空白SiC上有4BL的AlN层

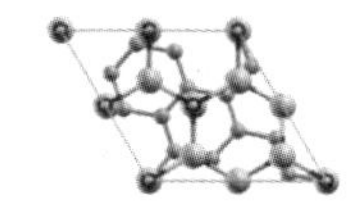

(b) AlN/石墨烯界面的俯视图

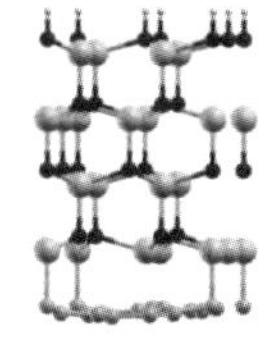

(c) AlN/石墨烯界面的侧视图

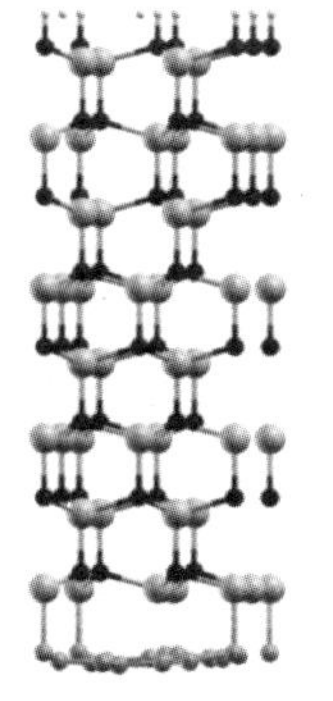

(d) AlN/石墨烯界面的侧视图

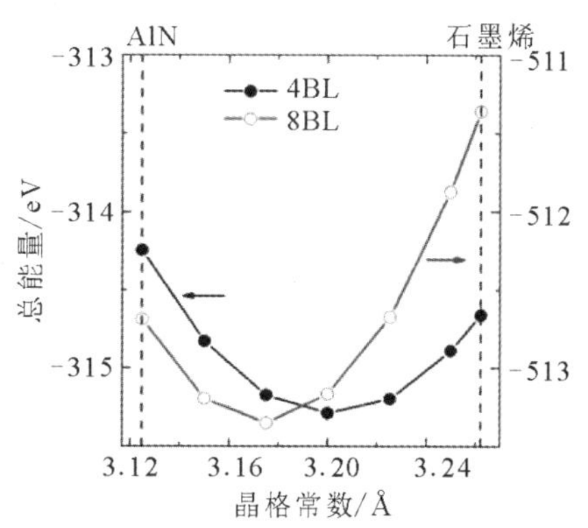

(e) 系统总能量随晶格常数变化曲线

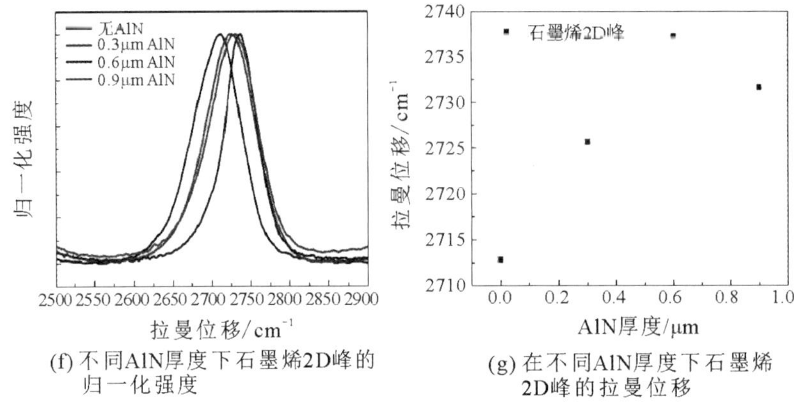

(f) 不同AlN厚度下石墨烯2D峰的归一化强度

(g) 在不同AlN厚度下石墨烯2D峰的拉曼位移

图 4-20　石墨烯上外延 AlN 的第一性原理计算以及拉曼表征

该结构中 AlN 层与 SiC 衬底直接相连；4.20(b)～(d)为 AlN/石墨烯界面的原子结构，该结构中石墨烯晶格相对 AlN 晶格面内旋转 10.9°。对于空白 SiC 上生长的 4 BL 和 8 BL 厚 AlN 薄膜，其结合能分别为 0.423 eV/Å^2 和0.420 eV/Å^2。如此巨大的结合能可以归因于较强的 Si－N 键，以及 SiC 与 AlN 之间极小的晶格失配，这也是 SiC 衬底上生长高质量 AlN 的原因所在。同时，随着 AlN 厚度的增加，结合能有一定程度的降低，主要是因为 AlN 薄膜中的应力能增加。当 AlN 薄膜非常厚时，应力能可以累积到一个很明显的量级，AlN 薄膜中将会产生位错、缺陷等来释放应力。对于石墨烯上生长的 4BL 和 8 BL 厚的 AlN 薄膜，首先保持石墨烯晶格常数不变，然后对 AlN 层进行面内双轴拉伸，拉伸幅度大约为 5%，可使其晶格常数达到 3.26 Å(与石墨烯匹配)。

计算发现，石墨烯上生长的 AlN 薄膜的结合能很低，4 BL 厚的 AlN 在石墨烯上的吸附能仅为 0.017 eV/Å^2，比 AlN/SiC 系统小一个数量级。另外，该结构中结合能随着 AlN 厚度的增加而显著降低，当 AlN 层厚度为 8 BL 时，结合能降低至－0.028 eV/Å^2，此时的负号表示该状态为不稳定的。AlN 在石墨烯具有如此小的结合能，与两者间弱的相互作用及 AlN 层大的应变有关。为了排除应力的影响，将结合能分解成两个部分：一部分是应变 AlN 层与石墨烯之间的结合能，经计算得到其数值为 0.076 eV/Å^2；另一部分是 AlN 层的应变能，估算为 0.013 eV/(BL·Å^2)。两者对于总的结合能有相反的影

响，对于4 BL厚的 AlN，前者仍然比应变能大，总能量为正值，说明是稳定状态。然而，应变能会随着 AlN 厚度的增加而显著增加，对于 8 BL 厚的 AlN，应变能增大到 0.105 eV/Å^2，超过了 AlN 与石墨烯之间的结合能，因此总能量变为负数，即为不稳定状态。也就是说，在石墨烯上生长的 AlN 层，因为其弱的界面相互作用及 AlN 层中存在大的应力，是非常不稳定的。基于此，在石墨烯/SiC 上生长的 AlN 薄膜质量会特别差，但是这与实验结果并不一致。

尽管计算与实验之间的结果出现矛盾，但是应该存在某些机理可以有效降低 AlN 层中的应力。一种可能的方式是使 AlN 的晶格常数随着生长而不断减小，但这会导致在界面处出现大量键断裂和重组，违背了能量学和动力学规律；另一种可能的方式是降低整个 AlN/石墨烯体系的晶格常数，考虑到石墨烯层与衬底之间的相互作用比较弱，将薄的石墨烯层进行压缩比将厚的 AlN 层进行扩展在能量学上更容易实现。AlN/石墨烯体系的总能量随晶格常数的变化如图 4－20(e)所示，石墨烯缓冲层上外延 4 BL 厚的 AlN 的最适宜晶格常数为 3.20 Å。AlN 外延层中的轴向应力为 2.4%，比之前保持石墨烯固有晶格常数时的应力要低得多。对于 8 BL 厚的 AlN，最适宜的晶格常数降至3.175 Å，使 AlN 外延层中的应力变为 1.6%。同时，计算发现，石墨烯晶格常数的变化可以使其增加一定的应变能，但也有效降低了 AlN 层的应变能及 AlN/石墨烯体系的总能量。随着 AlN 厚度的增加，AlN/石墨烯体系的晶格常数会更接近 AlN 体材料的晶格常数，以此来降低外延层的应力[45]。因此石墨烯的晶格常数会随着 AlN 层的厚度增加而逐渐降低。在计算过程中，忽略 SiC 衬底以及底层石墨烯的作用(采用的石墨烯为双层结构，只考虑最表面一层)，而这两者在一定程度上会抑制石墨烯晶格常数的变化。然而，不同石墨烯层之间的范德华相互作用大约为 0.025 eV/Å^2，小于石墨烯与 AlN 层之间的相互作用(0.076 eV/Å^2)。因此，可以合理推测实验上石墨烯晶格常数的变化应该也会具有类似的规律，尽管可能比计算值要小。为了验证以上理论猜想，对不同厚度 AlN 薄膜下石墨烯层的拉曼峰位移动情况进行表征。当未进行 AlN 薄膜生长时，石墨烯 2D 峰位于 2712 cm^{-1}处，视为无伸缩的本征状态；如图 4－20(f)、(g)所示，随着 AlN 厚度的增加，石墨

烯的 2D 峰位开始向高波数移动，这表明石墨烯处于压应变状态，其晶格常数降低，与理论猜想一致；当 AlN 层厚度增大到 0.6 μm 时，拉曼峰位移动到 2737 cm^{-1}，达到峰值，说明石墨烯受到的压缩应力到达最大限度；当 AlN 层的厚度达到 0.9 μm 后，石墨烯的拉曼峰位波数降低，出现蓝移，这表明在更大的应力下，石墨烯层出现破裂，变成更小的畴区碎片以恢复部分晶格常数，释放应力。

小　　结

近年来，二维材料，尤其是经典的石墨烯和氮化硼等，作为中间层辅助氮化物进行准范德华外延的技术途径，由于其诸多优越性而被研究者所关注。本章着重介绍了氮化物在不同类型衬底上，通过借助二维材料辅助进行准范德华外延氮化物薄膜的多种技术，展示了所得薄膜良好的结晶质量，主要对蓝宝石平面衬底、蓝宝石图形衬底以及 SiC 衬底三个方面进行了系统介绍。二维材料做缓冲层，可以有效提高氮化物金属原子在外延衬底表面的横向迁移速率，从而促进薄膜的横向聚结合并。与此同时，通过屏蔽大失配衬底对于外延层的影响，二维材料还可以有效提高氮化物在不同衬底上的外延质量，并且有效帮助外延层释放残余应力。通过二维材料工艺辅助得到的高质量低应力的氮化物薄膜，为进一步生长高质量的Ⅲ族氮化物基光电器件提供了高质量的模板层，从而可以制备具有稳定光电性质的器件。

参 考 文 献

[1] ZHANG J, WANG H, SUN W, et al. High Quality AlGaN Layers over Pulsed Atomic Layer Epitaxially Grown AlN Templates for Deep Ultraviolet Light Emitting Diodes. J. Electron. Mater, 2003, 32: 364 - 370.

[2] BANAL R G, FUNATO M, KAWAKAMI Y. Initial Nucleation of AlN Grown Directly on Sapphire Substrates by Metal Organic Vapor Phase Epitaxy. Appl. Phys. Lett, 2008,

92：241905.

[3] WU H，ZHAO W，HE C，et al. Growth of High Quality AlN/sapphire Templates with High Growth Rate Using a Medium Temperature Layer. Superlattices Microstruct，2019，125：343 - 347.

[4] WALDE S，HAGEDORN S，WEYERS M. Impact of Intermediate High Temperature Annealing on the Properties of AlN/sapphire Templates Grown by Metal Organic Vapor Phase Epitaxy. J Jpn. J. Appl. Phys，2019，58：1002.1 - 1002.5.

[5] SOLDANO C，MAHMOOD A，DUJARDIN E. Production，Properties and Potential of Graphene. Carbon，2010，48：2127 - 2150.

[6] JO G，CHOE M，LEE S，et al. The Application of Graphene as Electrodes in Electrical and Optical Devices. Nanotechnology，2012，23：112001.

[7] LIN Y，CONNELL J W. Advances in 2d Boron Nitride Nanostructures：Nanosheets，Nanoribbons，Nanomeshes，and Hybrids with Graphene. Nanoscale，2012，4：6908 - 6939.

[8] ZHANG K，FENG Y，WANG F，et al. Two Dimensional Hexagonal Boron Nitride (2d-h - BN)：Synthesis，Properties and Applications. J. Mater. Chem. C，2017，5：11992 - 12022.

[9] HUANG J K，PU J，HSU C L，et al. Large-Area and Highly Crystalline WSe_2 Monolayers：from Synthesis to Device Applications. ACS Nano，2014，8：923 - 930.

[10] JO S，COSTANZO D，BERGER H，et al. Electrostatically Induced Superconductivity at the Surface of WS_2. Nano Letters，2015，15：1197 - 1202.

[11] ZHAO C，NG T K，TSENG C C，et al. InGaN/GaN Nanowires Epitaxy on Large-area MoS_2 for High - performance Light-emitters. RSC Adv，2017，7：26665 - 26672.

[12] MISHRA P，TANGI M，NG T K，et al. Impact of N-plasma and Ga-irradiation on MoS_2 Layer in Molecular Beam Epitaxy. Appl. Phys. Lett，2017，110：012101.

[13] MISHRA P，TANGI M，NG T K，et al. Determination of Band Offsets at GaN/single-layer MoS_2 Heterojunction. Appl. Phys. Lett，2016，109：032104.

[14] SASAKI T，MATSUOKA，T. Analysis of Two-step-growth Conditions for GaN on an AlN Buffer Layer. J. Appl. Phys，1995，77：192 - 200.

[15] NAKAMURA S. GaN growth using GaN buffer layer. Jpn. J. Appl. Phys. 1991，30：L1705 - L1707.

[16] CHUNG K，LEE C H，YI G C. Transferable GaN Layers Grown on ZnO-Coated

Graphene Layers for Optoelectronic Devices. Science, 2010, 330: 655 - 657.

[17] CHOI J K, HUH J H, KIM S D, et al. One-step graphene coating of heteroepitaxial GaN films. Nanotechnology, 2012, 23: 435603.

[18] QI Y, WANG Y, PANG Z, et al. Fast Growth of Strain-Free AlN on Graphene-Buffered Sapphire. J. Am. Chem. Soc, 2018, 140: 11935 - 11941.

[19] MUN D H, BAE H, BAE S, et al. Stress Relaxation of GaN Microstructures on a Graphene-buffered Al_2O_3 Substrate. Phys. Status Solidi-R, 2014, 8: 341 - 344.

[20] KISIELOWSKI C, KRUGER J, RUVIMOV S, et al. Strain-related Phenomena in GaN Thin Films. Phys. Rev. B, 1996, 54: 17745 - 17753.

[21] SUN J, CHEN Y, PRIYDARSHI M K, et al. Direct CVD-derived Graphene Glasses Targeting Wide Ranged Applications. Nano Lett, 2015, 15: 5846 - 5854.

[22] BAE S H, LU K, HAN Y, et al. Graphene-assisted Spontaneous Relaxation towards Dislocation-free Heteroepitaxy. Nature Nanotech, 2020, 15: 272 - 276.

[23] CHEN Z, LIU Z, WEI T, et al. Improved Epitaxy of AlN Film for Deep-Ultraviolet Light-Emitting Diodes Enabled by Graphene. Adv. Mater, 2019, 31: 1807345.

[24] CANCADO L G, JORIO A, FERREIRA E H M, et al. Quantifying Defects in Graphene via Raman Spectroscopy at Different Excitation Energies. Nano Lett, 2011, 11: 3190 - 3196.

[25] REDDY A L, IVASTAVA A, GOWDA S R, et al. Synthesis of Nitrogen-doped Graphene Films for Lithium Battery Application. ACS Nano, 2010, 4: 6337 - 6342.

[26] PADUANO Q, SNURE M, SIEGEL G, et al. Growth and Characteristics of AlGaN/GaN Heterostructures on sp_2-bonded BN by Metal-organic Chemical Vapor Deposition. J. Mater. Res, 2016, 31: 2204 - 2213.

[27] WU Q Q, YAN J C, ZHANG L, et al. Growth Mechanism of AlN on Hexagonal BN/sapphire Substrate by Metal-organic Chemical Vapor Deposition. CrystEngComm, 2017, 19: 5849 - 5856.

[28] ZHAO Y, WU X, YANG J, et al. Oxidation of A Two-dimensional Hexagonal Boron Nitride Monolayer: A First-principles Study. Phys. Chem. Chem. Phys. 2012, 14: 5545 - 5550.

[29] OH H, HONG Y J, KIM K S, et al. Architectured Van Der Waals Epitaxy of ZnO Nanostructures on Hexagonal BN. NPG Asia Mater, 2014, 6: e145.

[30] YIN Y, REN F, WANG Y, et al. Direct Van Der Waals Epitaxy of Crack-Free AlN Thin Film on Epitaxial WS_2. Materials, 2018, 11: 2464.

[31] DONG P, YAN J, WANG J, et al. 282-nm AlGaN-based Deep Ultraviolet Light-emitting Diodes with Improved Performance on Nano-patterned Sapphire Substrates. Appl. Phys. Lett, 2013, 102: 241113.

[32] IMURA M, NAKANO K, NARITA G, et al. Epitaxial Lateral Overgrowth of AlN on Trench - patterned AlN Layers. J. Cryst. Growth, 2007, 298: 257.

[33] CHANG H, CHEN Z, LIU B, et al. Quasi-2D Growth of Aluminum Nitride Film on Graphene for Boosting Deep Ultraviolet Light-Emitting Diodes. Adv. Sci, 2020, 2001272.

[34] CHANG H, CHEN Z, LI W, et al. Graphene-assisted Quasi-van Der Waals Epitaxy of AlN Film for Ultraviolet Light Emitting Diodes on Nano-patterned Sapphire Substrate. Appl. Phys. Lett,2019, 114: 091107.

[35] LUGHI V, CLARKE D R. Defect and Stress Characterization of AlN Films by Raman Spectroscopy. Appl. Phys. Lett, 2006, 89: 241911. 1.

[36] ZABEL J, NAIR R R, OTT A, et al. Raman Spectroscopy of Graphene and Bilayer under Biaxial Strain: Bubbles and Balloons. Nano Lett, 2012, 12: 617 - 621.

[37] NAKAMURA S. GaN Growth Using GaN Buffer Layer. Jpn. J. Appl. Phys, 1991, 30: 10A.

[38] ISMACH A, DRUZGALSKI C, PENWELL S, et al. Direct Chemical Vapor Deposition of Graphene on Dielectric Surfaces. Nano Lett, 2010, 10: 1542 - 1548.

[39] VIROJANADARA C, SYVJARVI M, YSKIMOVA R, et al. Homogeneous Large-area Graphene Layer Growth on 6H-SiC (0001). Physical Review. B, Condensed matter, 2008, 78: 245403.

[40] ZHANG F, CHEN X, ZUO Z, et al. High Performance Metal-graphene-metal Photodetector Employing Epitaxial Graphene on SiC (0001) Surface. J Mater Sci-Mater Eletron, 2018, 29: 5180 - 5185.

[41] KIM J, BAYRAM C, PARK H, et al. Principle of Direct Van Der Waals Epitaxy of Single-crystalline Films on Epitaxial Graphene. Nat. Commun, 2014, 5: 4836.

[42] KOVÁCS A, DUCHAMP M, DUNIN-BORKOWSKI R E, et al. Graphoepitaxy of High - Quality GaN Layers on Graphene/6H-SiC. Adv. Mater. Interfaces, 2015,

2：1400230.

[43] WANG Y，YANG S，CHANG H，et al. Flexible Graphene-assisted Van Der Waals Epitaxy Growth of Crack-free AlN Epilayer on SiC by Lattice Engineering. Appl. Sur. Sci，2020，520：146358.

[44] BASKIN Y，MEYER L. Lattice Constants of Graphite at Low Temperatures. Phys. Rev，1955，100：544－544.

[45] Chae S J，Kim Y H，Seo T H，et al. Direct growth of etch pit-free GaN crystals on few-layer graphene. RSC Advance，2015，5：1343－1349.

第 5 章

非晶衬底上氮化物准范德华外延

异质外延的困难导致衬底的选择十分受限，目前应用于氮化物材料生长的衬底主要有蓝宝石、SiC、Si 等。然而随着研究和产业发展的不断推进，越来越多的新型衬底发展起来，其中包括非晶态玻璃衬底、金属衬底以及一些有机柔性的衬底。为了降低生产成本、提高性价比，廉价、大尺寸衬底的应用具有重要意义，非晶态玻璃、金属及金属合金等大失配新型衬底价格低廉、尺寸不受限制，是氮化物薄膜外延的潜在衬底材料。例如，非晶态玻璃包括石英玻璃(纯 SiO_2)和普通玻璃(Na_2SiO_3、$CaSiO_3$、SiO_2 或 $Na_2O \cdot CaO \cdot 6SiO_2$)，相比其他单晶衬底，玻璃衬底工艺成熟、价格低廉、不受尺寸限制且透明度高，还与液晶工艺兼容，不但可以大幅度降低成本，而且利于实现大面积薄膜的制备。不足的是，普通玻璃软化温度很低，介于 500～600℃，高温下普通玻璃不仅会软化还会向外延膜渗透杂质，引起非故意掺杂，影响 GaN 薄膜的质量，所以传统的 MOCVD 方法生长 GaN 材料只能使用软化温度很高(1300～1500℃)、热膨胀系数小的石英玻璃作为衬底。

如果能实现上述大失配非晶衬底上氮化物的外延，则对推动晶体生长技术的进步具有重大意义。然而，在非晶衬底上外延单晶材料目前仍有很大的难度，寻找大失配衬底上氮化物外延的有效途径是一个亟待解决的问题。为了解决这个问题，可以使用二维材料作为缓冲层，因为二维材料具有优异的化学热稳定性[1-3]，能够承受Ⅲ-氮化物的高温生长。二维材料两侧较弱的范德华力可以屏蔽由于衬底与外延层晶格失配和热膨胀系数失配所产生的应力，从而大大削弱晶格匹配对生长的影响[4]。作为非共价外延，准范德华外延技术为在非晶衬底上生长氮化物晶体薄膜提供了一种可行的方法，成为探索非晶衬底上氮化物外延的有力工具[5]。

本章将分别介绍 SiO_2/Si 衬底、非晶玻璃衬底及其他大失配衬底上氮化物的准范德华外延技术，对各部分目前的研究进展进行详尽的说明，同时也会阐述目前各种新型衬底上氮化物外延所面临的问题。

5.1 SiO_2/Si 衬底上氮化物准范德华外延

目前 Si 基电子器件已经具有庞大规模和众多功能，基于 GaN 的光电元件

单片集成到基于 Si 的集成电路中可以实现功能性、小型化和低成本效益。将 GaN 和 Si 材料相结合的金属氧化物半导体(Complementary Metal Oxide Semiconductor，CMOS)技术可以用于开发高温、高功率和特殊环境器件，这些功能受益于两者优异性能的互补。但是这两种材料体系中存在晶格失配和热失配问题，如何在 Si(100)衬底上生长高质量 GaN 是一个巨大的挑战，也是限制未来产业应用发展的瓶颈。

当前在 Si 基衬底上制备集成器件主要采用了将 GaN 层通过晶圆键合到 Si 上的转移技术，但是转移和键合方法的过程复杂、成本高且可扩展性有限，不利于产业化应用。相比之下，在 Si 衬底上直接外延 GaN 基材料更有可行性，但是 Si(100)表面原子为四重对称[6]，无法与 GaN 材料实现晶格匹配，因此在材料生长方面存在较大困难。如果能将适用于集成电路 CMOS 结构的 GaN 材料制备在同一块芯片上，通过波导互连，实现异质集成光电子芯片，采用光子取代电子进行信息传输，则有望大幅度提升性能。针对上述问题，发展新型衬底上的外延技术，实现在 Si(100)衬底上的高质量氮化物外延就成为光电集成器件应用的关键。

近几年来，许多关于 GaN 生长研究工作都希望在提升 GaN 外延材料质量的同时实现在 Si 基衬底上的集成。为了在实现集成的同时进一步降低成本，SiO_2/Si 衬底成为了制造氮化物基 LED 和激光器件的潜在选择。SiO_2/Si 衬底上氮化物外延面临的主要问题是外延层中与晶格失配相关的缺陷，它显著降低了光发射器件的寿命。准范德华外延，借助二维材料与衬底和外延层之间微弱的范德华力，可缓解大失配衬底上氮化物外延中的晶格失配和热膨胀系数失配。其中，二维材料石墨烯具有六方六重对称，能够有效地与氮化镓的 c 平面形成外延关系，即使在没有六方六重对称的衬底上也可以进行材料的生长，因此可以作为 GaN 外延的理想材料。经过研究，石墨烯可作为在 SiO_2/Si 衬底上生长 c 平面 GaN 的缓冲层[7]和后续过程中应力释放的牺牲层[8]，主要研究进展如下：

韩国首尔大学的 H. Yoo 等人[9]使用 ZnO 纳米墙作为中间层，将 CVD 生长的石墨烯转移到 SiO_2/Si 衬底上，并在 O_2 等离子体处理后的石墨烯上生长 GaN 膜，随后对该薄膜进行了表征。图 5－1(a)中的 SEM 形貌显示该薄膜表面存在一定数量的凹坑和裂纹，随后运用 EBSD 对该薄膜的取向进行了研究

(见图5－1(b)～(d))，发现其c轴生长方向均为(001)面，但面内取向却并不一致，有明显的晶界存在。通过EBSD晶界错位角映射图像进一步发现，该薄膜中高角度晶界和低角度晶界均存在，高角度晶界对应的晶粒大小在几微米到几十微米之间。穿透位错起源于晶界周围，在生长过程中会横向移动，因此调控石墨烯上的GaN生长条件，有望获得大畴区的单晶GaN，可为非晶衬底上外延氮化物奠定基础。

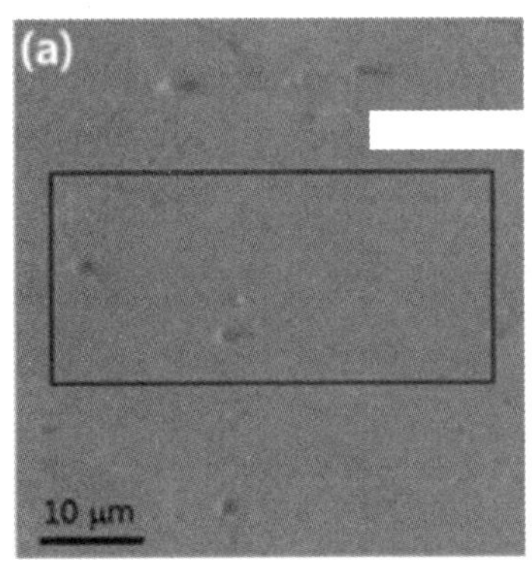

(a) 用于EBSD分析的GaN薄膜的70°倾斜视图SEM图像

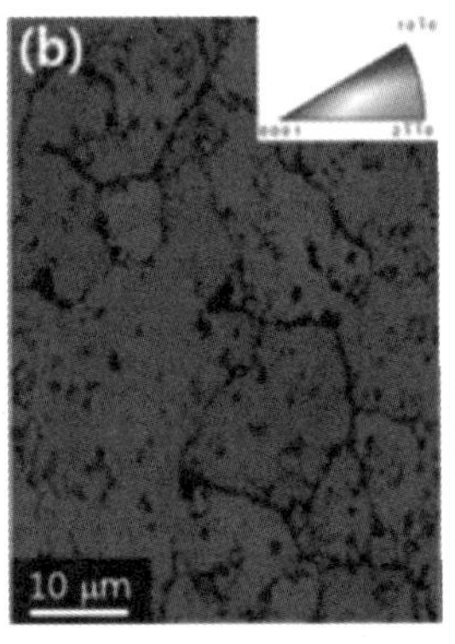

(b) GaN薄膜的EBSD法线方向反极图

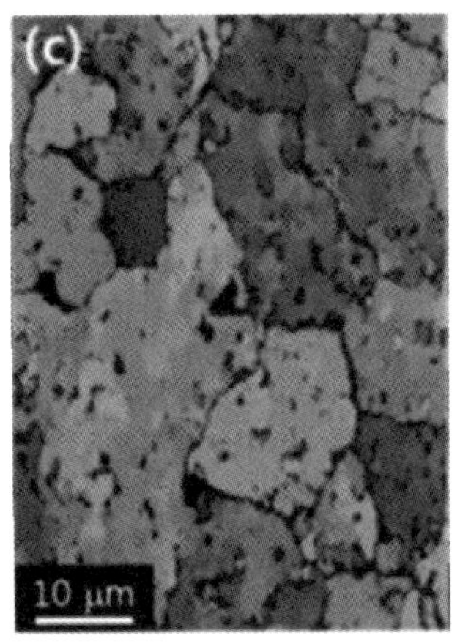

(c) GaN薄膜的EBSD横向方向反极图

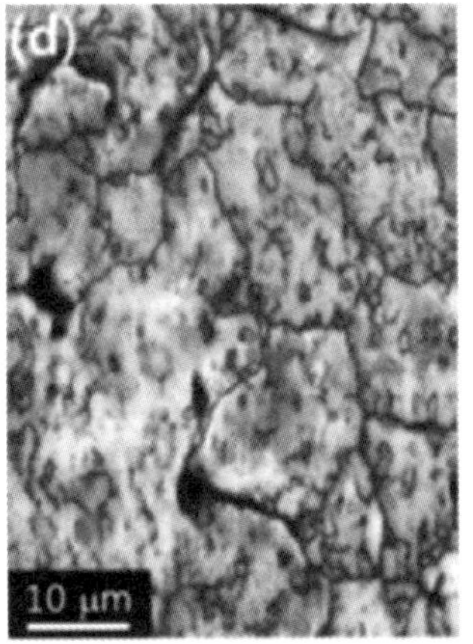

(d) EBSD晶界错位角映射图像(红色>1°，蓝色>3°)，取向差角小于3°的晶界被定义为低角度晶界，而取向差角大于3°的晶界被定义为高角度晶界

图5－1　SiO_2/Si衬底上GaN薄膜的SEM和EBSD图像

韩国首尔大学 H. Baek 等人[10]使用微图案化处理后的石墨烯点作为局部成核层，在非晶 SiO_2/Si 衬底上进行了 GaN 微盘阵列生长。如图 5－2(a)所示，首先使用标准转移方法，将 CVD 法在 Ni 膜上合成的石墨烯转移到 SiO_2/Si 衬底上。然后，使用电子束光刻技术对大尺寸石墨烯进行构图，使用抗蚀剂作为蚀刻掩模，然后在 30 mW 的等离子功率下通过 O_2 等离子体蚀刻 30 s 来去除石墨烯的其余部分，以形成直径为 3 μm 的规则六边形阵列，其点间距为 10 μm (见图 5－2(b))。在 GaN 生长之前，使用 MOCVD 在图案化石墨烯上生长了 ZnO 纳米结构，以增强 GaN 的形核和结晶。如图 5－2(c)中 SEM 图像所示，高度网络化的 600 nm 高和 20 nm 厚的 ZnO 纳米墙仅在石墨烯图形内部生长，该中间层在石墨烯层上高质量 GaN 膜的异质外延生长中起关键作用。最后，

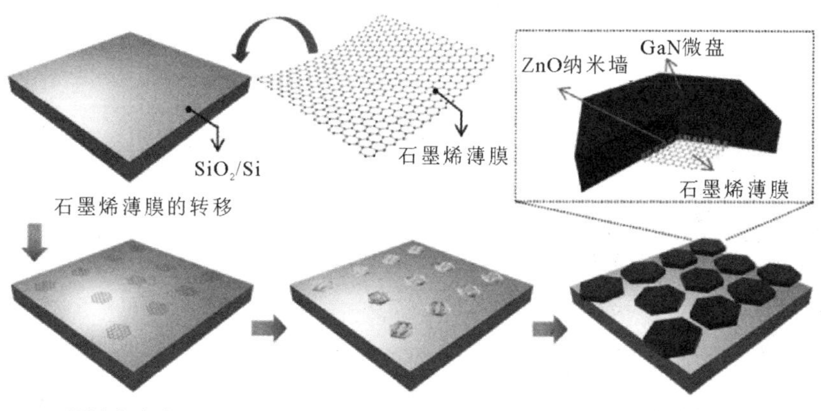

(a) 用于在CVD石墨烯薄膜上生长六角形GaN微盘阵列的制造工艺示意图

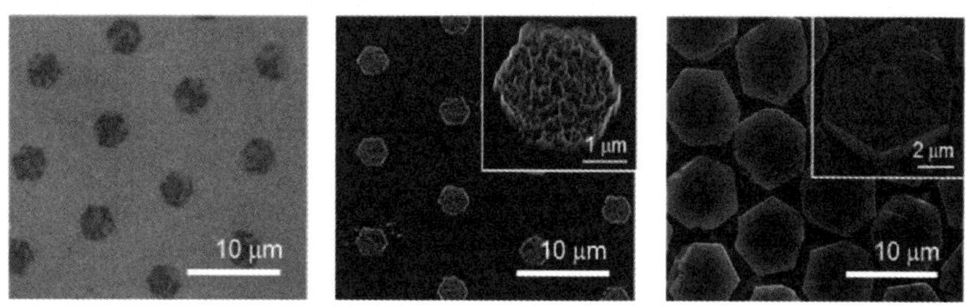

(b) 六边形图案化CVD石墨烯薄膜的光学显微图像　(c) 在图案化的石墨烯薄膜上生长的ZnO纳米壁平面SEM图像　(d) 在图案化的石墨烯薄膜上生长的六角形GaN微盘的平面SEM图像

图 5－2　生长 GaN 微盘阵列的工艺示意图与 GaN 微盘的光学显微及 SEM 图像

使用两步法工艺在 ZnO 涂层的石墨烯微点阵列上横向外延生长(Epitaxy of Lateral Over-growth, ELOG) GaN 微盘，生长的 GaN 微盘表征结果如图 5-2(d)所示，在图案化的石墨烯上制备了具有平坦顶表面和侧壁的六边形阵列，单个六边形的直径从原始石墨烯图案的 3 μm 扩展到(8.6±0.4)μm。这表明晶体 GaN 微盘在横向和垂直方向上都在 ZnO 纳米壁上横向扩展生长，自然形成了具有平坦侧面的六边形微盘，并不需要进一步的蚀刻，外延的 GaN 微盘具有较高质量。

为了降低微结构对界面处复杂性的提升，韩国成均馆大学的 S. J. Chae 等人[11]采用 50 个周期的臭氧等离子体，对转移到 SiO_2/Si 上的石墨烯表面进行了处理，随后在不借助微结构和其他缓冲层的前提下，直接进行了 GaN 薄膜的 MOCVD 外延生长，获得了粗糙的多晶 GaN 薄膜，如图 5-3 中 SEM 形貌所示。3 h 高温（1040℃）生长后，SiO_2/Si 衬底上生长的 GaN 多晶畴仍旧没能

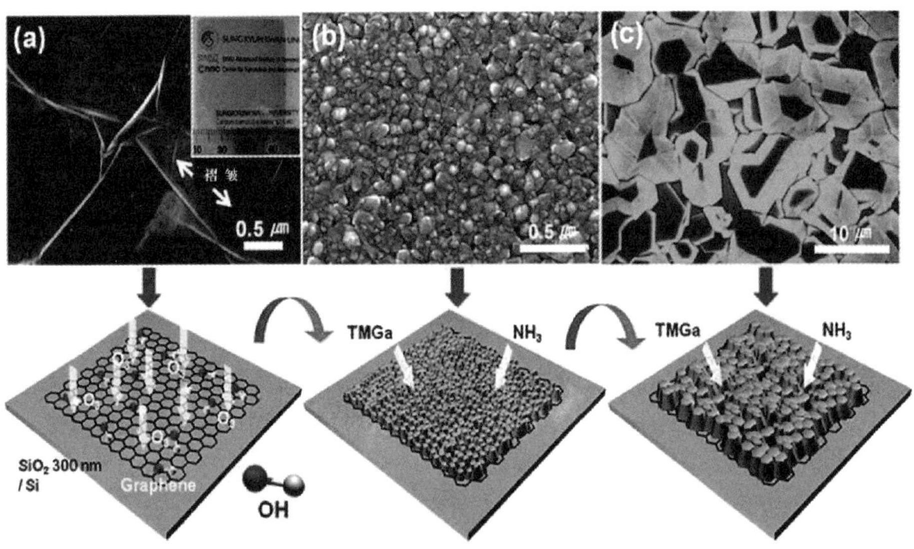

(a) 合成石墨烯表面的SEM图像和相应示意图，白色箭头表示皱纹，黑色箭头表示在石墨烯转移过程中形成的凹凸结构。插图显示了在PET膜（4个3.5cm）上转移的石墨烯，在550 nm处的透射率为80%

(b) 在530℃下生长5min初始成核的SEM图像和相应示意图

(c) 在初始成核步骤之后，在1040℃下生长3h的GaN的SEM图像和相应示意图

图 5-3　SiO_2/Si 衬底上 GaN 晶体生长过程中的 SEM 图像及相应示意图

合并成膜，彼此间存在间隙，但是在该生长条件下，GaN 中的大多数线位错与[0002]的生长方向垂直，KOH 溶液加热腐蚀后没有观察到腐蚀坑，这项工作证实了在 SiO_2/Si 衬底上直接生长 GaN 薄膜的可能性。

为了进一步了解该样品的特性，研究人员对其进行了 TEM 表征。图 5-4(a)显示了靠近石墨烯界面的 GaN 的 TEM 图像，插图清楚地显示出晶体没有缺陷(如空隙或裂缝位置)。多层石墨烯(10 层)的厚度略有变化，依然呈现镍基体上多层石墨烯的特征，在界面处也清晰可见。此外，图 5-4(b)所示的 GaN 晶体的高分辨率 TEM 图像呈现排列良好的晶格阵列，相邻平面之间的晶格间距为 0.52 nm，这与在蓝宝石上生长的 GaN(0001)平面的 d 间距非常吻合。电子衍射图进一步验证了该样品为单晶，这说明尽管该样品存在多晶畴没有完全合并成膜，但在一定区域内依旧呈现单晶特性。该工作是对接下来在二维材料上直接进行单晶 GaN 薄膜生长的有益尝试。

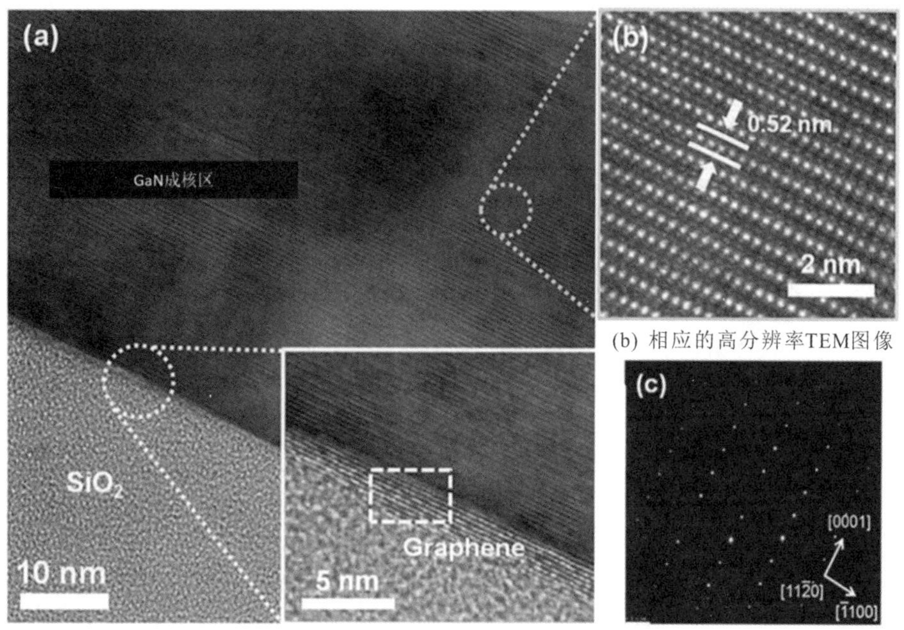

(a) 石墨烯上GaN成核区的低倍放大截面TEM图像，其中显示了石墨烯层的数量

(b) 相应的高分辨率TEM图像

(c) 在石墨烯/ SiO_2 / Si上生长的GaN晶体的电子衍射图

图 5-4　石墨烯上生长 GaN 的 TEM 图像

美国加州大学伯克利分校 K. Chen 等人[12]引入了一种能在非晶衬底上直接生长Ⅲ-Ⅴ族材料的生长模式。该模式利用模板液相晶体生长，可获得可调节、横向尺寸高达几十微米的图形化Ⅲ-Ⅴ族单晶微米或纳米结构。图 5-5(a)为模板液相晶体生长 InP 的流程图，首先以 1～10 nm 的 MoO_x 作为成核层，将金属 In 光刻在 SiO_2/Si 衬底上，然后用蒸发的 SiO_x封装；在 PH_3和 H_2氛围下，500～535℃温度下低压生长，In 转变为液态，但仍然受到 SiO_x模板的机械限制；P 通过 SiO_x帽扩散，使 In 液体过饱和，以 InP 核的形式沉淀出来。这种生长模式的主要特征是在每个生长的核周围形成一个 P 耗尽区，阻止进一步的成核。在机械限制的模板中对 In 进行预图形化，这样从第一个核开始的 P 耗尽区占据了整个模板，可以实现“单晶”InP 的自定义几何形状生长。图 5-5(b)所示为模板液相晶体生长过程中形成的 InP 圆阵列的 SEM 图像，原 In 模板几何形状在生长后保持，表明可以控制 InP 晶体生长的形状。通过 EBSD(见图5-5(c))，确定了横向尺寸约为 5～7 mm的 InP 模型结晶度。结果表明，除孪晶外，每个独立的模

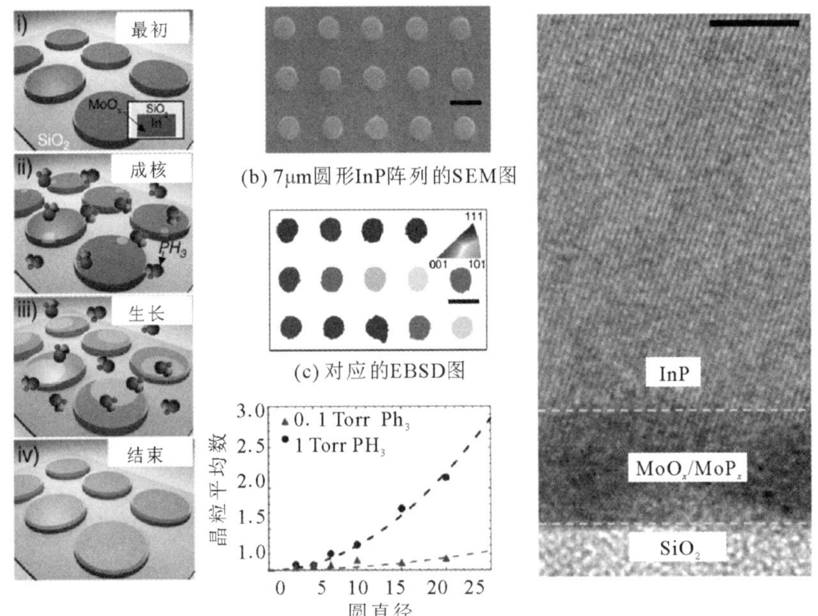

(a) 模板液相晶体生长InP的工艺流程示意图

(b) 7μm圆形InP阵列的SEM图

(c) 对应的EBSD图

(d) EBSD测定的晶粒平均数与圆直径成二次方关系

(e) InP薄膜一部分切面的TEM图

图 5-5 单晶 InP 的生长机理

型都是单晶，但晶体取向不同。为了研究生长条件和 InP 特征尺寸对晶粒数的影响，使用模板液相晶体生长在两种不同的 PH_3 分压下形成直径为 3～20 mm的 InP 图形，从图 5-5(d)中可以看出，每个晶粒数与圆直径呈二次方关系增加，证明 PH_3 分压对晶粒的数量有很强的依赖性。如图5-5(e)所示，InP 样品的截面 TEM 图显示了晶态 InP 晶格位于非晶态 SiO_2 衬底之上，中间有一层薄薄的 MoO_x/MoP_x 成核层，清楚地反映出模板液相晶体生长的非外延性质。

此外，尽管单晶畴 GaN 可以在错切的 Si(100)衬底上生长，但是由于严重的各向异性和可靠性问题，错切的 Si 衬底与 CMOS 工艺不兼容[13-14]。为了将基于 GaN 的器件集成到 Si 集成电路(Integrated Circuit，IC)中，实现外延单晶具有重要意义。在标准 Si(100)衬底上生长单畴 GaN 的潜在方法是引入缓冲层二维材料和 SiO_2 层，该缓冲层可以屏蔽 Si(100)的不对称表面畴，并用作 GaN 外延的模板。由于沿平面外方向的范德华相互作用较弱，因此二维材料是有希望的候选材料。通过二维缓冲层连接的衬底和外延层受到良好控制，可以过滤掉 Si(100)衬底的取向效应[15]。

日本东京大学的 W. S. Jeong 等人[16]采用脉冲溅射沉积法在多层石墨烯/非晶态 SiO_2 层上生长 GaN 薄膜，并对其结构性能进行了研究，重点研究了 AlN 中间层的影响。图 5-6(a)～(c)所示的结果表明，在多层石墨烯上沉积的 GaN 薄膜具有较高的取向一致性，这反映了 GaN 在多层石墨烯上实现了准单晶的外延生长。图 5-6(d)～(f)给出了 EBSD 研究的多层石墨烯上外延 GaN 薄膜的相纯度，在多层石墨烯上直接生长的 GaN 薄膜中，纤锌矿相和闪锌矿相共存，而在 GaN 和多层石墨烯之间插入 AlN 层，可以有效地抑制闪锌矿相。图 5-6(g)显示了采用 AlN 插入层的 GaN 薄膜的 PL 光谱，其中尖锐的带边峰表示晶体质量较好，而无 AlN 插入层的 GaN 薄膜则显示出很强的黄光带，这是由于高密度的缺陷引起的杂质发光。如图 5-6 (h)所示，在加入 AlN 插入层后，GaN 薄膜(0002)的 XRD 摇摆曲线 FWHM 从 144 arcmin 降低到 37 arcmin。上述结果表明，在 GaN 和多层石墨烯之间插入 AlN 层可以抑制界面反应，提高 GaN 生长膜的质量。

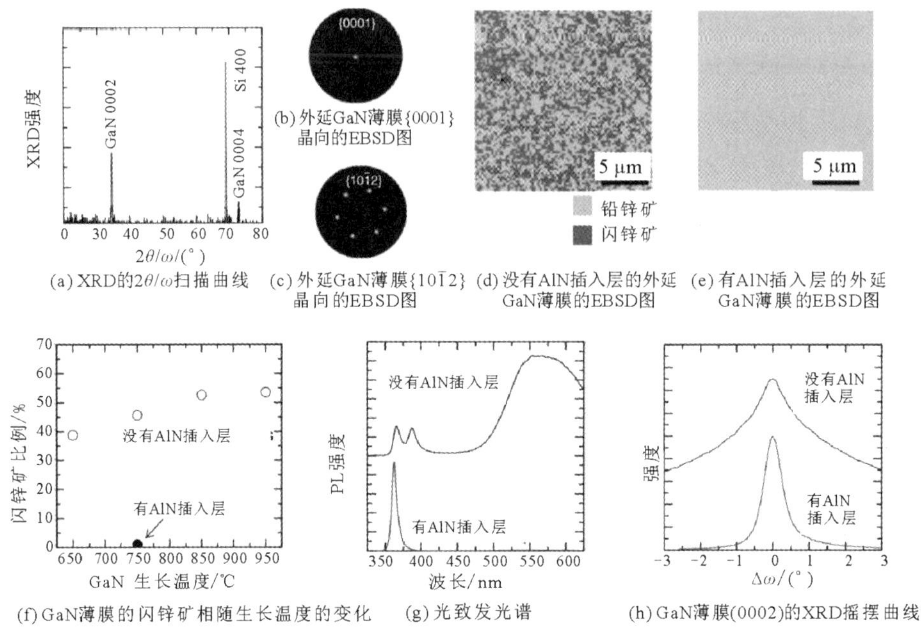

图 5-6 在多层石墨烯/非晶态 SiO_2 层上外延的 GaN 膜质量表征

最近，北京大学 Y. X. Feng 等人[17]将大尺寸单晶石墨烯转移到带有 SiO_2 氧化层的 Si(100)衬底上，结合 MOCVD 技术，实现了具有台阶流表面的单晶 GaN 外延生长，外延过程示意图如图 5-7 所示。复合缓冲层由单原子厚的单晶石墨烯和 SiO_2 薄层组成，用于 Si(100)上单晶畴 GaN 膜的外延，这里 SiO_2 氧化层用于进一步抑制衬底的不对称表面区域，并隔绝高温生长过程中的 Si 渗透问题。单晶单层石墨烯通过 CVD 在金属上生长，然后转移到 SiO_2/Si(100)表面。该研究揭示了石墨烯上Ⅲ族氮化物的成核是由石墨烯表面上的 sp^3 杂化 C—N 键的形成触发的。此外，由于在石墨烯褶皱上具有单畴结构的 AlN 的高成核密度(保留了单晶石墨烯的取向特性)，后续的 GaN 岛具有更高的生长速率，因此可以聚结为连续的单晶 GaN。单晶 GaN 的成功外延，归因于石墨烯通过 C—N 共价键形成的模板效应，该共价键充当 GaN 区域的面内排列的驱动力。这些结果验证了二维石墨烯在随后生长Ⅲ族氮化物上的取向效应，从而使 Si(100)和其他非晶或柔性衬底上的 GaN 基器件得以外延。

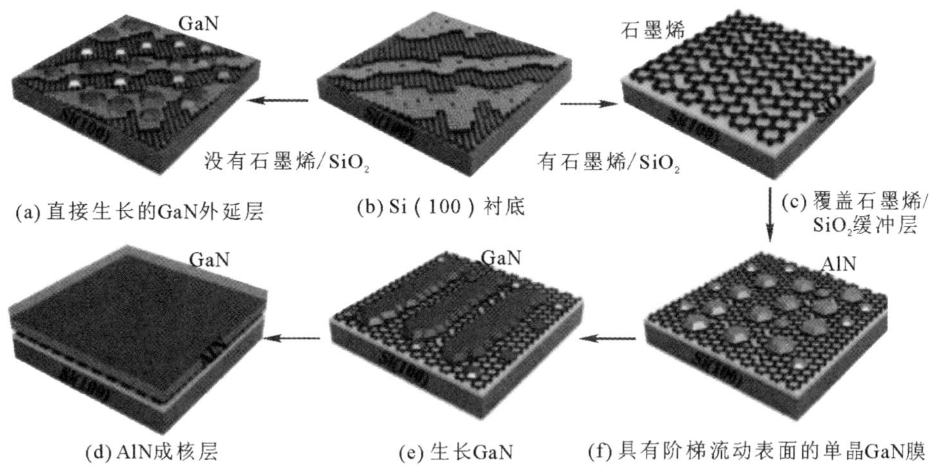

图 5-7　单晶石墨烯/SiO_2 中间层的 Si(100)上的单晶 GaN 薄膜的外延示意图

5.2　非晶玻璃衬底上氮化物准范德华外延

在非晶玻璃衬底上直接外延生长质量较好的单晶氮化物薄膜非常困难，所以要选择一些与氮化物晶格失配较小、具有良好的浸润性并易在非晶态平面上附着成核的材料做缓冲层。准范德华外延技术通过引入二维材料，允许外延层与衬底有很大的晶格失配和不同的晶格对称性，因此有望采用准范德华外延方法，降低在非晶玻璃衬底上生长单晶氮化物薄膜的难度。

目前，在非晶玻璃衬底上尝试用于氮化物外延的二维缓冲层材料主要是石墨烯，和其他材料相比，它拥有许多优点：① 晶格失配要求可忽略；② 可降低生长温度，Ⅲ族金属在石墨烯上的迁移障碍很低，吸附原子在表面容易扩散；③ 原子扩散长度较大，从而促进大的二维岛的生成，聚合成位错密度较小的薄膜；④ 与纤锌矿 GaN(0001)面类似的平面六边形结构可以影响外延层的晶格结构以及拥有可以降低器件温度的良好导热性。由于其制备技术也相对较为成熟，因此近些年来非晶玻璃衬底上氮化物的准范德华外延主要集中在石墨烯缓冲层上。

2012 年，首尔大学 K. Chung 等人[18]借鉴自身在蓝宝石衬底上生长 GaN

薄膜的经验，直接在非晶玻璃(SiO_2)衬底上进行了 GaN 生长，如图 5-8 所示。他们首先将 CVD 生长的石墨烯由铜箔转移至非晶 SiO_2 衬底表面，保持其形貌

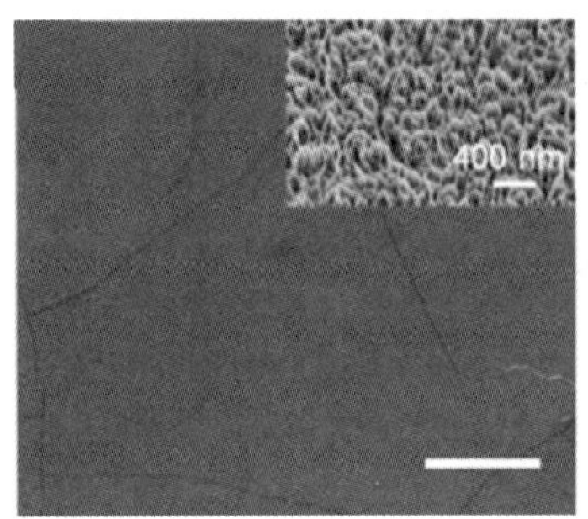

(a) SiO_2衬底上有石墨烯区域的GaN SEM图示，插图为ZnO纳米墙

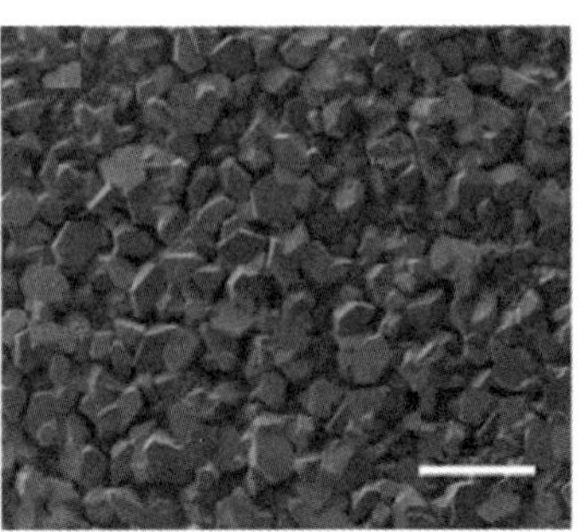

(b) SiO_2衬底上无石墨烯区域的SEM图示

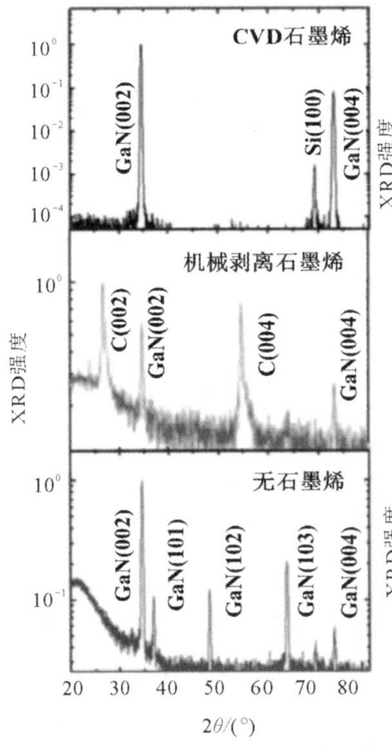

(c) 用CVD石墨烯膜(上)、机械剥离的石墨烯层(中)和无石墨烯膜(下)制成的GaN膜的$\theta/2\theta$扫描

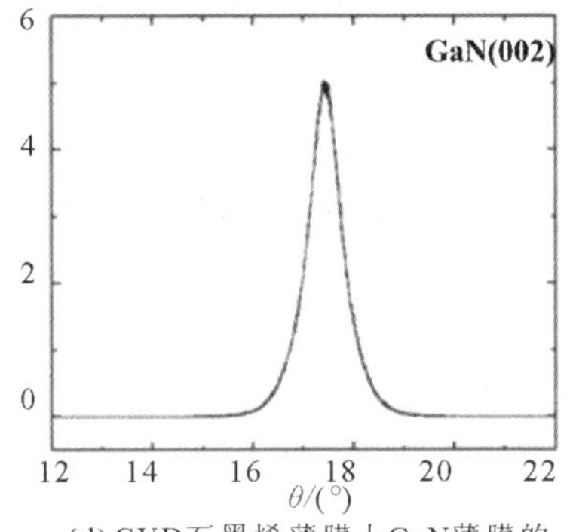

(d) CVD石墨烯薄膜上GaN薄膜的XRD摇摆曲线

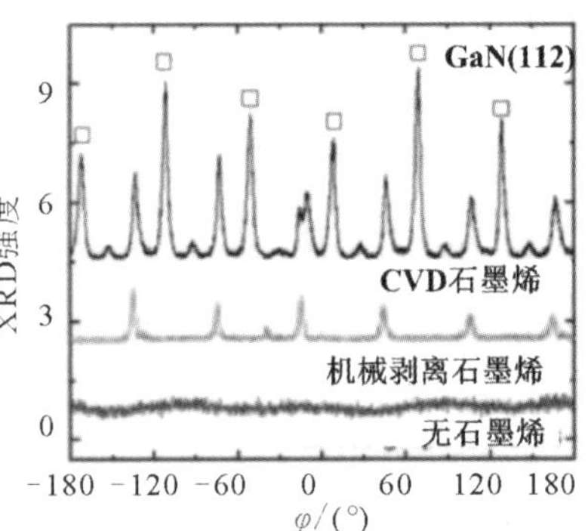

(e) 使用CVD石墨烯膜(黑色实线)、机械剥离的石墨烯层(红色实线)和无石墨烯膜(蓝色实线)外延的GaN膜的XRDφ扫描曲线

图 5-8 不同缓冲层衬底上的 GaN 薄膜 XRD 表征

平整；然后对石墨烯进行氧等离子体处理，使其出现一定数目的成核位点；最后，在石墨烯上生长了 ZnO 纳米墙作为中间层，在此基础上，采用低温层—侧向合并层—高温外延层的生长顺序外延出 GaN 薄膜。与无石墨烯区域相比，具有石墨烯缓冲层区域生长的 GaN 薄膜表面更加平整光滑，虽然因为热失配大出现了较多的裂纹，但还是显示了在非晶衬底上外延氮化物薄膜的可能性，开创了非晶衬底上生长单晶 GaN 薄膜的先河。

为了进一步检验薄膜质量，K. Chung 等人对生长的 GaN 薄膜样品进行了 XRD 测试。测试结果显示，在具有 CVD 石墨烯的多晶衬底上生长的 GaN 薄膜，X 射线摇摆曲线(002)的半高宽可低至 0.8°，这表明 GaN 薄膜的 c 轴取向良好，该半高宽值远小于先前报道的 SiO_2 衬底上采用机械剥离的石墨烯层生长的 GaN 膜的半高宽(3°～6°)。该结果强烈表明，石墨烯对形成具有良好垂直取向的 GaN 膜起到至关重要的作用。他们还通过测量{112}衍射 φ 扫描来分析 GaN 膜的面内取向，如图 5-8(e)所示，在没有 CVD 石墨烯缓冲层的情况下，生长的 GaN 膜的 φ 扫描(蓝色实线)没有显示明显的峰，在 CVD 石墨烯缓冲层上生长 GaN 膜的 φ 扫描(黑色实线)则含有三套晶格。该结果表明，薄膜中的 GaN 晶粒存在大的晶粒角边界和优选的面内取向，这是使用 CVD 生长石墨烯缓冲层引起的。

2018 年，清华大学的 J. D. Yu 等人[19]在沉积了 300 nm Ti 预取向层的非晶玻璃衬底上开展氮化物外延，研究了Ⅴ/Ⅲ(反应物的流量比)对 AlN 成核层结晶的影响，并在 AlN 成核层上通过 MBE 法生长得到了平滑的六方单晶 GaN 薄膜。在此研究基础上，他们采用石墨烯替代 Ti 预取向层进一步研究了非晶玻璃衬底上氮化物的生长。由于石墨烯表面的化学活性低，因此在外延的初始阶段对石墨烯进行预处理。J. D. Yu 等人[20]比较了氮化工艺对石墨烯/SiO_2 衬底上 vdWE 生长的Ⅲ族氮化物薄膜的影响，他们将氮化时间分别控制在0 min、10 min、30 min、45 min，随后采用 XPS 及 Raman 对石墨烯进行表征，如图5-9(a)所示。结果表明，随着氮化时间的增加，多层石墨烯会被逐渐破坏。随后在不同氮化时间的石墨烯上生长 2 nm AlN 成核层及 GaN 层，通过反射式高能电子衍射(Reflection High-Energy Electron Diffraction，RHEED)、AFM、XRD、Raman 等对外延层生长进行表征，如图 5-9(b)～(d)所示，发

现经过 30 min 的氮化处理后，石墨烯表面将具有足够的缺陷密度，有利于控制成核位点的密度以及进行随后晶粒的横向扩展，从而产生相对平滑的六方单晶薄膜外延层。综上，在 vdWE 的初始阶段，通过 N_2 等离子体处理可以将适度的缺陷引入石墨烯/SiO_2 衬底的表面，这有利于后续 Ⅲ 族氮化物的成核过程。

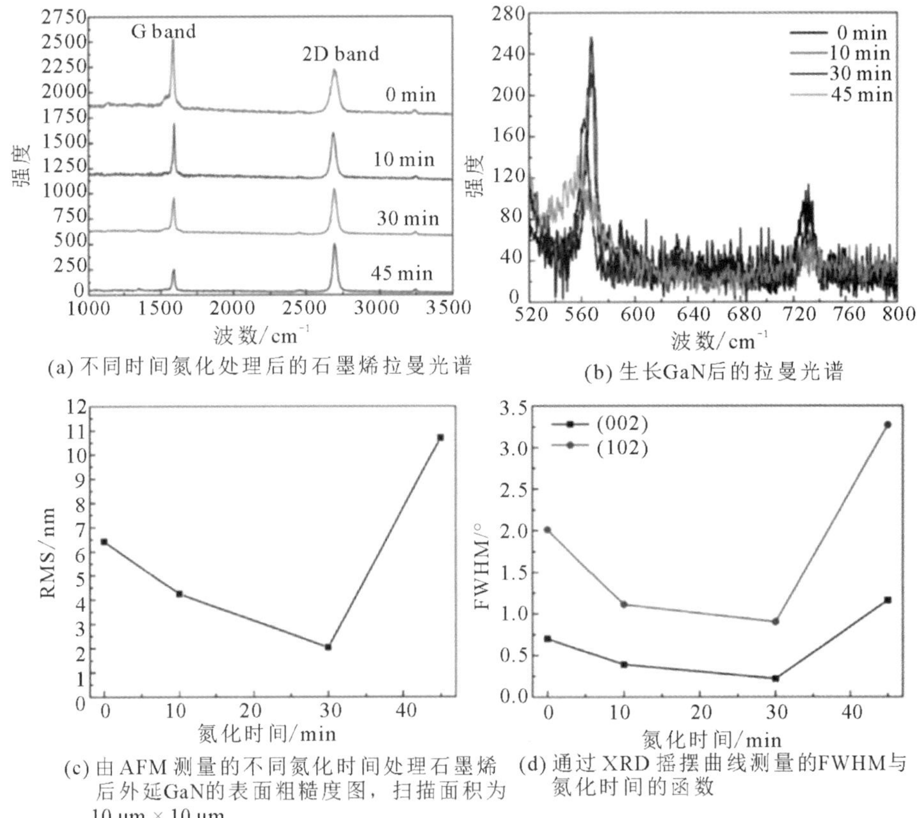

(a) 不同时间氮化处理后的石墨烯拉曼光谱　(b) 生长GaN后的拉曼光谱

(c) 由AFM测量的不同氮化时间处理石墨烯后外延GaN的表面粗糙度图，扫描面积为10 μm × 10 μm　(d) 通过XRD摇摆曲线测量的FWHM与氮化时间的函数

图 5-9　非晶玻璃衬底石墨烯缓冲层在不同氮化时间后的表征及其上生长的 GaN 的表征测试

随后 J. D. Yu 等人[21]对石墨烯/SiO_2 衬底上进行 GaN 层外延所需的 AlN 缓冲层的厚度进行了研究比较，并且对比了采用迁移增强外延（Migration Enhanced Epitaxy，MEE）和直接生长模式得到的 AlN 缓冲层的区别。研究发现，在530℃的生长温度下，在石墨烯上产生 AlN 位错的临界厚度大于 40 nm，

只要 AlN 缓冲层的厚度保持在 40 nm 以下，残余应力就不会通过位错产生释放。当 AlN 缓冲层过薄时，除了小的 GaN 晶粒外，GaN 薄膜表面仍存在一些起伏。而随着 AlN 缓冲层增厚，GaN 薄膜的表面形貌和结晶质量略有恶化。当 AlN 缓冲层的厚度超过位错产生的临界厚度时，由于缺乏低温再结晶机制，GaN 薄膜的结晶质量恶化得更严重，如图 5－10 所示。与 MEE 生长方式对应的薄膜相比，采用直接模式生长 AlN 缓冲层时，相应的 GaN 薄膜结晶质量较差。通过对比实验，得到了在三层

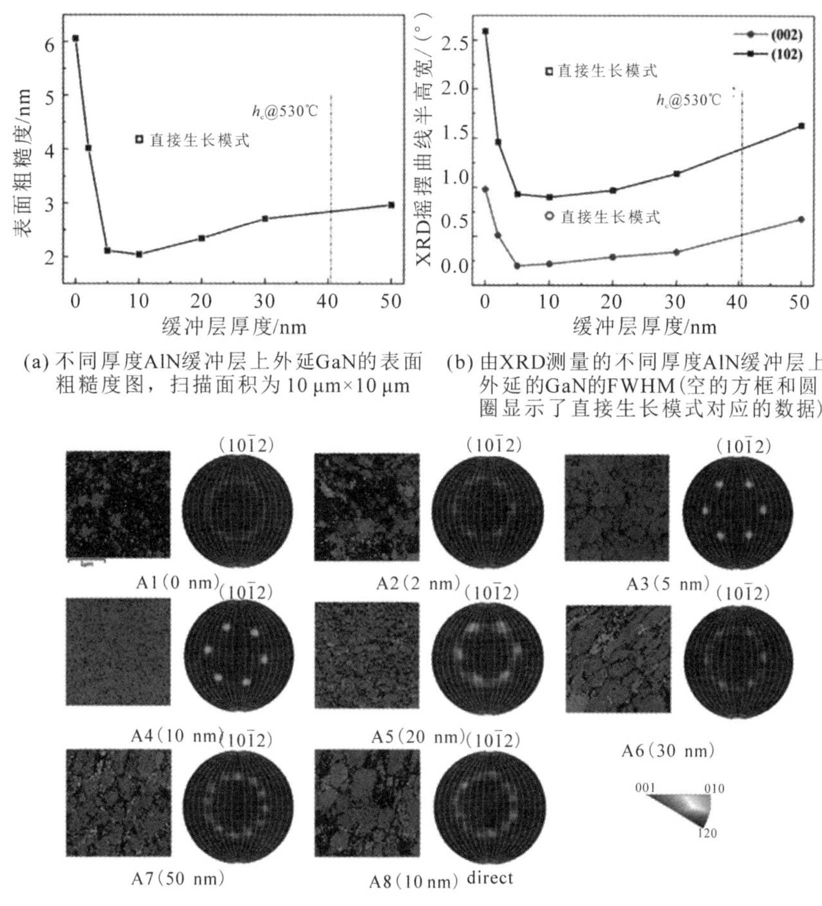

(a) 不同厚度AlN缓冲层上外延GaN的表面粗糙度图，扫描面积为 10 μm×10 μm

(b) 由XRD测量的不同厚度AlN缓冲层上外延的GaN的FWHM(空的方框和圆圈显示了直接生长模式对应的数据)

(c) 不同厚度AlN缓冲层上外延的GaN的EBSD 映射与{10$\bar{1}$2}极图

图 5－10　非晶玻璃衬底上不同厚度的 AlN 成核层及不同生长模式下生长的 GaN 的表征测试

石墨烯/SiO_2 衬底上生长单晶六方 GaN 薄膜，与其对应的 MEE 模式生长 AlN 缓冲层的最佳厚度约为 10 nm。此外，他们还讨论了不同 MEE 模式对 GaN 薄膜质量的影响，当衬底表面首先被两层 Ga 原子覆盖时，Ga 和 N 吸附原子的表面迁移势垒可以显著降低，从而使得 GaN 外延层具有更好的晶体质量。

中国科学院半导体研究所 F. Ren 等人[22]结合纳米结构，实现了非晶玻璃衬底上近乎单晶的氮化物薄膜的生长，如图 5－11(a)所示。首先，通过湿法转移，向玻璃衬底上转移石墨烯层，然后借助石墨烯的晶格，生长垂直排列的 AlGaN 纳米柱阵列。图 5－11(b)中的 SEM 图像显示了纳米柱具有一致的面外取向（c 轴取向）以及三种不同的面内取向，相对转角分别为 0°、10°和 30°。随后，通过调控生长参数实现三维—二维生长的模式转换，使得纳米柱合并成连续的薄膜，最终实现了非晶玻璃衬底上平整的 GaN 薄膜的生长，如图 5－11(c)所示。薄膜 XRD 2θ 扫描结果（见图 5－11(d)）仅在 34.6°和 72.9°处观察到衍射峰，分别对应于纤锌矿结构的 GaN 的(0002)和(0004)取向，表明 GaN 薄膜具有一致的面外取向。此外，(0002)面摇摆曲线的 FWHM 为 1.2°。SEM 和 XRD 结果表明，石墨烯及垂直排列的纳米柱模板对氮化物/石墨烯异质界面的晶格排列起着重要的调节作用。

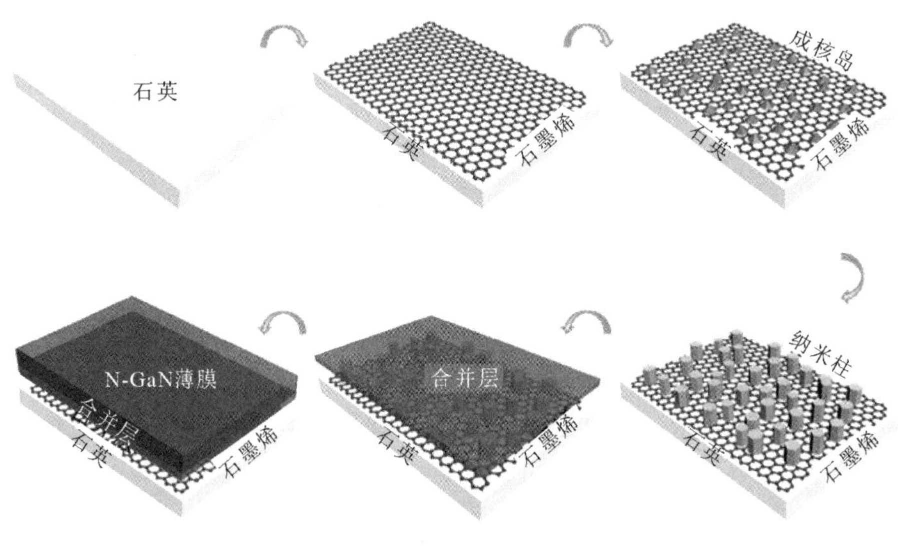

(a) 生长过程示意图

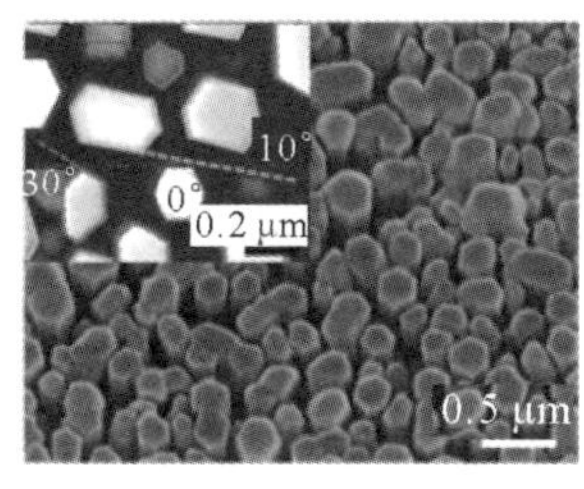

(b) 纳米柱的SEM表征

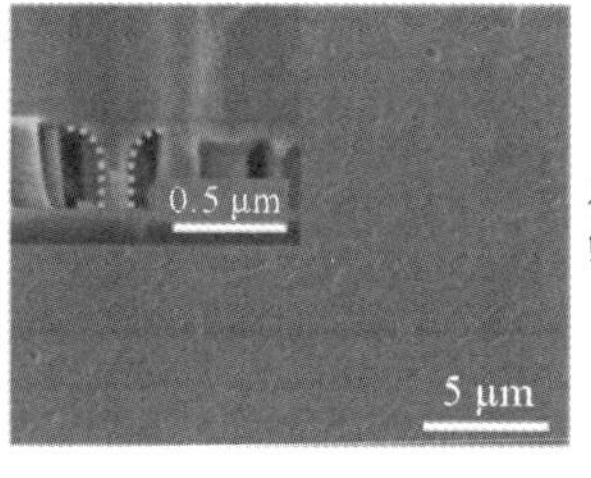

(c) GaN薄膜的SEM表征

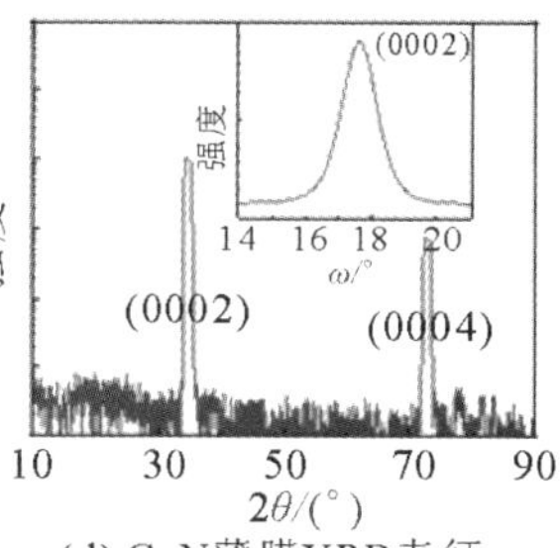

(d) GaN薄膜XRD表征

图 5-11　石墨烯玻璃晶圆上氮化物薄膜的生长

为了进一步验证这种近乎单晶的薄膜其发光特性，研究者在获得的 GaN 薄膜上生长了蓝光 LED 结构，其结构示意图如图 5-12(a)所示。低分辨的截面 TEM 图像，显示出了桥状的纳米柱模板、合并的 N-GaN 层、$In_xGa_{1-x}N$/GaN 多量子阱层以及 P-GaN 层(见图 5-12(b))。在氮化物/石墨烯/玻璃衬底异质界面处，可以看出明显的石墨烯层(见图 5-12(c))。$In_xGa_{1-x}N$/GaN 多量子阱区域的 XRD $2\theta-\omega$ 扫描结果显示高强度的 GaN(0002)峰和三阶卫星峰，表明多量子阱具有良好的周期性和较高的质量(见图 5-12(d))。此外，量子阱区域的 HAADF 图像(见图 5-12(e))及相应的 In 元素能量色散谱(Energy Dispersive Spectroscopy，EDS)结果(见图 5-12(f))，也证明了量子阱良好的周

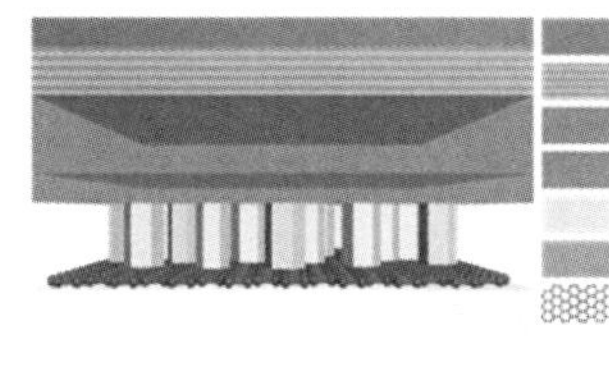

(a) 石墨烯玻璃晶圆上GaN基LED结构示意图

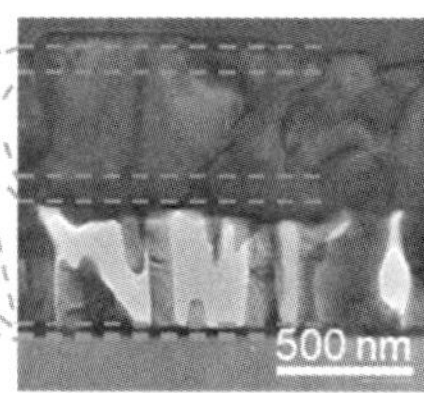

(b) LED低分辨TEM图

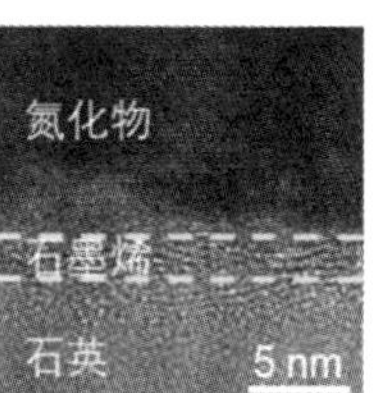

(c) 氮化物/石墨烯/玻璃异质界面处高分辨TEM

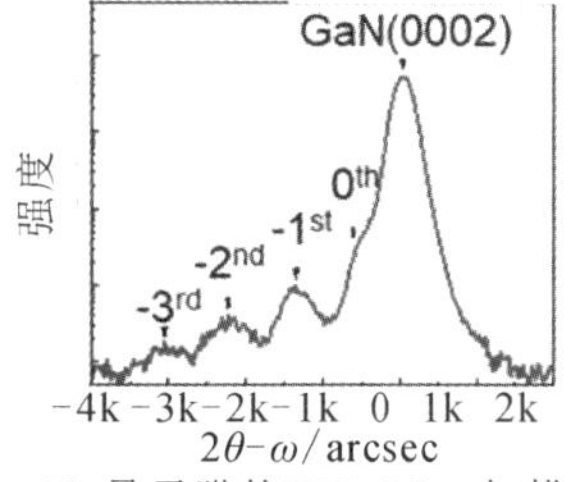

(d) 量子阱的XRD 2θ-ω扫描

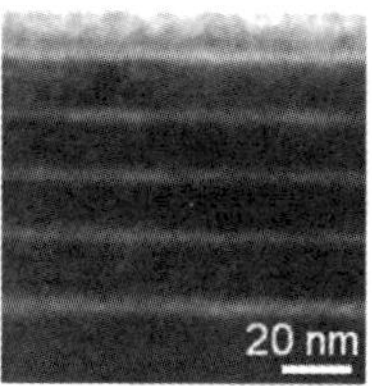

(e) 量子阱区域HAADF图

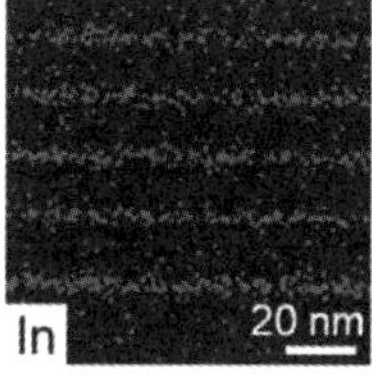

(f) 图(e)对应的In元素EDS分布

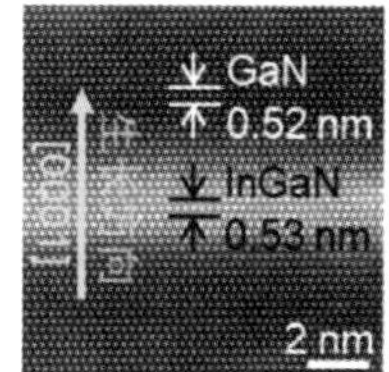

(g) 量子阱区域原子级分辨的HAADF图像

图 5-12　石墨烯玻璃晶圆上 GaN 基蓝光 LED 表征

期性以及 In 元素的均匀分布。图 5-12(g)给出了原子级分辨的量子阱区域 HAADF 图像，显示了清晰的 $In_xGa_{1-x}N$/GaN 异质界面，保证了良好的器件性能。

F. Ren 等人通过光致发光(Photoluminescence，PL)验证了蓝光 LED 的发光特性，如图 5-13 所示。室温下强的蓝色发光，说明蓝光 LED 具有较高的发光强度。此外，常温 PL 光谱显示，除了位于 365 nm 处的 GaN 本征发光峰及 477 nm 处的多量子阱发光峰，并未观察到其他的黄光带等缺陷峰，表明蓝光 LED 具有较好的发光特性。根据 5～300 K 的变温 PL 测试结果，可计算出蓝光 LED 的内量子效率为 48.67%。最后，借助氮化物/石墨烯异质界面处弱的范德华作用力，将生长的外延层机械剥离下来，转移到柔性的导电聚合物薄膜上，并制备成柔性的发光器件，在电流注入下显示出强烈的蓝光发射。

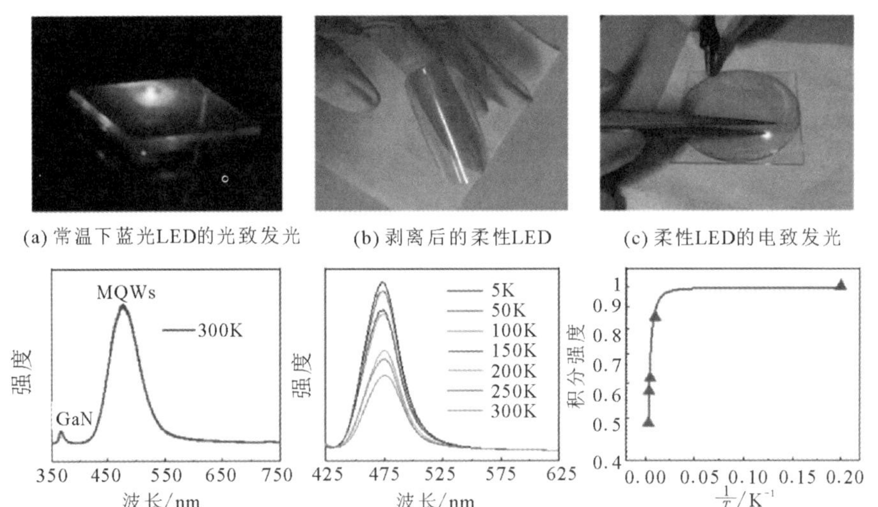

(a) 常温下蓝光LED的光致发光　(b) 剥离后的柔性LED　(c) 柔性LED的电致发光

(d) 常温下蓝光LED的光致发光光谱　(e) 蓝光LED的变温光致发光谱　(f) 光致发光积分强度随温度的变化

图 5-13　石墨烯玻璃晶圆上 GaN 基蓝光 LED 发光特性

除了 MOCVD 及 MBE 生长方法之外，脉冲沉积法(Pulsed Sputter Diposition，PSD)制备 GaN 材料也是当下的研究热点。东京大学 J. W. Shon 等人[23]通过 PSD 法制备了质量较高的 GaN 薄膜，其结果如图 5-14 所示。他们先用 CVD 方法在 Ni 衬底上生长多层石墨烯，然后将其转移到非晶玻璃衬底

上，再通过 PSD 设备沉积 50 nm 厚的 AlN 层和 1000 nm 厚的 GaN 层。引入石墨烯后，在非晶衬底上可得到光滑平坦的 GaN 薄膜，且整个外延层沿着 c 轴生长，没有黄光带等缺陷发光峰，晶体质量较好。通过继续生长量子阱层，可制备出红、绿、蓝三基色 LED，其中绿光 LED 的内量子效率为 7.4%。使用溅射方法进行氮化物外延时，生长过程中的生长温度很低，能够极大地降低生产成本，且不受衬底材料的限制。这项工作是首次采用全溅射工艺实现了 LED 器件的电致发光，对开拓传统 MOCVD 技术以外的新方法具有重要意义，但生长的薄膜质量还需要进一步提高。

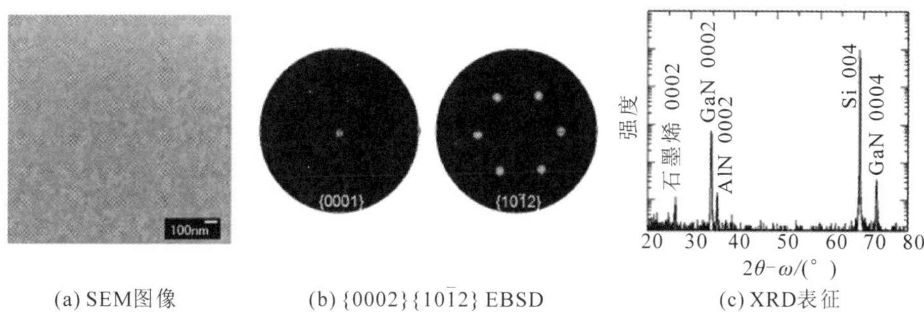

(a) SEM图像　　(b) {0002}{10$\bar{1}$2} EBSD　　(c) XRD表征

图 5－14　脉冲沉积法制备 GaN 材料的 SEM、EBSD 及 XRD 表征

对比上述研究可看出，目前基于石墨烯缓冲层的非晶衬底上的Ⅲ族氮化物薄膜准范德华外延，虽然取得了长足进展，但仍未获得质量理想的单晶薄膜，同传统蓝宝石衬底上得到的氮化物质量还有较大差距。因此，在采用石墨烯缓冲层继续进行积极尝试的同时，随着其他二维材料制备技术的进一步完善，越来越多的二维材料可供研究者进行选择。其中，h－BN 属于六方晶系，具有与石墨烯类似的层状结构[24-25]，相对于石墨烯来说，其纵向厚度更大，更有利于屏蔽衬底的影响[26]。

2017 年，首尔大学 K. Chung 等人[27]实现了单晶 GaN 层在厘米尺寸的 h－BN 上的直接生长。首先使用 CVD 在单晶 Ni(111)上合成了厘米级 h－BN 薄膜，再转移到与 GaN 没有外延关系的非晶态熔融 SiO_2 石英衬底上。随后，由 CVD 生长的 h－BN 层固有的原子台阶驱动，得到了具有平坦连续的表面形态的 GaN 薄膜，该薄膜沿 c 轴和面内晶体取向都较好，如图 5－15 所示。

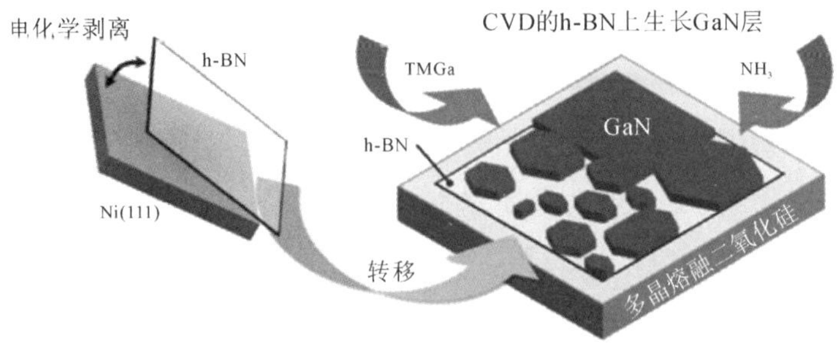

(a) CVD生长的h-BN从Ni(111)转移到非晶石英衬底的示意图，以及使用MOCVD生长GaN的示意图

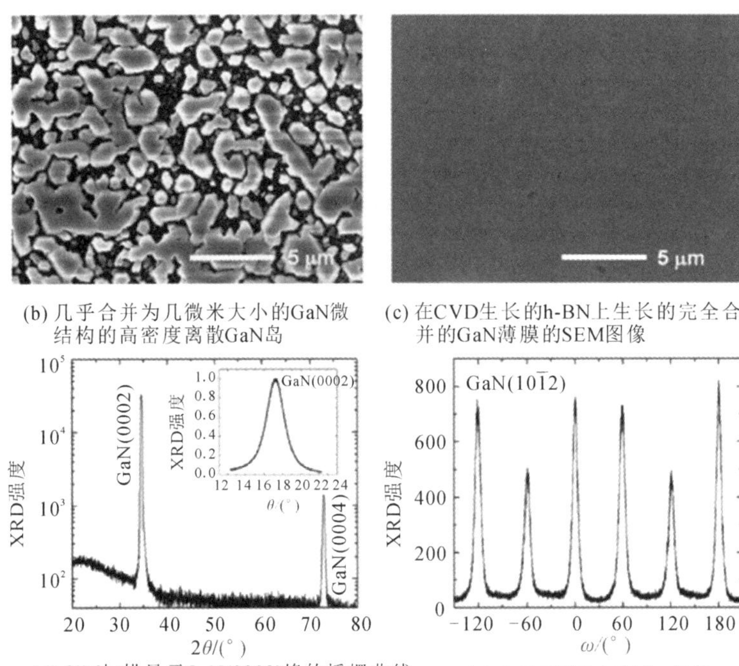

(b) 几乎合并为几微米大小的GaN微结构的高密度离散GaN岛

(c) 在CVD生长的h-BN上生长的完全合并的GaN薄膜的SEM图像

(d) θ/2θ扫描显示GaN(0002)峰的摇摆曲线

(e) GaN(10$\bar{1}$2)方向的φ扫描

图 5-15 h-BN 转移及 GaN 生长示意图与 GaN 不同生长阶段的 SEM 表征

研究者使用 XRD 检测了 h-BN 层上生长的 GaN 薄膜的结构性能。对于 $\theta/2\theta$ 扫描结果，在 20°～80°测量范围内可分别观察到 34.57°和 72.91°处的两个主要 XRD 衍射峰，分别对应于纤锌矿 GaN 的(0002)和(0004)取向(见图 5-15(d))，但没有测量到来自极薄的 h-BN 层和无定形熔融 SiO_2 支撑衬底的其他 XRD 峰。图 5-15(d)显示了 GaN(0002)峰的摇摆曲线，其中测得的摇摆曲线的 FWHM 为 2.37°。尽管半峰宽比在 CVD 生长的石墨烯上获得的

GaN 薄膜稍大，$\theta/2\theta$ 扫描和摇摆曲线的结果均表明 GaN 薄膜具有较好的 c 轴取向生长。此外，如图 5－15(e)所示，GaN(10$\bar{1}$2)方向的 φ 扫描结果显示出六重对称性的衍射峰。通过电子背散射衍射技术（Electron Backscattered Diffraction，EBSD）研究了在 h－BN 上生长的 GaN 层的单晶性，其结果进一步表明，尽管存在具有 4°面内取向差异的低角度晶界，但 GaN 薄膜仍呈现单一取向。(0002)极图也证明了 GaN 薄膜具有沿 c 轴良好排列的晶体方向，并且可以清楚地看到 GaN 薄膜的六重对称性。该研究证实了利用除石墨烯外的其他二维材料在大失配衬底上外延氮化物的可行性，为大失配衬底上准范德华外延的研究进一步开拓了思路。

小　结

在异质外延过程中，晶格失配越大，形成的缺陷越多，大多以穿透位错、刃位错、堆垛层错等形式存在。引入准范德华外延，可以使外延层并不完全按照衬底的晶格常数进行排布，而是维持其固有参数，这样就避免了因为晶格失配引入的缺陷问题，也绕过了传统异质外延对衬底的需求，且允许外延层与衬底有很大的晶格失配。因此采用二维材料作为缓冲层进行氮化物外延，是当下解决晶格大失配问题的新突破口。

本章围绕大失配非晶衬底氮化物准范德华外延技术，主要是在非晶 SiO_2/Si(100)衬底、非晶玻璃衬底等大失配衬底上，对氮化物准范德华外延的挑战及应用作了系统的介绍。基于以上分析，在氮化物生长过程中，二维材料可以作为一种柔性层，通过改变其自身的晶格常数来减小外延层中的应力。这种应力释放机制对于二维材料缓冲层上氮化物外延具有非常重要的意义，在外延层与衬底之间存在很大晶格失配的情况下，可以确保外延层的高质量生长。在传统的异质衬底上，想要获得高质量的薄膜必须采用与其晶格失配很小的衬底材料，而在石墨烯等二维缓冲层上进行准范德华外延，则规避了对于晶格匹配的需求。这种通过加入柔性缓冲层达到应力释放的效果，是准范德华外延比传统异质外延更优越的地方，尤其对于具有很大晶格失配的衬底及非晶衬底来说更是如此。

参考文献

[1] WATANABE K, TANIGUCHI T, KANDA H. Direct-Bandgap Properties and Evidence for Ultraviolet Lasing of Hexagonal Boron Nitride Single Crystal. Nat. Mater, 2004, 3: 404 - 409.

[2] LI D, MULLER M B, GILJE S, et al. Processable Aqueous Dispersions of Graphene Nanosheets. Nat. Nanotechnol, 2008, 3: 101 - 105.

[3] GEIM A K. Graphene: Status and Prospects. Science, 2009, 324: 1530 - 1534.

[4] KIM J, BAYRAM C, PARK H, et al. Principle of Direct van der Waals Epitaxy of Single-crystalline Films on Epitaxial Graphene. Nat. Commun, 2014, 5: 4836.

[5] LIANG D D, WEI T B, WANG J X, et al. Quasi van der Waals Epitaxy Nitride Materials and Devices on Two Dimension Materials, Nano Energy, 2020, 69: 104463.

[6] ASPNES D E, IHM J. Biatomic Steps on (001) Silicon Surfaces. Phys. Rev. Lett, 1986, 57: 3054 - 3057.

[7] CHUNG K, PARK S I, BAEK H, et al. High - Quality GaN Films Grown on Chemical Vapor-Deposited Graphene Films. NPG Asia Mater, 2012, 4: e24.

[8] YU J D, HAO Z B, WANG J, et al. Study on AlN Buffer Layer for GaN on Graphene/Copper Sheet Grown by MBE at Low Growth Temperature. J. Alloys Compd, 2019, 783: 633 - 642.

[9] YOO H, CHUNG K, PARK S I, et al. Microstructural Defects in GaN Thin Films Grown on Chemically Vapor-Deposited Graphene Layers. Appl. Phys. Lett, 2013, 102: 051908.

[10] BAEK H, LEE C H, CHUNG K, et al. Epitaxial GaN Microdisk Lasers Grown on Graphene Microdots. Nano Lett, 2013, 13: 2782 - 2785.

[11] CHAE S J, KIM Y H, SEO T H, et al. Direct Growth of Etch Pit-Free GaN Crystals on Few-Layer Graphene. RSC Adv, 2015, 5: 1343 - 1349.

[12] CHEN K, KAPADIA R, HARKER A, et al. Direct Growth of Single-crystalline Ⅲ - Ⅴ Semiconductors on Amorphous Substrates. Nat. Commun, 2016, 7: 10502

[13] LEBEDEV V, JINSCHEK J, KRÄUßLICH J, et al. Hexagonal AlN Films Grown on Nominal and Off-Axis Si (001) Substrates. J. Cryst. Growth, 2001, 230: 426 - 431.

[14] QIN G X, ZHOU H, RAMAYYA E B, et al. Electron mobility in Scaled Silicon Metal-Oxide-Semiconductor Field-Effect Transistors on Off-Axis Substrates. Appl. Phys. Lett, 2009, 94: 073504.

[15] REN F, YIN Y, WANG, Y Y, et al. Direct Growth of AlGaN Nanorod LEDs on Graphene-covered Si, Materials, 2018, 11: 2372.

[16] JEONG W S, JITSUO O, KOHEI, et al. Structural properties of GaN films grown on multilayer graphene films by pulsed sputtering. Appl. Phys. Express, 2014, 7: 085502.

[17] FENG Y X, YANG X L, ZHANG Z H, et al. Epitaxy of Single-Crystalline GaN Film on CMOS-Compatible Si (100) Substrate Buffered by Graphene. Adv. Funct. Mater, 2019, 29: 1905056.

[18] CHUNG K, PARK S I, BAEK H, et al. High - Quality GaN Films Grown on Chemical Vapor-Deposited Graphene Films. NPG Asia Mater, 2012, 4: e24.

[19] YU J D, WANG J, WU C, et al. Low-temperature and Global Epitaxy of GaN on Amorphous Glass Substrates by Molecular Beam Epitaxy via a Compound Buffer Layer. Thin Solid Films, 2018, 662: 174.

[20] YU J D, HAO Z B, DENG J, et al. Influence of Nitridation on Ⅲ-nitride Films Grown on Graphene/Quartz Substrates by Plasma-assisted Molecular Beam Epitaxy. J. Crystal Growth, 2020, 547: 125805.

[21] YU J D, HAO Z B, DENG J, et al. Low-temperature Van der Waals Epitaxy of GaN Films on Graphene Through AlN Buffer by Plasma-assisted Molecular Beam Epitaxy. J. Alloys and Compounds, 2020, 855: 157508.

[22] REN F, LIU B Y, CHEN Z L, et al. Van der Waals Epitaxy of Nearly Single-Crystalline Nitride Films on Amorphous Graphene-Glass Wafer. Sci. Adv, 2021, 7: eabf5011.

[23] SHON J W, OHTA J, UENO K, et al. Fabrication of Full-Color InGaN-Based Light-Emitting Diodes on Amorphous Substrates by Pulsed Sputtering. Sci. Rep, 2014, 4: 5325 - 5325.

[24] 杨雅萍，李斌，张长瑞，等. 类石墨烯结构二维氮化硼材料：结构特性、合成方法、性能及应用. 材料导报，2016，030：143 - 148.

[25] 葛雷，杨建，丘泰. 六方氮化硼的制备方法研究进展. 电子元件与材料，2008，027：22.

[26] WU Q Q, YAN J C, ZHANG L, et al. Growth Mechanism of AlN on Hexagonal BN/Sapphire Substrate by Metal-Organic Chemical Vapor Deposition. Crystengcomm, 2017, 19: 5849 - 5856.

[27] CHUNG K, OH H, JO J, et al. Transferable Single-Crystal GaN Thin Films Grown on Chemical Vapor-Deposited Hexagonal BN Sheets. NPG Asia Mater, 2017, 9: e410.

第 6 章

准范德华外延氮化物的柔性剥离及转移

近年来，Ⅲ族氮化物半导体因其出色的物理性能以及在固态照明、平板显示器及电力电子等领域的应用而引起了广泛的关注，Ⅲ族氮化物已被用于制造 LED[1]、LD[2]、光电探测器[3]和太阳能电池[4]等。此外，也可以利用纤锌矿氮化物自发极化、压电极化[5]、高电子漂移速度[6]等特性，基于 AlGaN/GaN 异质结构中的二维电子气制造高电子迁移率晶体管[7-8]。目前，通过采用 MOCVD[9]、MBE[10]和 HVPE 技术[11]，在 c 面蓝宝石[12]、Si(111)[13]或 6H-SiC[14]衬底上可获得具有高结晶质量的Ⅲ族氮化物外延层。通常氮化物外延需要高温生长，生长温度一般在 1000℃以上[15]，这样衬底和外延层之间有很强的 sp^3 型共价键[16]，因而从上述这些衬底上剥离单晶Ⅲ族氮化物薄膜是非常困难的。

为了克服这个问题，可在这些单晶衬底上进行后处理，如激光辐射热释放[17]、转印法[18]、化学刻蚀[19]、机械剥离[20]等，剥离外延氮化物薄膜的技术成为了研究热点。然而，当前的加工工艺和未来的应用仍然存在一些瓶颈，如柔性生产过程中的损坏、尺寸受限和繁琐的步骤等。此外，由于无定形的表面原子排列，柔性的非晶态衬底通常不能忍受过高的生长温度，因此不能直接用于单晶膜的外延生长[21]。所以，基于Ⅲ族氮化物的下一代光电子设备的可穿戴和可折叠应用，很难得到大的发挥空间。

另外，sp^2 键合的二维材料(如石墨烯、h-BN 和过渡金属二硫化物)显示出面内六边形晶格排列和层间键合弱的特性[22]。如果 sp^3 键合的Ⅲ族氮化物薄膜可以通过一定方式在 sp^2 键合的二维材料上生长，二维材料层间的范德华力较弱，则理论上可以将这些功能性薄膜转移到异质基板上[23]。在这种情况下，二维材料不仅可以充当缓冲层，还可以提供用于Ⅲ族氮化物外延层机械剥离的脱膜层。该方法对于获得大规模、大尺寸、低成本的柔性Ⅲ族氮化物器件，具有重要的应用价值和前景。

6.1 氮化物柔性剥离和转移的技术路线

由于柔性非晶衬底为无定形表面原子排列结构，通常比单晶衬底具有更低的熔点，在高质量Ⅲ族氮化物生长所需的温度下无法稳定存在，因此不能用于单

晶薄膜的直接外延生长。为了在柔性衬底上制备Ⅲ族氮化物薄膜基光电器件，需要尝试从单晶衬底上将外延的氮化物薄膜剥离下来，而后进一步转移到柔性衬底上。由此方法实现的Ⅲ族氮化物基的柔性光电设备，可为基于Ⅲ族氮化物的可穿戴和可折叠的电子设备提供基础。下面将依次介绍几种主要剥离技术。

6.1.1　激光辐射热释放剥离转移薄膜

激光外延剥离结合晶圆键合，可以用作氮化物与衬底集成的直接方法。利用蓝宝石衬底的透明性，可以以更高的能量进行处理而不会出现明显的分解。M. K. Kelly 等人[24]提出结合使用蓝宝石的透明性和 GaN 的热分解性质可以将 GaN 薄膜与蓝宝石衬底分离，并首次成功完成了从蓝宝石上剥离 GaN 薄膜的过程。此过程利用了 GaN 的热活化分解，该分解在约 800℃以上开始发生，同时会导致氮气释放。可以通过用短激光脉冲（小于 10 ns）加热 GaN 材料，以高空间分辨率诱导这种分解，快速产生的热量在传导出去之前使分解区域达到较高的局部温度。通过这种方式，在高于 GaN 的吸收阈值、波长为 355 nm、约 0.2 J/cm^2 以上照射强度的条件下实现了表面图案化。这就用一定波长的光照射氮化物膜和蓝宝石衬底之间的界面并被吸收。可以用355 nm的光通过蓝宝石衬底照射界面，该光被 GaN 吸收，消光长度接近 100 nm。GaN 的分解在界面处会产生氮气，从而使两个界面侧膨胀并分开。

为了限定用于分离的界面，需插入具有较低光吸收阈值的膜材料。$In_xGa_{1-x}N$ 薄膜在 GaN 薄膜系统中满足此项要求。在测试中，使用了 Q 开关 Nd：YAG 激光器的 355 nm 三次谐波，其标称脉冲持续时间为 6 ns，光束直径为 7 mm；根据样品的入射角，采用 100～200 mJ 的脉冲。蓝宝石衬底的两面都经过抛光，GaN 薄膜以 MOCVD 方法生长，先用单个脉冲进行剥离，分解后短暂地将其保持在浓盐酸中，以去除多余的金属镓。图 6－1 中显示的是热辐射后的 GaN/蓝宝石电子显微镜照片。在充分加热界面的区域中，GaN 薄膜已被完全去除，留下了干净的衬底表面。如图 6－1 所示，当条带的间隔与薄膜的厚度相比足够小时，相邻的沟槽汇合并且在台面上形成屋顶或金字塔状的峰。在此峰以上，整个薄膜已被去除。为了在剥离时提供保护，将薄膜的正面通过黏合剂固定在支撑材料上。当激光脉冲穿过蓝宝石时，基板脱落，从而将大部分薄膜保留在了支撑板上，最后将胶溶解在丙酮中从而释放薄膜。对于厚度相

图 6-1　激光处理后 GaN 膜的电子显微照片

对较大的薄膜(大于 5 μm)，此方法最有效，可生产最厚为 1～2mm 的完整薄膜进行薄膜处理。对于较大面积的薄膜，需要优化激光强度和其他工艺参数以及进行薄膜处理。

W. S. Wong 等人[25]以单面抛光的、在蓝宝石衬底上外延的、厚度为 3 μm 的 GaN 薄膜作为初始材料，进一步证实了上述技术在较短波长(248 nm)激光下的功效，说明 GaN 晶体质量在分离和转移过程中并没有下降。硼掺杂的 P 型 Si 晶圆片用环氧树脂黏结在 GaN 薄膜的表面，形成蓝宝石/GaN/环氧/硅结构。在晶圆键合之前，蓝宝石衬底的背面用钻石纸抛光。蓝宝石/GaN/环氧/硅结构的所有激光处理均在空气中进行，使用 Lambda 物理 Lextra 200 KrF脉冲准分子激光(38 ns 脉冲宽度)，入射光束直接通过蓝宝石衬底。采用焦距为 350 mm 的熔融石英平凸透镜散焦激光束，使入射激光的能量密度在 100～600 mJ/cm^2 之间变化，穿过 0.5 mm 厚的蓝宝石衬底的 KrF 准分子激光束在 248 nm 处的衰减约为 20%～30%。当注量大于或等于 400 mJ/cm^{2}时，经过单个激光脉冲之后，GaN 薄膜成功地从蓝宝石衬底上被剥离下来并转移到 Si 衬底上。激光加工后，将样品在热板上加热至高于 Ga 熔点(T_m=30℃)的温度，使薄膜与其蓝宝石衬底分离，将 3 mm×4 mm 的 GaN 薄膜成功转移到10 mm×10 mm Si 衬底上。图 6-2(a)中的横截面 SEM 图像显示了从蓝宝石衬底分离之后的 GaN/环氧树脂/ Si 结构。图 6-2(b)是蓝宝石上沉积的 GaN 膜在被剥离之前 GaN(002)的 X 射线摇摆曲线，可以看出 GaN 具有相当高的品质(约 0.1°的半

峰宽)。图 6-2(c)为使用 600 mJ/cm^2 的激光通量剥离相同膜后的摇摆曲线，显示 GaN(002)半峰宽与剥离前测得的值没有变化。如果薄膜在分离过程中遭受了热或机械损伤而产生微裂纹或翘曲，摇摆曲线的宽度会增加。可见该氮化物薄膜剥离工艺前后并没有对薄膜质量造成损坏，但主要缺点是成本较高、工艺链长且要求高。

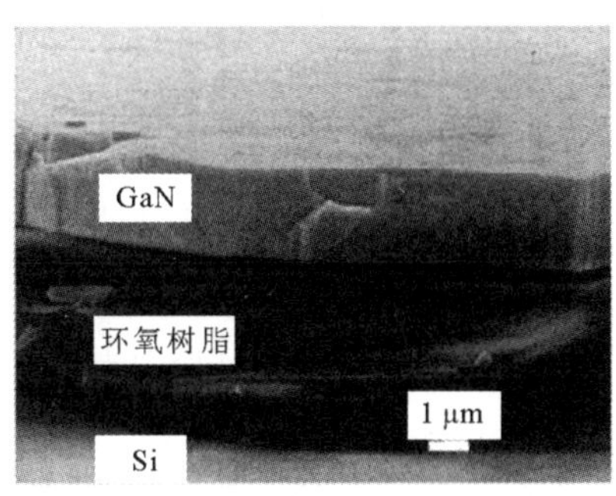

(a) 与硅衬底结合的分离的GaN薄膜截面扫描电子显微镜照片

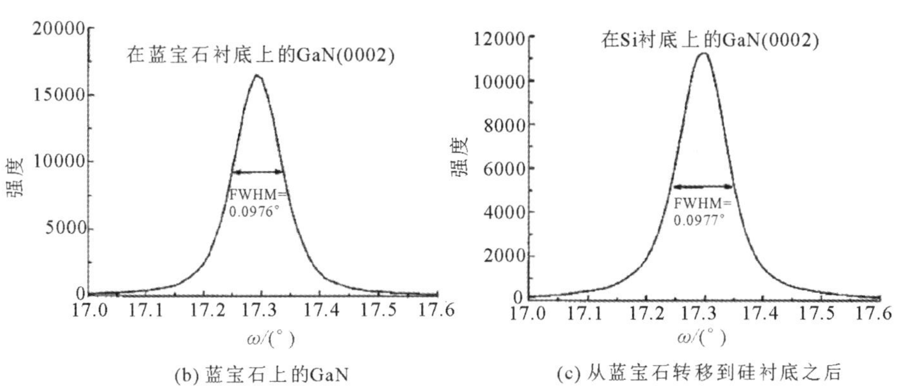

(b) 蓝宝石上的GaN　　(c) 从蓝宝石转移到硅衬底之后

图 6-2　剥离后 GaN 膜的形貌及质量表征

6.1.2　化学蚀刻法剥离转移薄膜

化学蚀刻法是一种能将薄膜从衬底上剥离下来的有效方法，即基于氮化物的耐腐蚀性，利用化学腐蚀溶液将衬底上的薄膜与衬底分离开，其操作更为简便。通常化学蚀刻法需要在衬底与外延的氮化物薄膜之间加入易于被腐蚀的插入层，是为了在后续的剥离过程中将插入层作为牺牲层腐蚀掉，从而达到将外延层从衬底上脱离的目的。

D. J. Rogers 等人[26]使用低温/低压 MOCVD，以氮气为载体，以二甲基肼为 N 源，在 $ZnO/c-Al_2O_3$ 上生长 GaN，如图 6-3(a)所示。GaN 和 ZnO 除了具有相同的纤锌矿结构和较小的晶格失配(1.8%)外，还具有相同的堆叠顺序。因此，在 ZnO 上生长的 GaN 中，堆叠不匹配边界和反畴边界的可能性较小。此外，与 $GaN/c-Al_2O_3$ 相比，*c* 轴 GaN/ZnO 的热膨胀系数失配大大降低，已知的热应变对于 GaN/ZnO 是压缩的，而对于 $GaN/c-Al_2O_3$ 则是拉伸的，这意味着可以减少在 ZnO 上生长的 GaN 破裂的可能性。ZnO 的另一个吸引人的特征是它可以在大多数酸和碱中进行化学蚀刻，而 GaN 可以抵抗大多数蚀刻剂，因此可以选择性地去除 ZnO，以便从衬底上剥离 GaN 基器件。在用金刚石划线机对亚毫微米台面进行机械定界后，将 $GaN/ZnO/c-Al_2O_3$ 样品浸入稀盐酸溶液中浸泡中来进行剥离。图 6-3(b)显示了化学剥离过程中光学显微镜照片随时间顺序的变化，几分钟后，ZnO 被盐酸溶液完全溶解，GaN 薄膜浮到蚀刻剂的表面上。

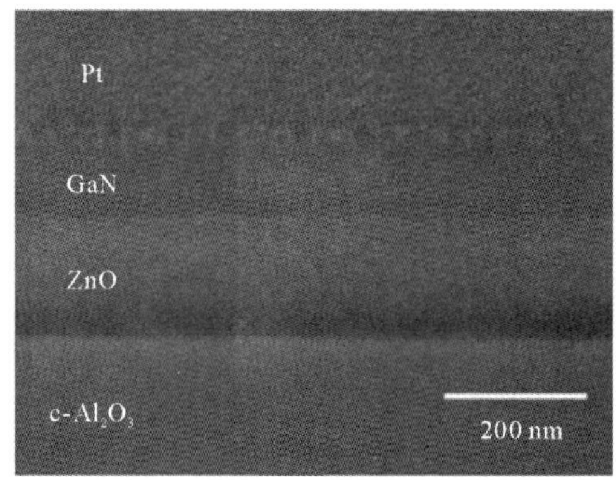

(a) $Pt/GaN/ZnO/c-Al_2O_3$ 横截面的SEM图像

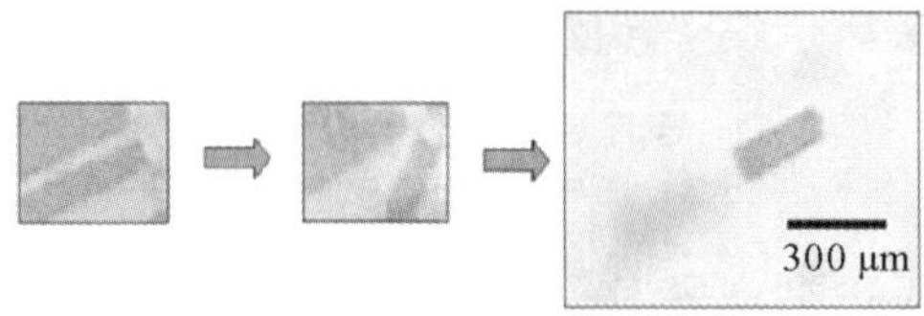

(b) 化学剥离的光学显微镜图像

图 6-3　GaN 化学剥离前的结构图和剥离过程的显微镜图像

Goto 等人[27]提出用 HVPE 方法在具有 CrN 缓冲层的 *c* 面蓝宝石上外延 GaN 厚膜，并通过化学剥离的方式从蓝宝石衬底上将外延的 GaN 厚层剥离下来。尽管 CrN 具有岩盐结构，但 CrN 的键长和热膨胀系数均介于 GaN(0001)

和 c 面蓝宝石之间，因此可以选用 CrN 作为 GaN 薄膜外延生长的缓冲材料来实现氮化物的高质量外延。此外，在氮化物保持稳定存在的状态下，CrN 易于被化学刻蚀。利用 HVPE 方法生长 GaN 前，在 c 面蓝宝石上溅射沉积 Cr 薄膜，然后通过氮化形成 CrN 的缓冲层。之后利用两步生长法，得到表面平整的 GaN 外延薄膜，如图 6－4(a)所示。使用硝酸二铵铈(Ⅳ)和高氯酸的溶液在 50℃下选择性腐蚀 CrN 缓冲层，以实现厚 GaN 层的化学剥离。剥离面积为 5 mm×5 mm 的样品，大约需要 3 h。从样品边缘到中心的蚀刻过程中，偶尔会观察到 GaN 层的同心裂纹，而 GaN 层的厚度只有 20 μm。如图 6－4(b)、(c)所示，可以看到，在实现剥离后，GaN 层的前表面和后表面均是光滑的，没有任何凹坑或裂纹。为了评估化学剥离工艺对 GaN 层晶体质量的影响，图 6－4(d)为剥离前和剥离后的 GaN 厚层的(002)X 射线摇摆曲线，来自样品的

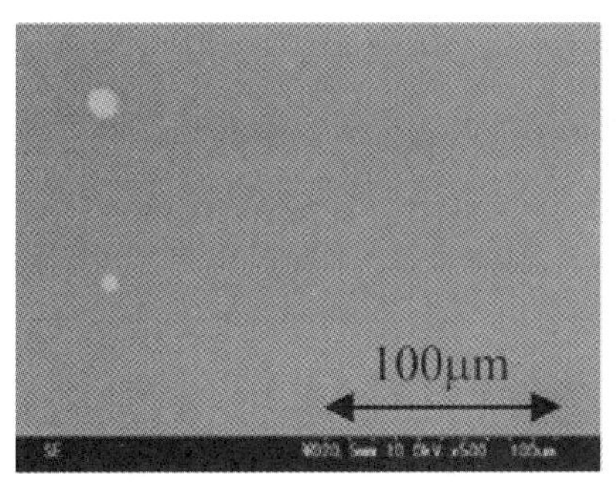

(a) 在 CrN/Al_2O_3 外延生长的GaN外延层的SEM图像

(b) 剥离后自支撑GaN厚膜表面形貌生长面

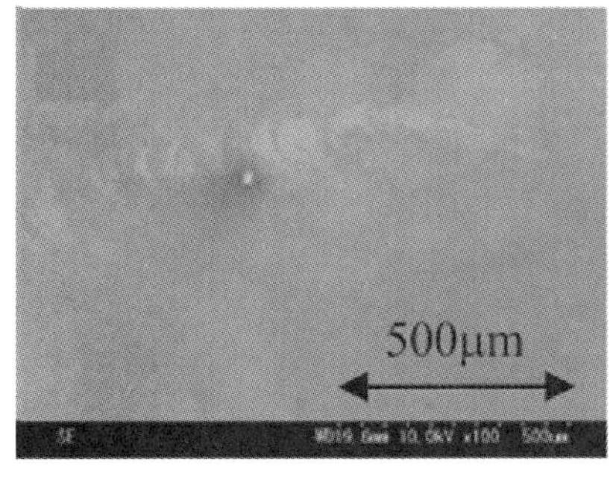

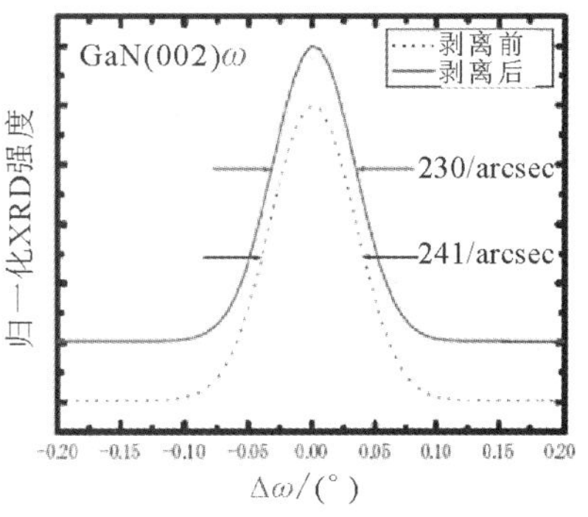

(c) 剥离后自支撑GaN厚膜背面形貌(衬底侧)　(d) 样品剥离前后的(002)X射线摇摆曲线

图 6－4　CrN/Al_2O_3 上外延生长的 GaN 外延层的形貌和晶体质量表征

X 射线衍射的(002)ω 扫描的半高宽值在化学剥离之前和化学剥离之后分别为 241 arcsec 和 230 arcsec，说明化学蚀刻对 GaN 层晶体质量的影响很小。湿法剥离工艺的缺点是实现大尺寸有难度，工艺相对繁琐。

6.1.3 准范德华外延氮化物的柔性剥离与转移

二维材料除了作为缓冲层辅助其上氮化物的生长外，还有一大用途就是可以作为插入的弱键合层实现其上外延器件的机械剥离；传统的剥离方法有化学腐蚀和激光剥离等，前者耗费时间长，对衬底有一定的选择性；后者对器件热损伤大，工艺条件难以控制。通过二维材料层间的弱相互作用力实现器件剥离有诸多优点，包括：① 没有激光损伤，分离表面光滑，② 不需要耗费时间进行化学处理；③ 降低了设备成本。要实现器件的机械剥离，就应满足以下要素：

(1) 二维材料：厚度合适，2～5 nm 最佳，过厚不利于氮化物的生长，过薄不能充分屏蔽衬底的作用而不利于后续的剥离；完整性好，能保证器件的大面积剥离；表面起伏小，有一定的悬挂键数量，以满足高质量外延层的生长。

(2) 高温薄膜层：生长温度不能过高，以防二维材料在生长过程中受热扩散或发生化学反应；厚度不能太薄，以保证剥离下来的薄膜有一定的自支撑性，而不会破碎或者产生大量裂纹，使其无法进一步加工。

2010 年，K. Chung 等人[15]首次在石墨烯覆盖的衬底上外延了高质量的 GaN 薄膜，在石墨烯层上外延生长 GaN 的基本策略如图 6-5(a)所示。由于原始石墨烯层上缺乏化学反应性，因此无法生长出镜面光滑的外延 GaN 薄膜。虽然 GaN 成核不会发生在原始石墨烯的基面上，但是 GaN 岛可以很容易地沿着自然形成的阶梯边缘生长。首先创建许多阶梯边缘，用于在后续外延中充当成核位点。然后在 O_2 等离子体处理的石墨烯层(见图 6-5(b))上生长了高密度 ZnO 纳米墙作为 GaN 生长的中间层。图 6-5(c)、(d)分别显示了在等离子体处理的石墨烯层上生长的高密度外延 ZnO 纳米墙和纳米墙上的 GaN 薄膜的 SEM 图像。可以看到，ZnO 纳米墙沿着自然形成的石墨烯阶梯边缘生长，故由 O_2 等离子体产生的阶梯边缘促进了高密度 ZnO 纳米墙的形成。与 GaN 具有相同的晶体结构和小的晶格错配，外延 GaN 薄膜通过横向过生长，在纳米墙上实现了平坦的薄膜表面形态，如图 6-5(d)所示。这里，高密度 ZnO 纳米墙在石墨烯层上的 GaN 异质外延生长中起关键作用，随后生长的 GaN 基蓝光 LED 实现了器件的剥离，图 6-6 中显示了在石墨烯层上制备 GaN 基 LED 以

及将其转移到异质衬底上的示意图。为了制造 LED 结构，在石墨烯层上生长的 GaN 膜基础上沉积了 2 μm 厚的 Si 掺杂 N-GaN 层、三周期 $In_xGa_{1-x}N/GaN$ MQWs 和 350 nm 厚的 Mg 掺杂 P-GaN 层。对于器件制造过程，分别将 N-GaN 下的金属石墨烯层和沉积在 P-GaN 顶面上的镍/金(Ni/Au)双层用作 N 型和 P 型接触。制作完器件后，将石墨烯层上的薄膜 LED 从原始衬底上仅简单地利用机械力即可剥离，然后转移到金属、玻璃和塑料三种异质衬底上。

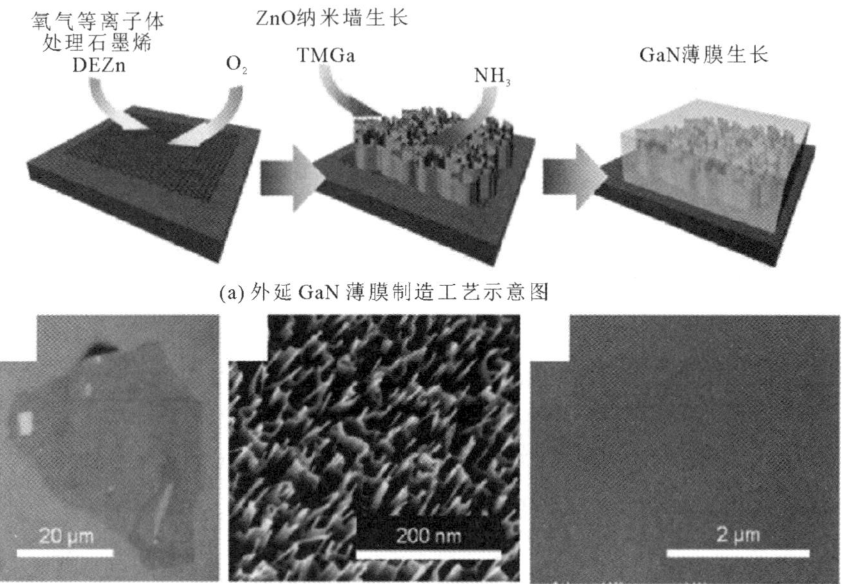

(a) 外延 GaN 薄膜制造工艺示意图

(b) O_2等离子体处理过的石墨烯层的光学显微图像　(c) 在等离子体处理的石墨烯层上生长的ZnO 纳米墙　(d) 在等离子体处理的石墨烯层上生长的ZnO 纳米墙以及其上的 GaN 薄膜的SEM 图像

图 6-5　石墨烯上利用 ZnO 纳米墙做中间层外延 GaN 薄膜结果表征

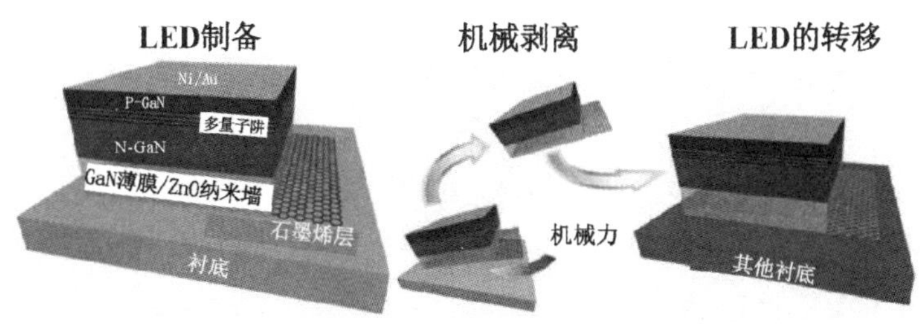

图 6-6　石墨烯层上薄膜 LED 的制备和转移过程示意图

J. Kim 等人[20]在石墨烯/SiC 衬底上实现了 GaN 薄膜的应力释放以及转移，如图 6-7 所示。Ni 在应力源蒸发器中以 1×10^{-5} Torr 的真空度沉积，然后使用热释放的胶带处理完全应力释放的 GaN 薄膜，再将剩余的石墨烯/SiC 衬底浸入 $FeCl_3$ 基溶液中，以完全去除 Ni 的残留物，以用于下一次 GaN 再生长。GaN 薄膜通过下压薄膜层转移到涂有 90 nm SiO_2 的硅晶圆上，然后在 90℃以上的释放温度下进行退火以去除热敏胶带，最后去除 $FeCl_3$ 的溶液中残余的 Ni。重复上述步骤，通过多次的转移，实现了原始衬底的重复利用。如截面 SEM 图像所示(见图 6-8(a))，通过 2 μm 厚的 Ni 应力源将 2.5 μm 厚的 GaN 膜从衬底上剥离，可以在界面处清晰地看到空气间隙。剥离后 GaN 膜表面的 AFM 扫描结果(见图 6-8(b))显示，其与在原始石墨化 SiC 衬底表面上观察到的台阶相似，这意味着在石墨化/SiC 衬底上外延的整个 GaN 薄膜从石墨烯与 GaN 界面处被精确地去除了，使 GaN 薄膜可以直接黏合到具有 90 nm SiO_2 层的(100)Si 衬底上。如图 6-8(c)所示，在绝缘体上可以实现 GaN 的独特结构，该结构用于 GaN 和(001)Si 的混合集成。为了准确确定释放的界面，对 GaN 膜的释放表面和剩余衬底表面进行分析，其拉曼光谱如图 6-8(d)所示。从转移后的 SiC 衬底的表面清楚地观察到了对应于石墨烯的拉曼峰，但是从转移的薄膜中仅观察到了 GaN 峰，而没有对应于石墨烯的任何峰。这清楚地证明了 GaN 薄膜是从石墨烯表面剥离的，而不是与石墨烯一起剥离的。

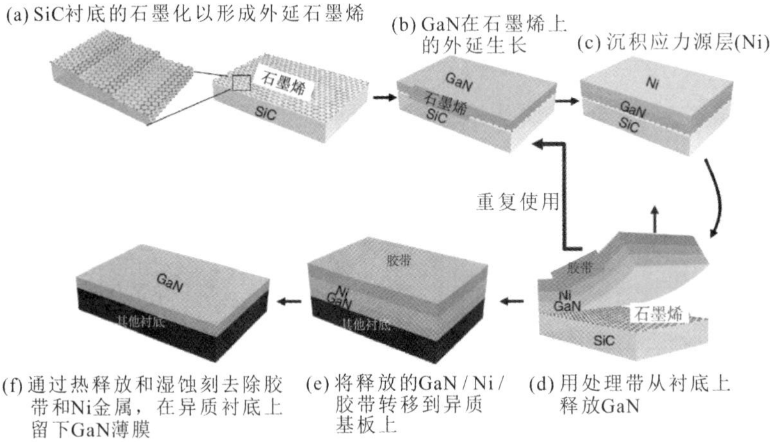

图 6-7　在石墨烯上生长/转移单晶薄膜的方法的示意图

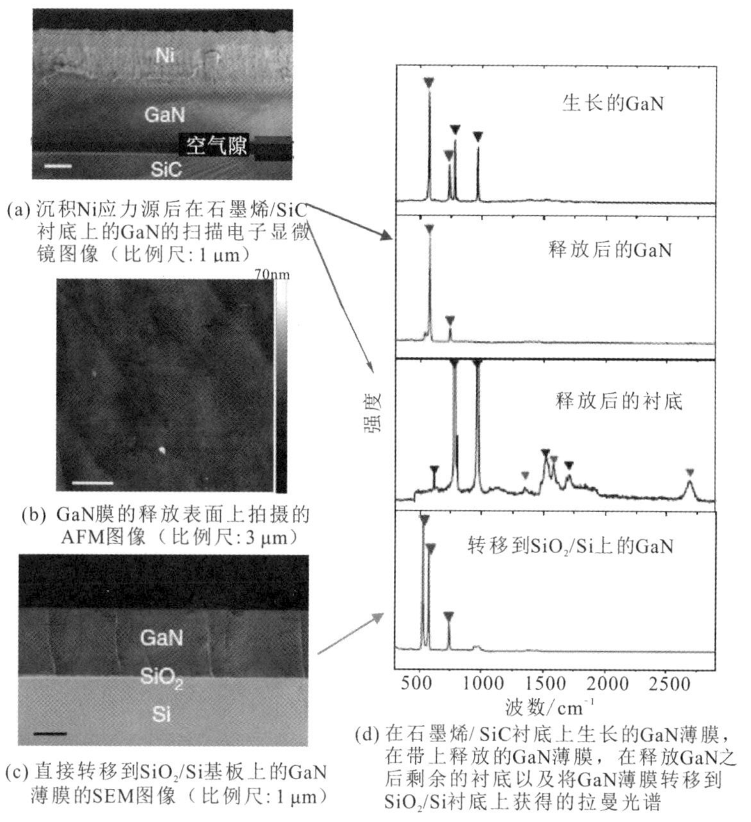

图 6-8　GaN 从外延石墨烯的转移和石墨烯/SiC 衬底的可重复使用性分析

2012 年，Y. Kobayashi 等人[16]尝试使用应力释放层进行机械转移，其中将 h-BN 用作垂直型 InGaN/GaN LED 结构的释放层，在具有原子平面的单晶h-BN 层上生长 AlGaN/GaN 异质结构以及基于 InGaN 的 MQW 和 LED 结构，并将这些结构从蓝宝石衬底转移到异质衬底。图 6-9 为 LED 的材料设计以及释放和转移过程。CVD 在蓝宝石上生长 3 nm 厚的 h-BN 释放层[28]，再在 h-BN 释放层上生长 300 nm 厚 Si 掺杂的 AlGaN 作为缓冲层。将生长后的 InGaN/GaN 的 10 周期 MQW 结构上下颠倒，并通过黏合片（铟片）放置在异质衬底上（见图 6-9(b)），将附着在异质衬底上的铟片上的 MQW 结构加热到足以将铟热密封到蓝宝石和 MQW 上的温度，该过程仅仅需要用几秒钟的时间（见图 6-9(c)）。最后，MQW 结构通过机械力从主体蓝宝石衬底上剥离出来，最终转移到异质衬底上(见图 6－9(d))。由于 h－BN 层间结构的范德华力较弱，且分离发生在 h－BN 层内，因此机械力容易将 MQW 结构与蓝宝石衬底分离，从而可以将 MQW 结构和其他类型的氮化物器件转移到各种基材上，例如硅、多晶金属、玻璃和透明塑料等柔性衬底上。图 6－10(a)中显示了转移到铟片/异质衬底上的无裂纹 MQW 结构的照片，根据 AFM 显示，表面均方根粗糙度仅为 0.95 nm(见图 6－10(b))。$2\theta-\omega$ 扫描 XRD 结果(见图 6－10(c))显示，转移前后峰位置(峰强度)几乎不变，说明转移过程并未对材料质量造成损伤。由于背面铟片的反射，器件 EL 强度也有所提高(见图 6－10(d))。上述这些结果充分证明了 BN 材料作为新型插入层，可有效从蓝宝石衬底上剥离各种氮化物半导体器件，为转移到大面积、柔性的衬底上提供了全新途径。

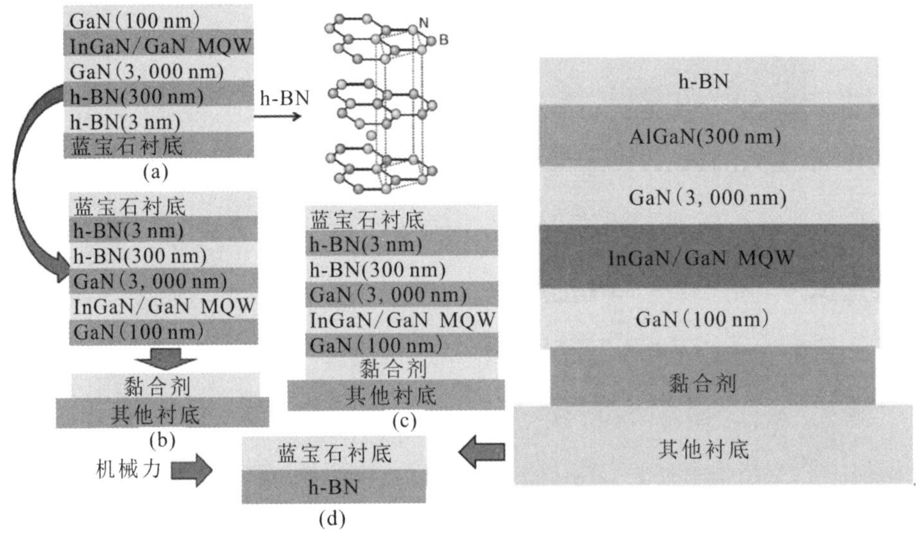

图 6－9　h－BN 基 LED 结构转移过程示意图

T. Ayari 等人[29] 利用 5 nm 厚的 h－BN 层作为低黏性牺牲层，实现了 MOCVD 生长的 InGaN/GaN MQWs 结构的晶圆级剥落，这是准范德华外延剥离技术的一项重大突破。图 6－11(a)、(b)分别显示了生长后的结构示意图和在覆盖有 h－BN 层的蓝宝石上生长的该结构的晶圆照片。如图 6－11(c)、(d)所示，从 SEM 表面形貌可以确认，具有 h－BN 层的样品的表面质量与常规 GaN 模板上样品的表面质量相似。两种情况下，P-GaN 表面的 AFM 测量

均具有相当的粗糙度，约为1.6 nm，这是此类GaN表面粗糙度的典型值。由于h-BN原子层之间的弱范德华键很容易断裂，因此允许使用商用胶带将MQW结构从蓝宝石衬底上机械剥离。图6-11(e)、(f)分别为使用铝箔和铜箔上的丙烯酸导电胶层剥离的两个MQW结构的照片，不仅从2英寸(1英寸=2.54 cm)基板上成功剥离了整个MQW结构，并具有出色的可重复性。剥离后，这些薄层结构呈现出许多无裂纹的表面区域，其大小为几平方毫米，这大于市售LED的典型设备尺寸(300 μm×300 μm)。利用SEM和AFM研究剥离MQW结构分离后的表面形态，在图6-11(g)所示的SEM图像中可以看到，已转移的MQW结构中N型缓冲表面具有光滑的表面形态。根据AFM图像，在5 μm×5 μm的区域上获得了1.14 nm的表面粗糙度。该光滑表面表明，剥离是通过破坏二维层状BN层之间的键而不是通过sp^3键合的Ⅲ型氮化物层的界面处的键而发生的，因为破坏sp^3键合的Ⅲ型氮化物层将导致表面粗糙度大幅度增加。剥离前存在454 nm的阴极发光，在剥离后因应力释放变化至458 nm。

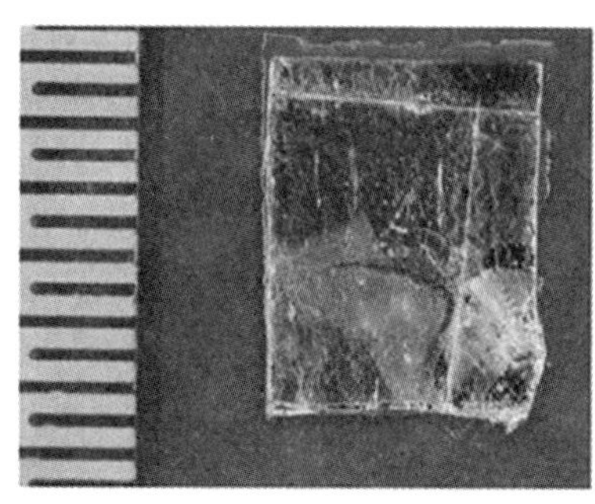

(a) 转移的MQW结构的照片

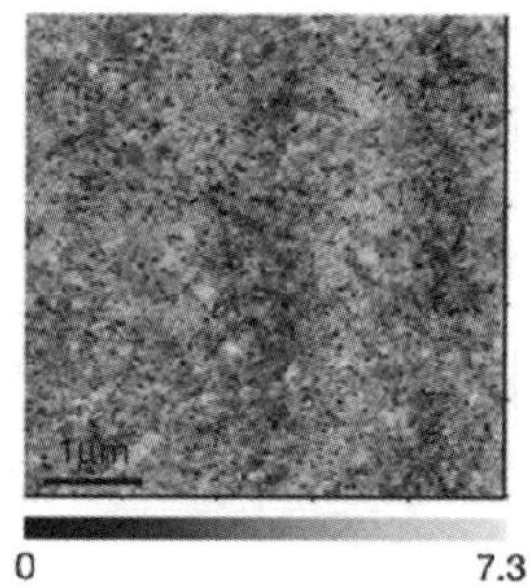

(b) 转移结构表面的原子力显微镜图像

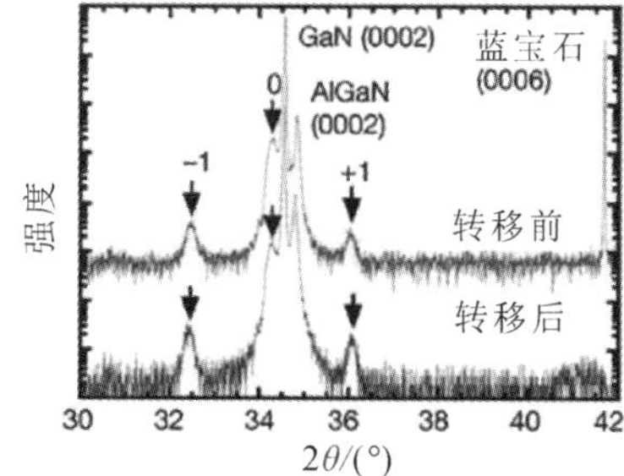

(c) 转移前后InGaN/GaN MQW结构的X射线衍射（2θ-ω扫描）

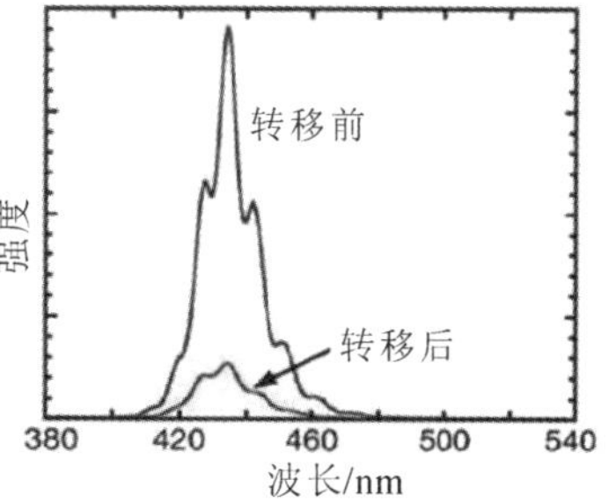

(d) 转移前后，MQW结构在室温下的光致发光光谱

图6-10　转移的MQW结构的表面形貌、XRD和光致发光表征

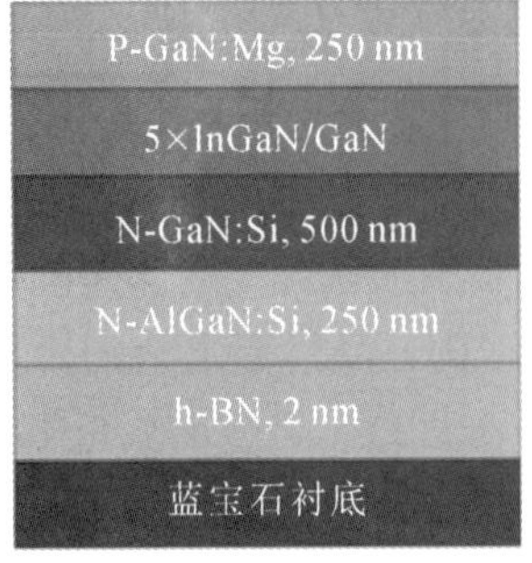

(a) 生长结构示意图

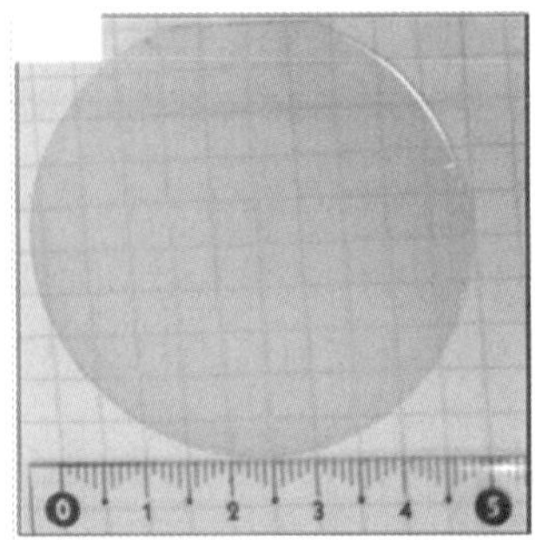

(b) 外延生长后的晶圆照片

(c) 在常规GaN模板上SEM图像

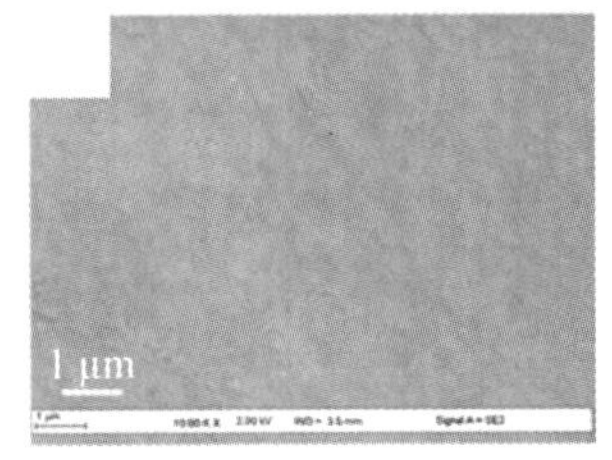

(d) 在h-BN上MQW结构表面的SEM图像

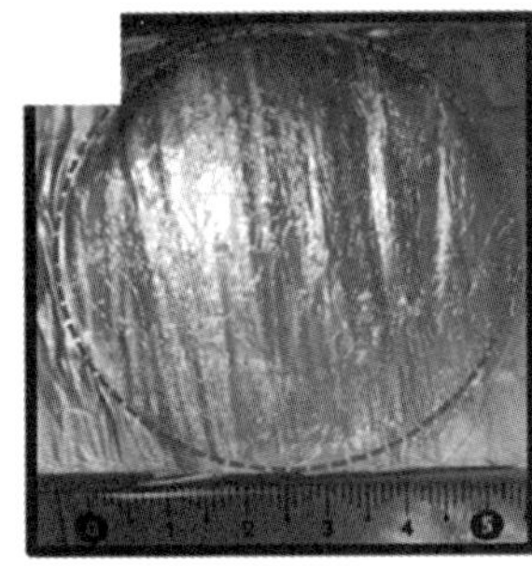

(e) 使用铝箔剥离后的MQW结构照片

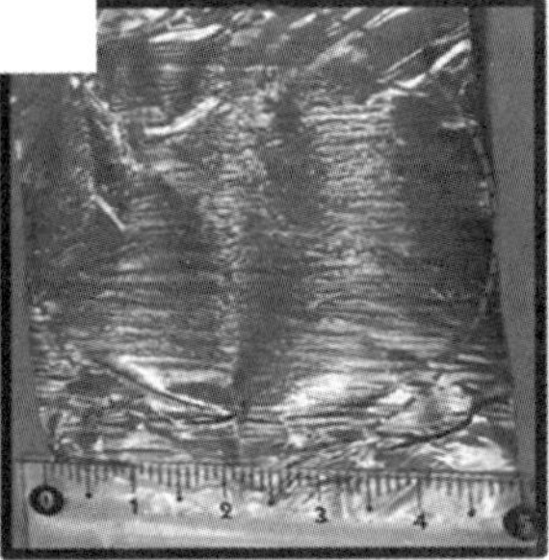

(f) 使用铜箔剥离后的MQW结构照片

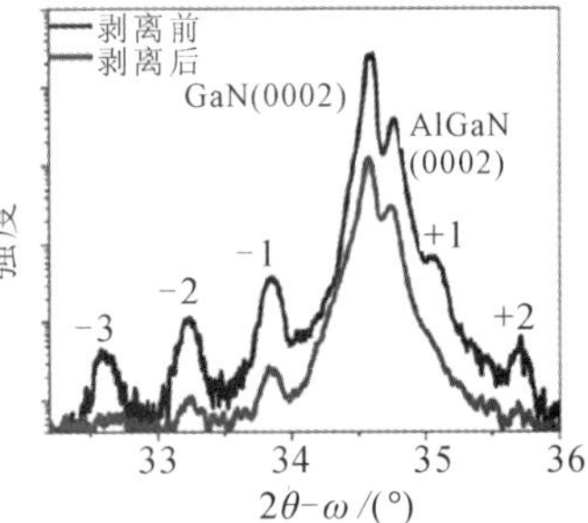

(g) 转移前后，使用MQW结构的X射线衍射

图 6-11　剥离前后的 LED 的 MQW 结构的形貌以及质量表征

上述结果表明，与传统的两步生长方法相比，高结晶质量的超薄 h-BN 可以作为有效的牺牲层并且可以保持原有的光电性能，同时还减少了在传统两步法生长过程中对于生长 GaN 缓冲层的厚度和温度所需要的变化。该结果支持将 h-BN 用作 GaN 基器件结构的低黏性牺牲底层，并证明了大面积剥离和转移到任何模板的可行性，这对于工业规模生产有着十分重要的意义。

2020 年，P. Vuong 等人对 h-BN 上生长器件的分离机制以及自发分层的

现象进行了研究[30]，并探索了可消除自发分层以防止 h－BN 上生长的 3D Ⅲ族氮化物器件自剥离的技术。该研究对比了在不同的 AlN 成核层生长温度下 GaN/AlN/h－BN 结构的剥离情况，如图 6－12 所示。在 GaN/常规生长温度下 AlN/h－BN/蓝宝石结构可以使用透明胶带将外延层从衬底上机械剥离，如图 6－12(a)所示，剥离区域和未剥离区域对比很明显；而 GaN/高温 AlN/h－BN 结构未能成功剥离，如图 6－12(b)所示。使用 TEM 对 h－BN 上常规生长温度下的 AlN(见图 6－13(a))和高温下的 AlN(见图 6－13(b)进行了详细的结构分析，从图 6－13 中可看到常规生长温度下 AlN/h－BN 结构中的 h－BN 仍保持完整的层状结构，而高温下 AlN/h－BN 结构中存在不连续的 h－BN 层。这可能是因为在高温生长 AlN 时，会有 Al 原子获得较大动能从而扩散到 h－BN 层中，扩散的 Al 原子在 Al 和 h－BN 之间建立了一些键，改变了 h－BN 和 h－BN/蓝宝石界面的结构，使器件不易剥离。研究证实了高温下 Al 原子扩散到 h－BN 中，当 Al 含量高于 17％时，h－BN 不再是层状结构，故无法实现机械剥离。不过，如果 h－BN 足够厚，则会阻止 Al 完全扩散穿过 h－BN 层，仍可实现剥离。在常规 AlN 生长温度(1100℃)下，h－BN 区域的 Al 原子浓度小于 3％，可实现机械剥离。这项研究进一步推动了控制层状二维材料以进行器件的机械剥离和转移技术的应用。

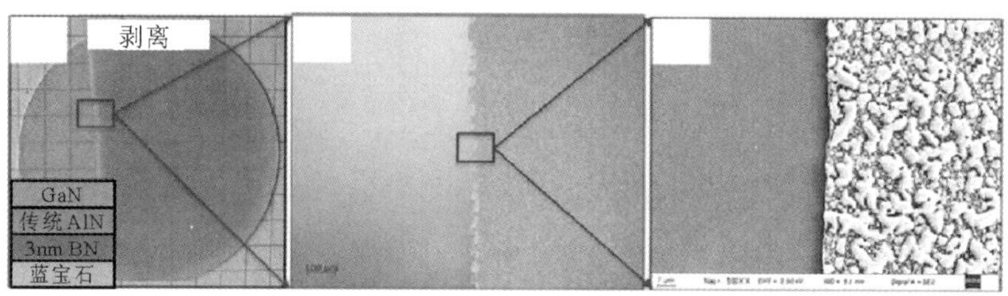

(a) GaN/传统AlN/h-BN的SEM图像

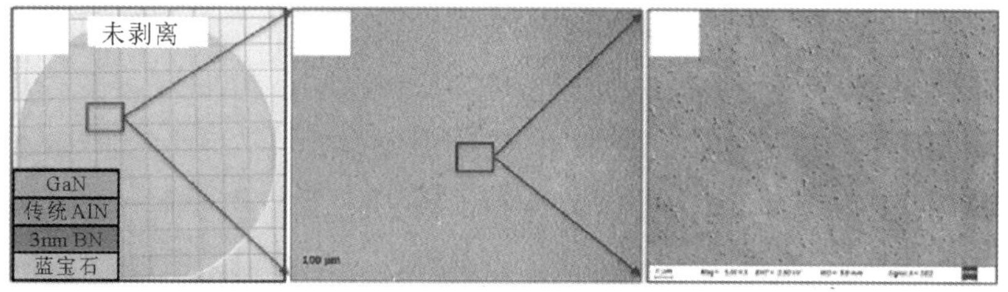

(b) GaN/高温AlN/h-BN的SEM图像

图 6－12　h－BN 上外延的 GaN 表面形貌表征

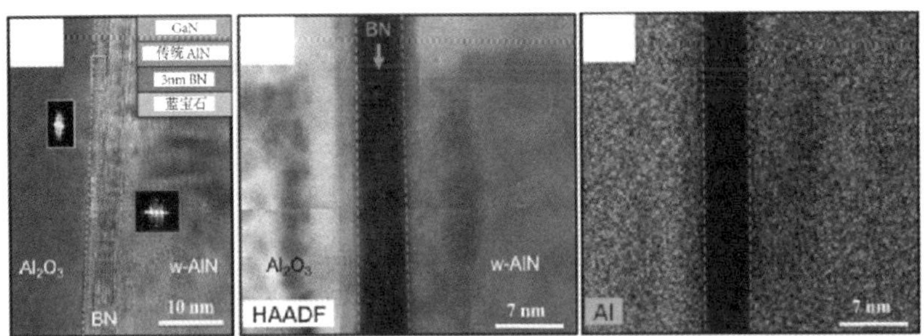

(a) 生长在蓝宝石上的GaN/传统AlN/BN

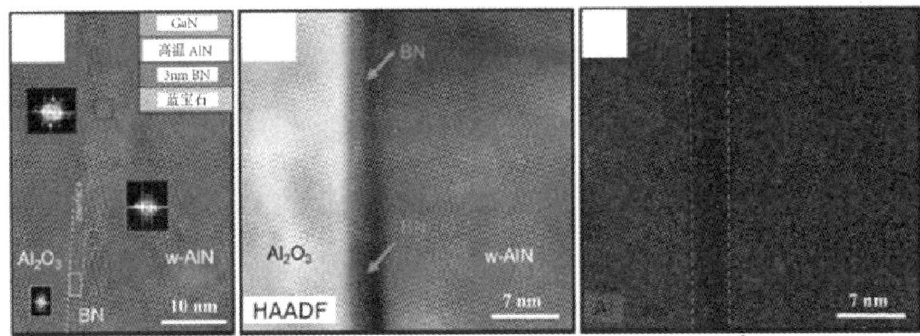

(b) 生长在蓝宝石上的GaN/高温AlN/BN的横截面高分辨率TEM和明场扫描TEM图以及Al的能量色散X射线谱元素映射

图 6-13　外延的 GaN 薄膜的 TEM 表征

6.2　柔性器件的优势与应用

当前，柔性电子和光电设备在可穿戴显示器、太阳能电池、传感器和生物医学设备中的使用引起了广泛关注[31-34]。可弯曲和可穿戴设备之所以具有优异的可伸缩性和柔韧性，是因为广泛采用有机薄膜[35-36]。与之对比，无机薄膜和单晶衬底由于固有的刚性和脆性，实现柔性器件非常具有挑战性[37]。然而，单晶无机化合物半导体(如 GaN)具有较高的辐射复合率和迁移率以及出色的热和机械特性，有望发展出更高、更稳定的器件性能[38]，因此利用无机化合物半导体制作柔性器件成为目前研究的热点。对于柔性衬底(如塑料衬底)来说，高质量单晶薄膜的生长通常需要极高温度，无法在低熔融温度的柔性衬底上生长。同时，刚性衬底上的传统外延膜对机械变形的耐受性很弱，使得其很难扩展到柔性器件，因而限制了它们在柔性器件方面的应用[39]。当前，为了能在刚

性衬底上外延氮化物薄膜制备柔性光电器件，大量研究者尝试将高质量的单晶氮化物薄膜或氮化物微纳结构从刚性衬底上剥离下来再转移到柔性衬底上。

6.2.1　柔性探测器

通过 MOCVD 技术，可以在多层石墨烯/SiC 衬底上实现生长单晶高质量 GaN 薄膜[40]。如图 6-14 所示，利用 SEM 和 AFM 表征了多层石墨烯/SiC 衬底上生长的 GaN 薄膜的表面形貌。从图中可以看到在 GaN 薄膜的表面上出现了条纹状表面形态。通过高度放大的 AFM 进一步观察到许多清晰的原子台阶。测得 GaN 台阶高度和平台宽度分别为 5～8 nm 和 150～250 nm，而薄膜粗糙度 RMS 为 1.68 nm，这表明在多层石墨烯/SiC 衬底上获得了具有光滑平整表面的 GaN 薄膜。最后，通过直接机械剥离从衬底上释放 GaN 薄膜，并使用透明胶带将 GaN 薄膜通过直接机械剥离的方法从石墨烯层上释放出来并转移到柔性基板上(具有不同曲率的玻璃棒上)，从而制造出了柔性紫外线(UV)光敏器件。图 6-15(a)显示了基于 GaN 的柔性紫外光电探测器的示意图。图 6-15(b)显示了一组弯曲半径为 1 mm、2.5 mm 和 4 mm 的电流-电压特性曲线，其具有良好的欧姆接触性能。接下来，测试了在 10 V 偏置电压和 2.5 mm 弯曲半径下的紫外光时间响应。如图 6-15(c)所示，在光照条件下输出电流显著增加，表明在紫外线照射下具有良好的灵敏度。图 6-15(d)显示了在 10 V 偏置电压和 2.5 mm 半径下光电探测器的光电流(1.22 mA)和暗电流(0.73 mA)。因此，电流的开关比约为 167%，

(a) 在多层石墨烯/SiC上生长的GaN薄膜的扫描电子显微镜图像　(b) GaN薄膜的表面形貌原子力显微镜图像

图 6-14　多层石墨烯/SiC 上外延的 GaN 形貌表征

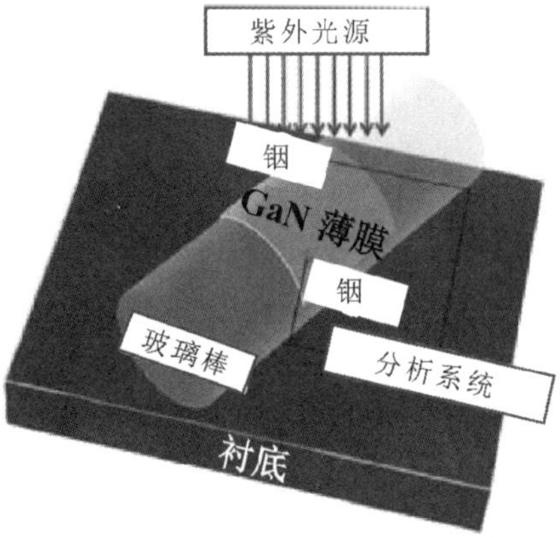

(a) GaN基柔性紫外光电探测器的示意图

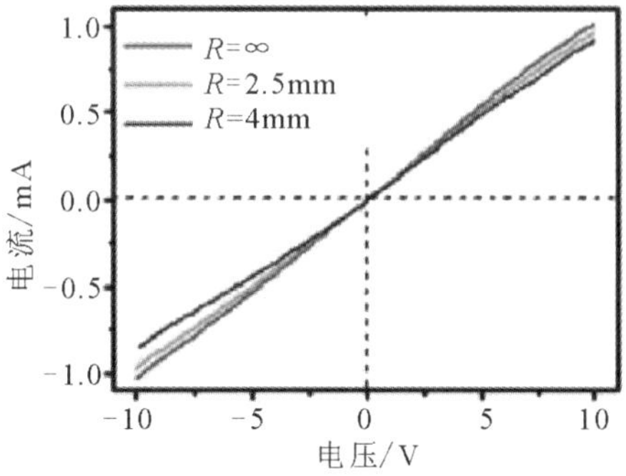

(b) 弯曲半径分别为1 mm、2.5 mm和4 mm时的电流-电压特性曲线

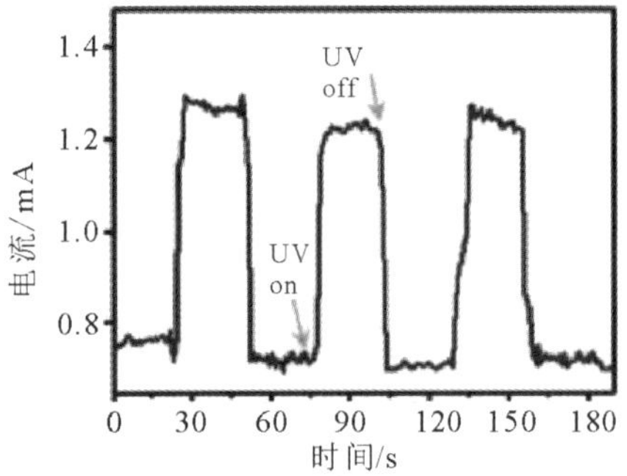

(c) 紫外光在10 V偏置电压和2.5 mm半径下的时间响应

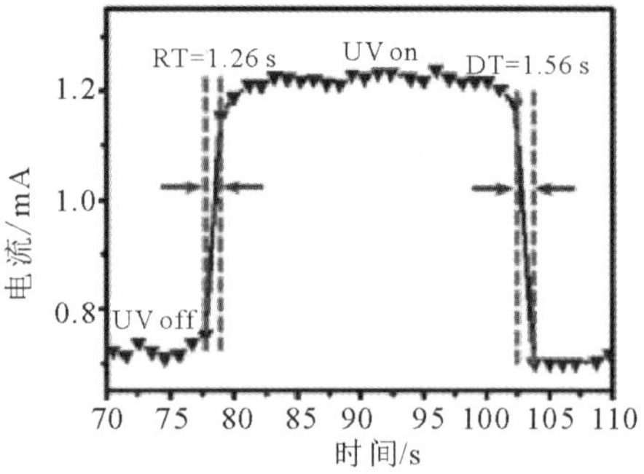

(d) 单个开/关周期的放大图

图 6-15 GaN 基柔性光电探测器的性能表征

光电探测器的上升和衰减时间分别为 1.26 s 和1.56 s。可以得出的结论是，光电探测器具有良好的光电性能，归因于光生载流子的传输不受弯曲的影响。

6.2.2 柔性 LED 器件

K. Chung 等人[15]在石墨烯/ZnO 复合中间层上制备了 LED 器件后，将石墨烯层上的薄膜 LED 从原始衬底上简单地利用机械力进行了剥离，并实现了将其转移到金属、玻璃和塑料三种不同的异质衬底上。所有转移的 LED 器件都发出非常强的蓝光，在正常的室内照明下，肉眼也可以清晰辨认。如图 6-16(a) 所示的光学显微镜图像中，在 300 μm×300 μm 区域内，发光是十分均匀的，

这是因为电流均匀分布通过了由石墨烯层组成的金属底部电极。图 6－16(a)中的每个基板对于 LED 应用都有独特益处，金属基板为大功率 LED 提供了良好的导热性和导电性，而玻璃或塑料基板则可以将无机 LED 制成柔性或可拉伸形式的大面积全光谱 LED 显示器。此外，石墨烯层上的基于 GaN 的外延膜可以容易地用作光伏器件的功能组件，通过测量与功率有关的 EL 光谱进一步研究了转移到塑料上的 LED 的 EL 特性。在各种施加电流水平下 LED 的 EL 光谱和相应的 EL 图像如图 6－16(b)所示。LED 发光图像和 EL 光谱显示，随着施加电流的提升，发射强度不断增加，显示出良好的发光特性。因此，将在石墨烯上制造的材料和器件转移到异质衬底上，有望在电子器件和光电器件的集成和设计中展现优势。

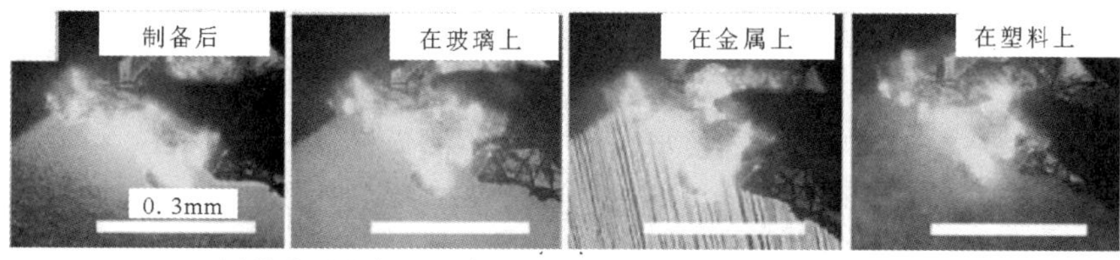

(a) 原始基板上装配好的LED以及转移到异质衬底上（分别为金属、玻璃和塑料）的LED发光的光学图像

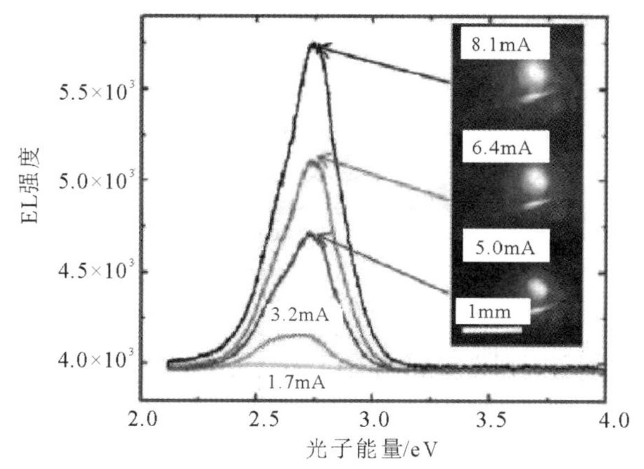

(b) 转移到塑料基板上的LED的室温EL光谱

注:光学显微镜图像显示在1.7~8.0 mA不同施加电流水平下的发光。

图 6－16　转移到不同衬底的 LED 的发光性质

图 6－17 说明了另外一种在石墨烯覆盖的异质衬底上外延生长 GaN/ZnO 同轴纳米棒异质结构和制造柔性 LED 的基本方法[41]。首先，使用 CVD 在金

属箔上合成大面积石墨烯薄膜，并将其转移到任意基材上，在该实验中，使用的是具有薄 SiO_2层的 Si 衬底(见图 6-17(a))。尽管纳米棒的长度和垂直排列有一些变化，但 ZnO 纳米棒直接在石墨烯薄膜上生长，没有额外的籽晶层，密度为 $10^8 \sim 10^9$ cm^{-2}，相距约 1 μm，适用于制造隔离的同轴纳米棒异质结构。制造柔性 LED 的基本方法如图 6-17(b)所示，在石墨烯薄膜上生长同轴纳米棒异质结构后，使用电子束蒸发和随后的快速热退火方法，在纳米结构的 P-GaN 表面上沉积了薄的 Ni/Au 层，从而形成了与单个纳米结构的欧姆接触，纳米柱间彼此隔离。其次，用绝缘、易弯曲的聚合物填充纳米结构之间的间隙，并在纳米结构嵌入层的顶部沉积额外的 Ni/Au 金属层，以实现电流扩展。作为制造柔性设备的重要步骤，通过在石墨烯薄膜下方湿法刻蚀牺牲性 SiO_2 层并使用剥离工艺，将在石墨烯薄膜上制造的 LED 器件转移到涂有铜的聚对苯二甲酸乙二醇酯基板上。最后，将 LED 黏附到涂有 Cu 的聚对苯二甲酸乙二醇酯基板上，以在器件的石墨烯薄膜和绝缘塑料基板之间建立电连接。

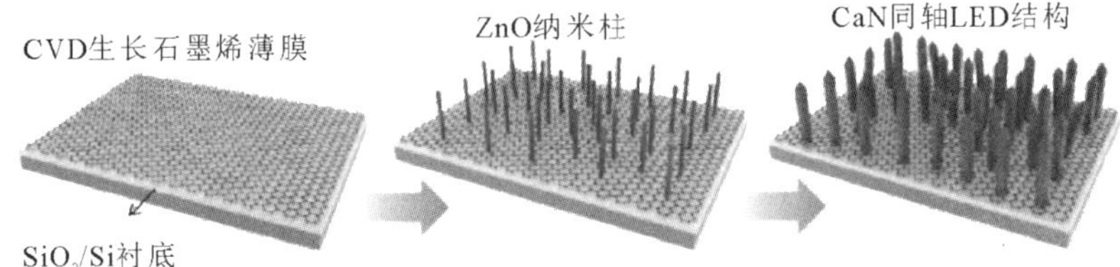

(a) GaN / ZnO同轴纳米棒异质结构在大面积石墨烯薄膜上异质外延生长的示意图

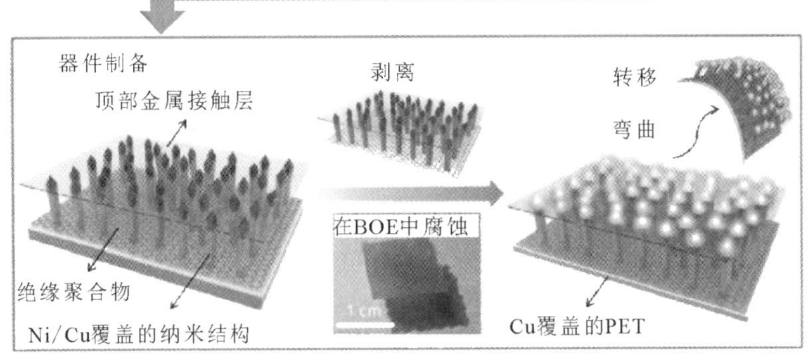

(b) LED器件的制造及其转移到柔性塑料基板上的示意图

图 6-17 在石墨烯薄膜上生长的 GaN/ZnO 同轴纳米棒异质结构制造柔性 LED 的过程示意图

转移到塑料基板上的纳米结构 LED 表现出良好的 EL 特性，如图 6-18(a)所示，在 10 mA 电流下 LED 发出的蓝光的发射强度足以在正常室内照明下用肉眼轻易观察到。蓝光仅从直径为 600 μm 的圆形接触区域发出，并随着施加电流的增加而变亮。此外，在放大的光学显微镜图像中观察到了明显的发光点，各个光点的发射强度逐渐增加，同时随着施加电流的增加保持光点数。这些发光特征表明纳米结构 LED 可作为亚微米级发光体工作。通过测量与功率有关的电致光谱和电流-电压特性曲线，可以进一步研究 LED 的定量特性。图 6-18(b)显示了在 1～10 mA 电流下的 EL 光谱，在光谱 490～493 nm 处观察到主要的 EL 峰是由 $In_xGa_{1-x}N/GaN$ 多量子阱引起的。纳米结构 LED 在电流-电压特性曲线中表现出典型的整流特性(见图 6-18(c))，LED 开启电压约为 5 V，同时在 −5 V 反向电流下的泄漏电流约为 5×10^{-4} A(蓝色实线)。然而，在接通阈值以上，电流和积分发射强度(红色圆圈)会随着偏置电压的增加而增加。这些结果表明，电致发光源自纳米结构 LED 的多量子阱层的 PN 结中的载流子注入和辐射复合。同时，根据与温度有关的 PL 光谱可知，在石墨烯薄膜上生长的同轴纳米

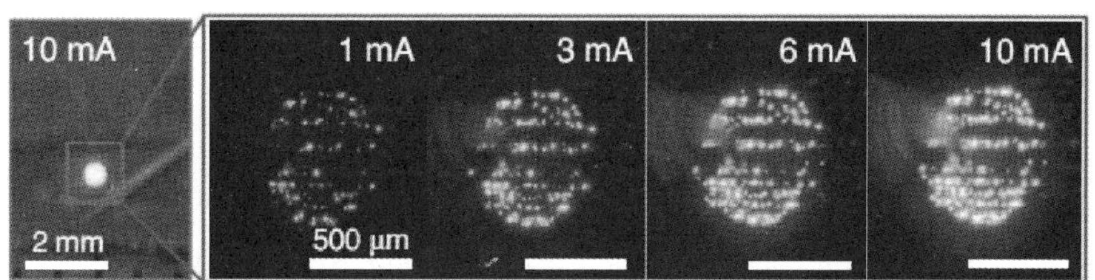

(a) 在不同的施加电流下，LED发出的光的照片和光学显微镜图像

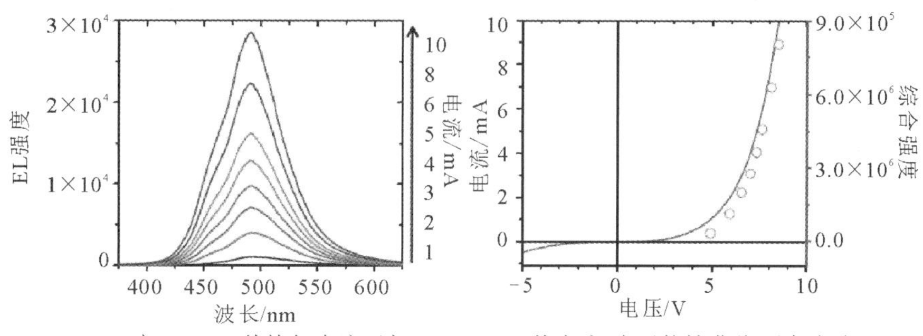

(b) 在1~10 mA的施加电流下与功率有关的EL光谱

(c) LED的电流-电压特性曲线(黑色实线)和积分EL强度(红色圆圈)作为施加的偏置电压的函数图

图 6-18　石墨烯薄膜上的可见纳米 LED

棒异质结构的内部量子效率约为13%。通过优化纳米结构的生长过程和器件制造工艺，可以进一步提高器件性能，包括发射效率和均匀性。

为了使用柔性形式的纳米结构LED，在基板弯曲的情况下对下转移到Cu/PET基板上的LED器件特性进行评估。图6-19分别为∞、5.5和3.9 mm弯曲半径下的发光照片、EL和电特性谱线。如图6-19(a)所示，将13 mm宽的基板弯曲到10 mm和7 mm的宽度时，分别对应于5.5和3.9 mm的弯曲半径，LED在固定10 mA的注入电流下即使弯曲也能可靠地发出蓝光，而没有明显的弱化。在不同的弯曲半径下获得的EL光谱如图6-19(b)所示，EL峰的位置和强度没有明显变化，证明了柔性纳米结构LED在弯曲至3.9 mm的曲率半径时仍保持其光学特性。特别地，在LED弯曲时EL峰没有位移，说明在单个纳米结构中对活性区施加的应变很小，可以忽略不计。此外，如图6-19(c)所示，不同弯曲半径的电流-电压曲线表现出非常相似的整流特性，而器件参数(如导通电压或漏电流)没有明显差异。这意味着在弯曲测试期间，顶部电极或纳米结构与石墨烯之间的连接处没有发生严重的机械损坏或断裂。

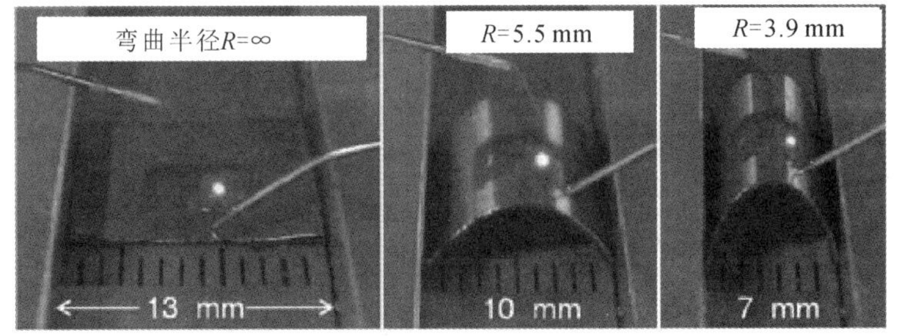

(a) 弯曲半径分别为∞、5.5和3.9 mm的柔性LED发光照片

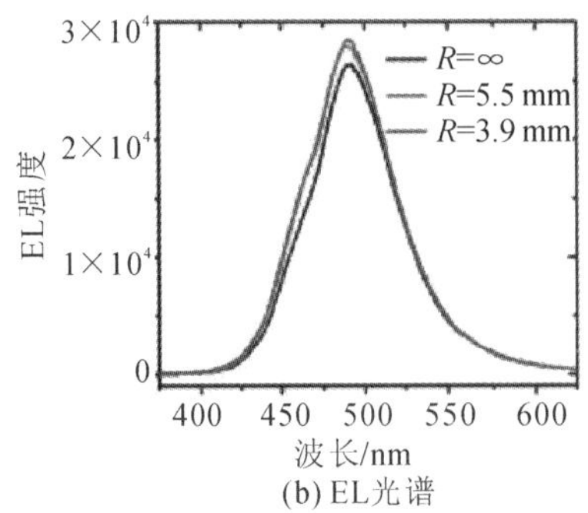

(b) EL光谱

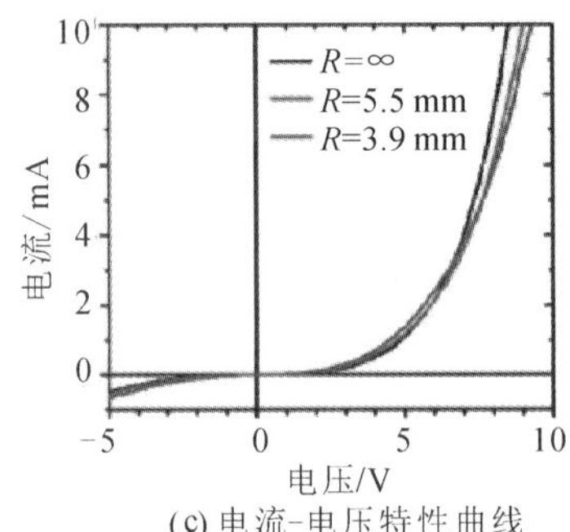

(c) 电流-电压特性曲线

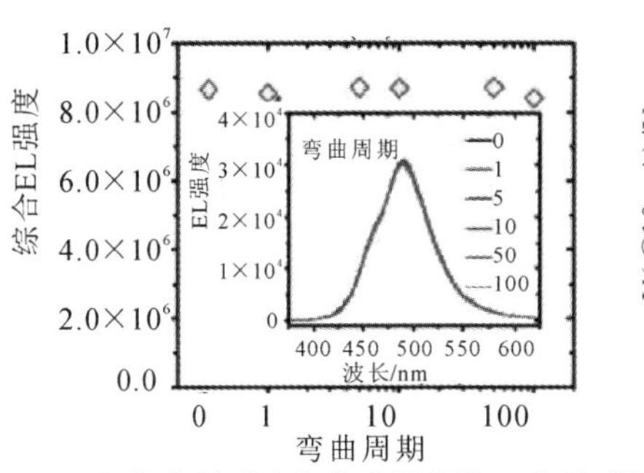

(d) 积分发射强度与弯曲周期的函数关系图

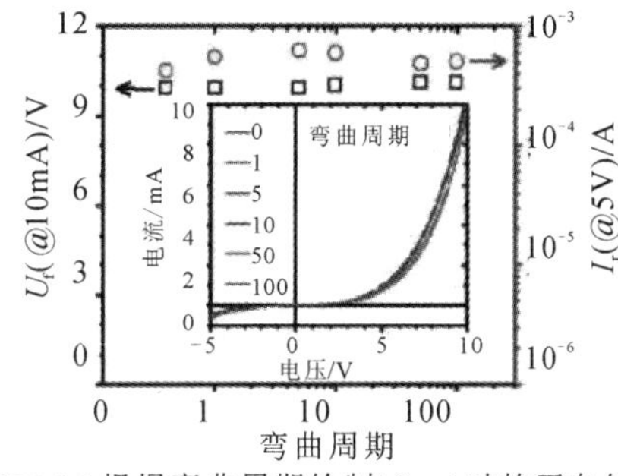

(e) 根据弯曲周期绘制10 mA时的正向偏置电压(U_f)和5 V时的反向电流(I_r)

图6-19　柔性LED的EL强度与弯曲半径的关系

除此之外，还通过在重复多达100个弯曲周期时测量的EL光谱和电特性来研究柔性LED的可靠性。首先，如图6-19(d)所示，在重复弯曲的情况下，纳米结构LED在固定电流为10 mA的情况下表现出几乎相同的EL光谱，并且积分发射强度在多达100个弯曲循环中几乎保持恒定。除了发光特性外，电特性也通过重复弯曲得以保留，表现出非常相似的整流电流-电压曲线，如图6-19(e)所示。图6-19(e)中，关键电气设备参数没有明显降低，包括10 mA时的正向偏置电压和-5 V时的反向电流。正向偏置电压仅在约2%的范围内略有增加，而反向电流则几乎保持恒定不变(≈5×10^{-4} A)。在石墨烯薄膜上制造的纳米结构LED，其所有特性都证明了柔性形式下的可靠工作。因此开发可转移、柔性或可拉伸形式的非常规无机LED光电器件，可以充分利用无机半导体纳米结构和无机半导体的优异电学和光学特性，也可以扩展LED器件在市场上的应用范围，为柔性照明和柔性显示提供新的技术路线。

6.2.3　柔性HEMT

2014年，M. Hiroki等人[42]在h-BN/蓝宝石衬底上制造了AlGaN/GaN HEMT器件，并使用h-BN作为脱膜层将其从主体衬底成功地转移到铜板上。图6-20显示了AlGaN/GaN HEMT从衬底释放之前和转移到铜板上之后的典型电流-电压特性。在转移前后，通过末端电阻法估算的源电阻不变，这表明在转移过程中接触电阻和存取电阻均没有变化。如图6-20(a)所示，漏极偏压U_{ds}从0扫至20 V；而栅极偏压U_{gs}则从+2变为-4 V，步进为1 V。对于图6-20(b)所示的传输特性，U_{gs}从+2扫至-5V，U_{ds}恒为6 V。可见，在释放

之前和转移之后，器件均获得了良好的截止和饱和特性。在释放之前，在大的正 U_{gs} 处，在饱和区中观察到漏极电流 I_d 随 U_{ds} 的增大而减小，即存在负差分电阻。在 $U_{gs}=2$ V 时，随着 U_{ds} 从饱和电压增加到 20 V，I_d 降低了 30%。相反，对于转移的 HEMT，I_d 仅降低了 8%。负电阻的存在通常归因于自热效应。从蓝宝石($j=40\ \mathrm{W \cdot m^{-1} \cdot K^{-1}}$)到铜板($j=390\ \mathrm{W \cdot m^{-1} \cdot K^{-1}}$)的转移提高了散热效率，进而抑制了在高偏置操作下漏极电流的减小。在 $U_{ds}=6$ V 时，抑制负差分电阻可将最大跨导从 100 mS/mm 增加到 120 mS/mm(见图 6－20(b))。另外，阈值电压(3.5 V)在传输前后几乎没有变化。

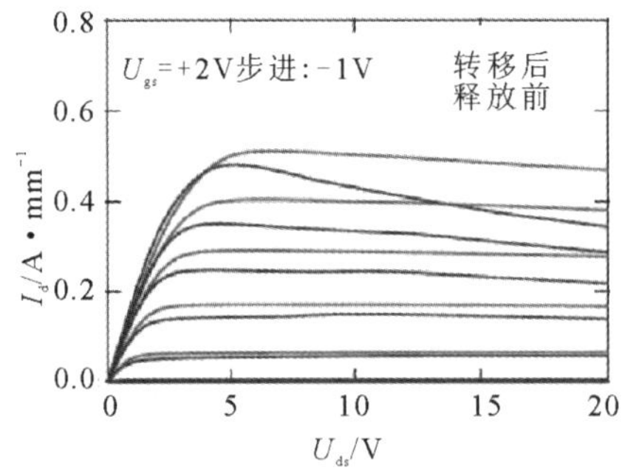

(a) 从蓝宝石上释放前(蓝线)和转移到铜板上(红线)后的AlGaN/GaN HEMT的I_d-U_{ds}特性

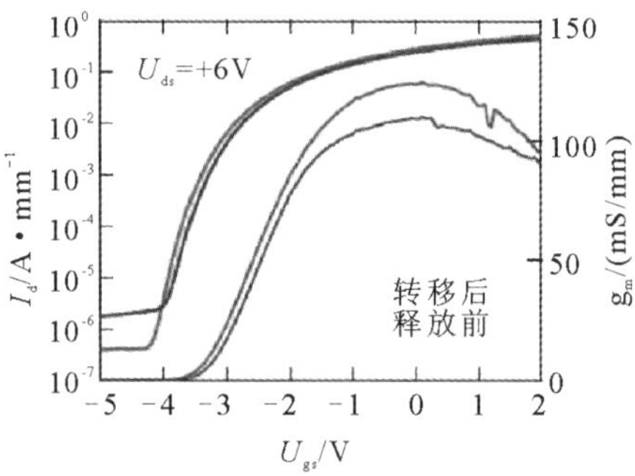

(b) 显示了在饱和区域U_{gs}＝1V时I_d-U_{ds}曲线的放大图

图 6－20　HEMT 器件的电学性质

图 6－21 显示了释放前和转移后操作过程中样品的红外温度图像。图 6－21(a)和 6－21(c)显示了 U_{ds} 为 0 和 20 V 时无栅极偏置释放之前的 HEMT 图像。图 6－21(b)、(d)显示了转移后的相应图像，白色虚线表示样品的轮廓。对于 HEMT，在释放之前和转移之后，操作期间的功耗分别约为 0.8 W (40 mA)和1 W(50 mA)。在图 6－21(c)中，观察到温度约为 50℃的热点(温度上升 27℃)。相反，尽管转移的 HEMT 以更高的功率工作，但其温度却低至 30℃(温度上升 7℃)。这说明抑制负差分电阻以及改善直流特性来自对器件自热效应的抑制。据报道，蓝宝石上的 AlGaN/GaN HEMT 的温度升高甚至高达 180℃，功耗为0.6 W[43]。形成鲜明对比的是，该研究证明了转移到铜板上的 HEMT 器件中产生的焦耳热可以有效释放，从而大大降低了 HEMT 的工作温度。

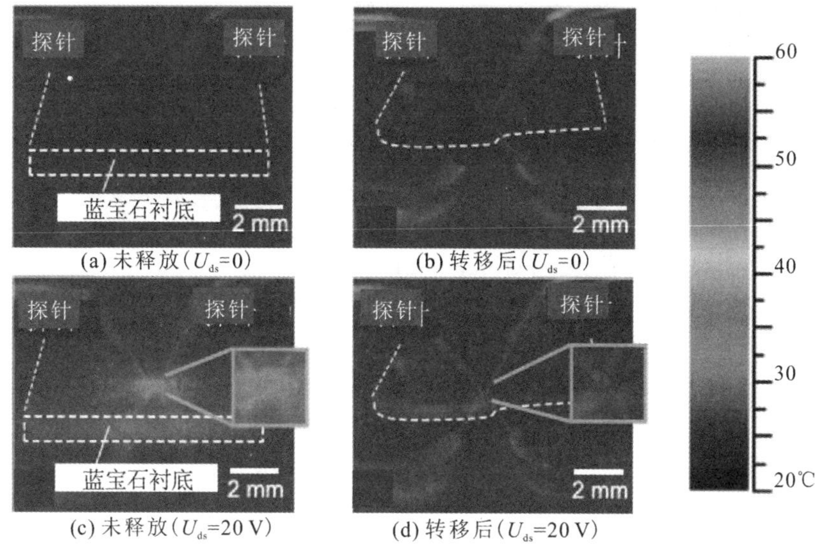

图 6－21　用红外热像仪 Neo Thermo 700 拍摄的样品温度图

2017 年，N. R. Glavin 等人[44]展示了二维 h－BN 上外延生长的能够远距离传输的高频射频 GaN 基 HEMT 器件，并且以无化学的机械转移方法实现了柔性器件，如图 6－22(a)所示。该工作系统地研究了器件性能和应力机制，完成了如图 6－22(b)所示的 van der Pauw 测试，结果如图 6－22(c)所示。传统观念中柔性电子器件的性能一般会显著下降，而测试结果显示转移后柔性衬底上的 AlGaN/GaN 异质结构在平面状态下显示出极高的迁移率(2120 $cm^2 \cdot V^{-1} \cdot s^{-1}$)，当达到最大弯曲半径 12 mm(0.85％应变)时，迁移率降至 2005 $cm^2 \cdot V^{-1} \cdot s^{-1}$。载流子密度则呈相反趋势，从 1.07×10^{-13} cm^{-2}增加到 1.12×10^{-13} cm^{-2}，累计增加了 4.7％，在最大应变下，由于压电诱导电荷的增加，载流子密度增加到6.9×10^{11} cm^{-2}。最终柔性衬底上器件的载流子密度和迁移率远远大于转移前二维材料上生长的 GaN 基 HEMT。实验证明通过 h－BN 缓冲层生长并机械释放的 HEMT，器件电子迁移率和载流子密度都显示良好，且柔性 GaN 的 HEMT 在高达 0.43％的应变下仍然显示出优异的直流和射频性能。尽管器件仍存在额外 0.43％的应变需要进一步研究其缓解方法，但是其优异的高频性能在无线通信的应用中将显著提高商用和军用系统的速度和带宽。

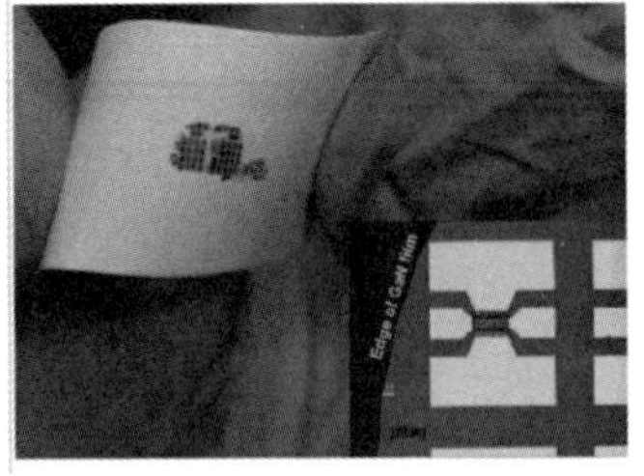

(a) 利用h-BN实现柔性GaN HEMT器件

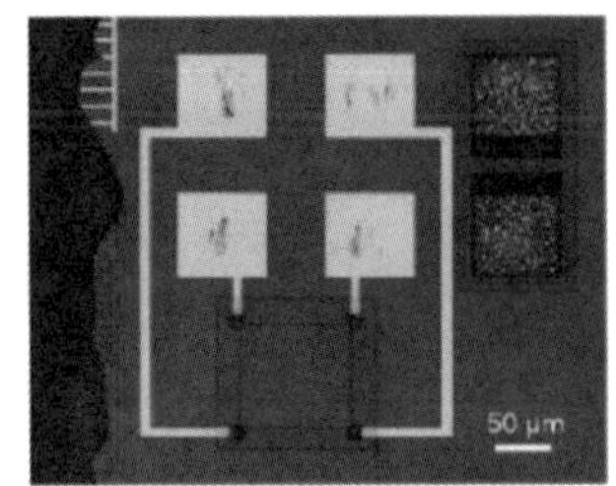

(b) 转移到柔性衬底上的GaN的van der Pauw测试，测量迁移率和载流子浓度

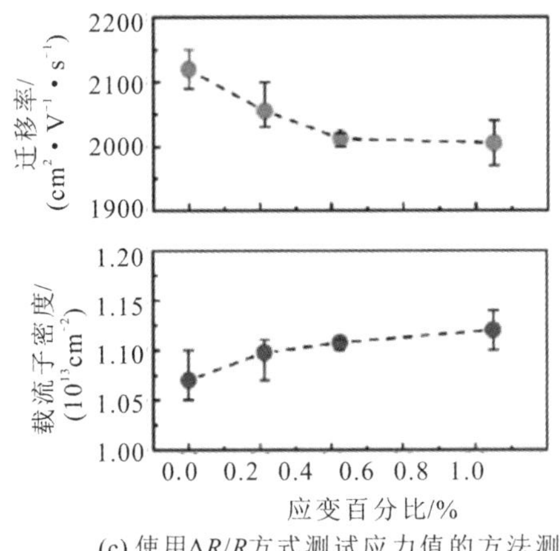

(c) 使用ΔR/R方式测试应力值的方法测量柔性GaN薄膜的迁移率和载流子浓度

图 6-22　柔性 GaN HEMT 器件的转移及表征

小　　结

柔性光电器件由于其具有可穿戴和可折叠的特殊应用场景而引起科研和产业界的广泛关注，而对于如何实现稳定的Ⅲ族氮化物基柔性光电器件制备成为了一大研究热点。然而，由于衬底和外延层之间有很强的共价键作用，剥落单晶Ⅲ族氮化物薄膜是十分困难的。本章首先介绍了从单晶衬底上通过激光辐射热释放、化学刻蚀和机械剥离等相对原始的方法来实现外延的氮化物的剥离及转移，并介绍了借助二维材料层间范德华相互作用较弱的优势，实现将功能性薄膜转移到异质柔性基板上的技术方法，二维材料不仅充当缓冲层，而且还

提供用于Ⅲ型氮化物外延层机械剥离的脱膜层。该方法为实现大规模、大尺寸、低成本的柔性Ⅲ族氮化物器件提供了绝佳的技术路线。之后着重介绍了利用准范德华外延方法实现多种类型器件的剥离和转移，以及其在光电应用中对比传统方式的优势，进一步说明了该技术路线在实现柔性转移过程中的先进性。

参考文献

[1] AKASAKI I. Key Inventions in the History of Nitride-based Blue LED and LD, J. Cryst. Growth, 2007, 300: 2 - 10.

[2] NAKAMURA S, SENOH M, NAGAHAMA S I, et al. InGaN Multi-Quantum-Well-Structure Laser Diodes with Cleaved Mirror Cavity Facets. Jpn. J. Appl. Phys, 1996, 35: 217 - 220.

[3] XU G Y, SALVADOR A, KIM W, et al. High Speed, Low Noise Ultraviolet Photodetectors Based on GaN P-I-N and AlGaN(p)-GaN(i)-GaN(n) Structures. Appl. Phys. Lett, 1997, 71: 2154 - 2156.

[4] DAHAL R, PANTHA B, LI J, et al. InGaN/GaN Multiple Quantum Well Solar Cells with Long Operating Wavelengths. Appl. Phys. Lett, 2009, 94: 063505.

[5] BERNARDINI F, FIORENTINI V, VANDERBILT D. Spontaneous Polarization and Piezoelectric Constants of Ⅲ-Ⅴ Nitrides. Phys. rev. b, 1997, 56(16): 10024 - 10027.

[6] BARKER J M, FERRY D K, KOLESKE D D, et al. Bulk GaN and AlGaN/GaN Heterostructure Drift Velocity Measurements and Comparison to Theoretical Models, J. Appl. Phys, 2005, 97: 063705.

[7] SHUR M S. GaN Based Transistors for High Power Applications. Solid-State Electron, 1998, 42: 2131 - 2138.

[8] YOSHIDA S, ISHII H, Li J, et al. A High - power AlGaN/GaN Heterojunction Field-Effect Transistor. Solid State Electron, 2003, 47: 589 - 592.

[9] NAKAMURA S, HARADA Y, SENO M. Novel Metalorganic Chemical Vapor Deposition System for GaN Growth. Appl. Phys. Lett, 1991, 58: 2021 - 2023.

[10] POWELL R C, LEE NE, KIM YW, et al. Heteroepitaxial Wurtzite and Zinc-blende Structure GaN Grown by Reactive-ion Molecular-beam Epitaxy: Growth Kinetics, Microstructure, and Properties. J. Appl. Phys, 1993, 73: 189 - 204.

[11] FUJITO K, KUBO S, NAGAOKA H, et al. Bulk GaN Crystals Grown by HVPE. J. Cryst. Growth, 2009, 311: 3011 - 3014.

[12] FUJII T, GAO Y, SHARMA R, et al. Increase in the Extraction Efficiency of GaN-based Light-emitting Diodes via Surface Roughening. Appl. Phys. Lett, 2004, 84: 855 - 857.

[13] MO C, FANG W, PU Y, et al. Growth and Characterization of InGaN Blue LED Structure on Si (111) by MOCVD. J. Cryst. Growth, 2005, 285: 312 - 317.

[14] HÄRLE V, HAHN B, LUGAUER H J, et al. GaN-based LEDs and Lasers on SiC. Phys. Status Solidi A, 2000 180: 5 - 13.

[15] CHUNG K, LEE C H, YI G C. Transferable GaN Layers Grown on ZnO-Coated Graphene Layers for Optoelectronic Devices. Science, 2010, 330: 655 - 657.

[16] KOBAYASHI Y, KUMAKURA K, AKASAKA T, et al. Layered Boron Nitride as A Release Layer for Mechanical Transfer of GaN-based Devices. Nature, 2012, 484: 223 - 227.

[17] WONG W S, SANDS T, CHEUNG N W. Damage-free Separation of GaN Thin Films from Sapphire Substrates. Appl. Phys. Lett, 1998, 72: 599 - 601.

[18] CARLSON A, BOWEN A M, HUANG Y, et al. Transfer Printing Techniques for Materials Assembly and Micro/nanodevice Fabrication. Adv. Mater, 2012, 24: 5284 - 5318.

[19] TAMBOLI A C, HABERER E D, SHARMA R, et al. Room-temperature Continuous-wave Lasing in GaN/InGaN Microdisks. Nat. Photonics, 2007, 1: 61 - 64.

[20] KIM J, BAYRAM C, PARK H, et al. Principle of Direct Van Der Waals Epitaxy of Single-crystalline Films on Epitaxial Graphene. Nat. Commun, 2014, 5: 4836.

[21] BOUR D P, NICKEL N M, WALLE C G V D, et al. Polycrystalline Nitride Semiconductor Light-emitting Diodes Fabricated on Quartz Substrates. Appl. Phys. Lett, 2000, 76: 2182 - 2184.

[22] GEIM A K, GRIGORIEVA I V. Van Der Waals Heterostructures. Nature, 2013, 499: 419 - 425.

[23] UTAMA M I B, ZHANG Q, ZHANG J, et al. Recent Developments and Future Directions in the Growth of Nanostructures by Van Der Waals Epitaxy. Nanoscale, 2013, 5: 3570 - 3588.

[24] KELLY M K, AMBACHER O, DIMITROV R, et al. Optical Process for Liftoff of Group Ⅲ-Nitride Films. Phys. Status Solidi A, 2001, 159: R3 - R4.

[25] WONG W S, SANDS T, CHAUNG N W. Damage-free Separation of GaN Thin Films from Sapphire Substrates. Appl. Phys. Lett, 1998, 72: 599 - 601.

[26] ROGERS D J, HOSSEINI T F, OUGAZZADEN A, et al. Use of ZnO Thin Films as Sacrificial Templates for Metal Organic Vapor Phase Epitaxy and Chemical Lift-off of GaN. Appl. Phys. Lett, 2007, 91: 071120.

[27] GOTO H, LEE S W, LEE H J, et al. Chemical Lift-off of GaN Epitaxial Films Grown on C-sapphire Substrates with CrN Buffer Layers. Phys. Status Solidi C, 2008 5: 1659 - 1661.

[28] KOBAYASHI Y, TSAI C L, AKASAKA T. Optical Band Gap of h - BN Epitaxial Film Grown on C-plane Sapphire Substrate. Phys. Status Solidi C, 2010, 7: 1906 - 1908.

[29] AYARI T, SUNDARAM S, Li X, GMILI Y E, et al. Wafer-scale Controlled Exfoliation of Metal Organic Vapor Phase Epitaxy Grown InGaN/GaN Multi-quantum Well Structures Using Low-tack Two-dimensional Layered h - BN. Appl. Phys. Lett, 2016, 108: 171106.

[30] VUONG P, SUNDARAM S, MBALLO A, et al. Control of the Mechanical Adhesion of Ⅲ-Ⅴ Materials Grown on Layered h - BN. ACS Appl. Mater. Interfaces, 2020, 12: 55460 - 55466.

[31] FAN Z, RAZAVI H, DO J W, et al. Three Dimensional Nanopillar Array Photovoltaics on Low Cost and Flexible Substrate. Nat. Mater, 2009, 8: 648 - 653.

[32] ROGERS J A, SOMEYA T, HUANG Y. Materials and Mechanics for Stretchable Electronics. Science, 2010, 327: 1603 - 1607.

[33] KIM TI, MCCALL J G, JUNG Y H, et al. Injectable, Cellular-scale Optoelectronics with Applications for Wireless Optogenetics. Science, 2013, 340: 211 - 216.

[34] HARRIS K D, ELIAS A L, CHUNG H J. Flexible Electronics under Strain: A Review of Mechanical Characterization and Durability Enhancement Strategies. J. Mater. Sci, 2016, 51: 2771 - 2805.

[35] GUSTAFSSON G, CAO Y, TREACY G M, et al. Flexible Light-emitting-diodes Made from Soluble Conducting Polymers. Nature, 1992, 357: 477 - 479.

[36] FORREST S R. The Path to Ubiquitous and Low-cost Organic Electronic Appliances on Plastic. Nature, 2004, 428: 911 - 918.

[37] YABLONOVITCH E, GMITTER T, HARBISON J P, et al. Extreme Selectivity in the Lift-off of Epitaxial GaAs Films. Appl. Phys. Lett, 1987, 51: 2222 - 2224.

[38] PONCE F A, BOUR D P. Nitride-based Semiconductors for Blue and Green Light-

emitting Devices. Nature, 1997, 386: 351-359.

[39] CARLSON A, BOWEN A M, HUANG Y, et al. Transfer Printing Techniques for Materials Assembly and Micro/nanodevice Fabrication. Adv. Mater, 2012, 24: 5284-5318.

[40] LIU Y, XU Y, CAO B, et al. Transferable GaN Films on Graphene/SiC by Van Der Waals Epitaxy for Flexible Devices Phys. Status Solidi A, 2019, 216: 1801027.

[41] LEE C H, KIM Y J, HONG Y J, et al. Flexible Inorganic Nanostructure Light-Emitting Diodes Fabricated on Graphene Films. Adv. Mater, 2011, 23: 4614-4619.

[42] HIROKI M, KUMAKURA K, KOBAYASHI Y, et al. Suppression of Self-heating Effect in AlGaN/GaN High Electron Mobility Transistors by Substrate-transfer Technology using h-BN, Appl. Phys. Lett, 2014, 105: 193509.

[43] KUBALL M, HAYES J M, UREN M J, et al. Measurement of Temperature in Active High-power AlGaN/GaN HFETs using Raman Spectroscopy. IEEE Elect. Dev. Lett, 2002, 23: 7-9.

[44] GLAVIN N R, CHABAK K D, HELLER E R, et al. Flexible Gallium Nitride for High-Performance, Strainable Radio-Frequency Devices. Adv. Mater, 2017, 29: 1701838.

第7章

准范德华外延氮化物器件散热

电子器件功率密度的迅速增加使得高效散热成为信息、通信和能量存储技术发展的关键问题[1-2]。下一代集成电路、3D集成以及超快高功率密度通信设备的发展，使得热管理需求极为苛刻，因而高效散热成为现代电子、光电、光子器件和系统性能以及可靠性的重要研究内容。氮化物大功率器件的拓展应用也面临相似的问题，主要表现在光电器件应用中，随着发光二极管功率的不断增大，其面临的热的问题也愈来愈严重。如何解决发热对器件应用的限制已经成为当前国际学术界和工业界的研究热点。例如要解决LED中存在的散热问题，需要从材料、器件、系统应用这几个层面着手，研究大功率LED的材料特性、器件发热特性以及器件应用过程中整个系统的散热问题。如果散热的问题不能解决，会造成很多严重的问题，包括：

(1) 器件的光输出会随着节点温度升高而不断降低。LED的光输出与节点温度满足如下关系[3]：

$$\phi(T_2)=\phi(T_1)\mathrm{e}^{-k\Delta T_j} \tag{7-1}$$

其中，$\phi(T_2)$是节点温度为T_2时的光通量，$\phi(T_1)$为节点温度为T_1时的光通量，k为温度系数，ΔT_j是T_2和T_1的温度差。随着节点温度的上升，LED的光输出量下降。

(2) 温度升高后LED发射光波波长会发生偏移。LED发射光波满足以下关系：

$$\lambda_{\mathrm{peak}}=\frac{hc}{E_{\mathrm{g}}} \tag{7-2}$$

其中，h为普朗克常数，c为光速，E_{g}为禁带宽度。禁带宽度随温度变化导致波长发生偏移。特别是基于蓝光LED，当效率下降和出现波长的偏移时，会引起色温和显色系数的变化，这对于高质量照明的场所将是致命的损伤。

(3) 温度升高后芯片寿命会缩短。LED半衰期(τ)随节点温度变化满足指数关系[4]。半衰期是指光通量衰减为初始值的一半所经历的时间，一般用来衡量LED的寿命。

$$\tau=BN_{\mathrm{D}}^{-1}\cdot j^{-1}\mathrm{e}^{\frac{E_{\mathrm{g}}}{KT}} \tag{7-3}$$

其中，B为一系数，N_{D}为位错密度，j为电流密度，K为常数。节点温度较高时，芯片半衰期下降较快。

（4）温度升高后器件的稳定性降低。LED 内部材料的膨胀系数不一样，在温度变化比较大时，在其内部会产生热应力，会导致芯片发生形变，降低器件的稳固性，进而降低器件的可靠性。

目前关于器件散热性能的提升主要依赖于封装工艺，尚存在微型化困难和成本增高的困难。传统的填充导热颗粒的热界面材料要求填充剂体积分数（f）达到约 50%，使复合材料在室温（RT）下的导热系数（K）在 1～5 $W \cdot m^{-1} \cdot K^{-1}$ 范围内。研究发现，2D 材料（如石墨烯和 h－BN 等）由于具有优良的导热系数，常用作提高器件散热性能的介质。2D 材料和蓝宝石在导电性、导热性和柔性等方面形成互补，可改善蓝宝石热导率差、绝缘不导电等问题。通过在 2D 材料衬底上直接生长氮化物，利用 2D 材料优良的导热性来提高器件的散热能力。

早在 2012 年，有研究探索了高功率 GaN 晶体管设计，并提出了石墨烯可提升横向散热[5]。目前，在氮化物器件中利用 2D 材料增强器件散热性能的方法主要有两种：一是生长氮化物器件结构后，在制备器件时将 2D 材料转移到芯片上，如常见的利用 2D 材料代替传统金属电极，以达到导电和散热的效果；二是直接在 2D 材料衬底上生长氮化物基器件结构，这里 2D 材料主要起辅助散热的作用。我们着重讨论在具有优良导热性的 2D 材料上生长氮化物的方法。

7.1　辅助氮化物导热的二维材料

新型的 2D 材料一般通过范德华力或共价键作用形成各种异质结构。大量文献中对石墨烯、h－BN、碳纳米管和 BN 纳米管本征材料的热导率进行了计算验证。宽度为 2.5 nm 的扶手椅型石墨烯和 BN 纳米带以及碳纳米管和 BN 纳米管，当其长度无穷大时的室温热导率分别为 1316 $W \cdot m^{-1} \cdot K^{-1}$、526 $W \cdot m^{-1} \cdot K^{-1}$、901 $W \cdot m^{-1} \cdot K^{-1}$、369 $W \cdot m^{-1} \cdot K^{-1}$；在温度范围为 100～1200 K 时，由于声子间散射的加剧，热导率随着温度的升高而减小，并且在低温时，BN 纳米结构的热导率高于与之对应的碳结构，而随着温度的升高，BN 纳米结构的热导率则低于碳纳米结构；当纳米管被压缩时，晶格的非简谐振动受到影响，总体上其轴向热导率会随着压缩应变的增大而减小，但是

与 BN 纳米管不同的是，碳纳米管的低频声子在小应变下反而会被激发，导致热导率的增大。

材料中的能量子有光子、声子和电子，其中，声子是晶格振动的简正模能量子，遵从玻色-爱因斯坦分布，即

$$f_{\mathrm{BE}}^{\circ}=\frac{1}{\exp\left(\frac{E}{k_{\mathrm{B}}T}\right)-1} \tag{7-4}$$

其中，E 代表能量，k_B 为玻尔兹曼常数，T 代表绝对温度。

声子是半导体、绝缘体和碳材料中最主要的热载流子。由于光学声子的群速度很小，对热导率的贡献主要来自于声学声子。作为目前发现的导热能力最强的材料，单层石墨烯的面内热导率可以高达 5000 $W \cdot m^{-1} \cdot K^{-1}$[6]，石墨烯的导热系数也与其层数密切相关[7]。石墨烯中存在三种声子振动模式：沿波传播方向的振动 LA 模式，横向振动 TA 模式，以及面外振动 ZA 模式[8]。

h－BN 是由 B 原子和 N 原子以蜂窝状结构单原子层堆叠而成的，因结构与石墨烯十分类似并且是透明的，因此又称为白色石墨烯。对 h－BN 热导率的实验研究还比较匮乏，一方面是因为目前制备高质量 h－BN 的难度大，另一方面是因为其拉曼信号的灵敏度十分微弱。I. Jo 等人[9]利用热桥法测量了 11 层 h－BN 在室温下的热导率值约为 360 $W \cdot m^{-1} \cdot K^{-1}$，接近体材料的热导率值。C. R. Wang 等人[10]利用热桥法测得干法转移的双层 h－BN 在室温下的热导率值约为 484 $W \cdot m^{-1} \cdot K^{-1}$，而 h－BN 理论值达到 2000 $W \cdot m^{-1} \cdot K^{-1}$[11]。$MoS_2$ 作为 2D 材料家族的重要一员，有着独特的三明治结构，并且其带隙的大小依赖于厚度和层数，因此 MoS_2 也是一种非常有潜力的电子材料。利用拉曼法，R. S. Yan 等人[12]和 S. Sahoo 等人[13]分别测得单层和 11 层 MoS_2 的室温热导率为(34.5±4)$W \cdot m^{-1} \cdot K^{-1}$ 和 52 $W \cdot m^{-1} \cdot K^{-1}$。

关于低维纳米材料的热学性能，除了其本身的导热能力外，界面对纳米尺度的热传导同样具有重大的影响。这些低维材料因具有原子级的厚度和超高的比表面积，相比于传统材料将引入更多的界面相面积，并且对界面的结合条件也更加敏感。对于不同的 2D 材料[14]，声子在其界面处的热输运行为会对器件整体的热性能有重要的影响，这是异质结的散热研究必须要关注的重要内容。

对于高性能电子器件而言，高的热导率和低的界面热阻可以有效地消散器件内部的焦耳热，降低热点处的温度。由于界面两侧材料与结构的差异，声子在穿越界面时会受到严重的散射，界面两侧的局域温度会发生跳跃产生温差 ΔT，由此可以定义界面热阻(ITR)：

$$R_{\mathrm{i}}=\frac{\Delta T}{Q} \tag{7-5}$$

其中，Q 是流过界面的热流密度。界面热阻的倒数一般称为界面热导。

7.1.1　氧化石墨烯

石墨烯是由 sp^2 碳原子组成的单原子层，由于缺乏化学反应性，氮化物材料很难直接在石墨烯上直接外延生长，因此石墨烯与 GaN 基器件的集成仍然具有挑战性。基于这些考虑，韩国国立全北大学 T. V. Hong 等人[15]选择在氧化石墨烯(reduced Graphene Oxide，rGO)上直接外延生长 GaN。在此，rGO 作为高质量 GaN 外延横向生长的缓冲层，具有高导热性和更好的散热性。研究人员将光刻和喷涂方法相结合，在蓝宝石基片上生产低成本、可扩展和可处理的 rGO 图案，具体处理过程如图 7-1 所示。首先通过光刻工艺在蓝宝石基片上形成光刻胶掩模的圆形阵列，其次利用喷涂法在蓝宝石基片上沉积 rGO。其中圆形光刻胶阵列的形成和蓝宝石基片上 rGO 分散体的沉积是通过光刻和喷枪喷涂系统完成的。随后使用丙酮除去光刻胶，可在整个 rGO 覆盖的基片上形成孔状图案。然后，在 H_2 环境下 1100℃ 进行原位热退火处理 10 min，最终获得 rGO 并利用 MOCVD 生长 GaN/基 LED 结构。

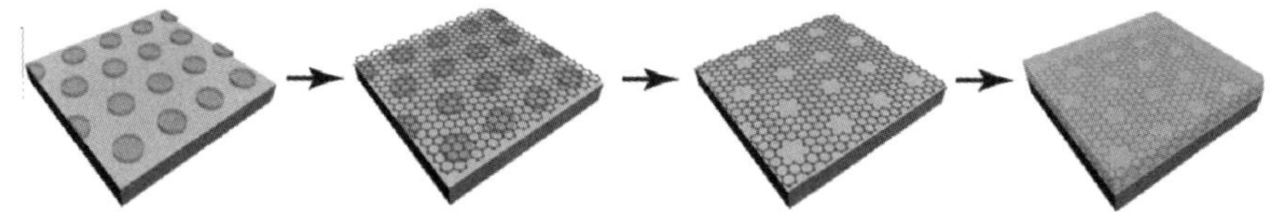

(a) 通过光刻工艺在蓝宝石基片上形成光刻胶掩模的圆案阵列　(b) 使用喷涂法在蓝宝石基片上沉积rGO　(c) 使用丙酮去除光阻剂（在此步骤中，将形成具有孔状排列的rGO）　(d) GaN结构在rGO图案上直接生长

图 7-1　rGO 嵌入氮化镓基 LED 形成过程的关键步骤示意图

图 7-2 显示了 rGO 包覆蓝宝石衬底的表面形貌。从图 7-2(a)可以看出，

通过优化的喷涂法沉积了大面积高黏附性的 rGO，而光刻胶去除过程对沉积的 rGO 没有产生损伤。rGO 薄膜主要平行于衬底排列，薄膜厚度约为 15 nm。rGO 图形对应的形貌如图 7-2(b)所示，可以注意到热还原过程后薄膜厚度显著降低至 2.2 nm(截面分析)，这是由于以 C—O 和 C═O[16]形式存在的官能团被去除而导致层间空间的收缩。值得注意的是，与传统的自旋涂层相比，喷涂方法更适合于光敏电阻辅助 rGO 图形的形成，因为喷涂方法涉及加热衬底上的沉积，可使沉积物很好地附着在衬底上。这种方法的另一个优点是，即使对于大规模的沉积，它也只消耗少量的溶液。

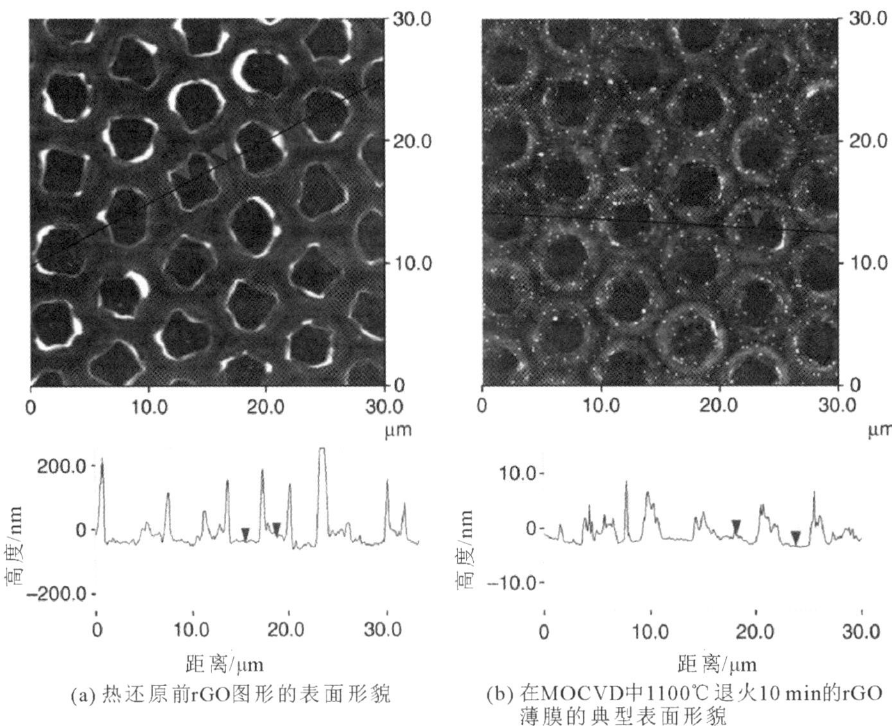

(a) 热还原前rGO图形的表面形貌

(b) 在MOCVD中1100℃退火10 min的rGO薄膜的典型表面形貌

注：沿图像中标记的实心黑线得到的高度轮廓。每个图像中的红色箭头代表两个选定点，在这两个点上，垂直高度差可以直接测量rGO的厚度。

图 7-2 蓝宝石上产生的 rGO 图案的 AFM 图像[16]

进一步，利用 XPS 谱的 C 1s 核心谱对热还原前后 rGO 图形进行化学分析，对 C 1s 光谱进行曲线拟合，根据高斯拟合和洛伦兹函数分峰，C 1s 谱(见

图 7－3(a))表明发生了明显的氧化过程，对应的碳原子具有四种不同的键能：sp^2碳原子的 C—C 键(284.5 eV)、C—O 键 (286.6 eV)、 C═O 双键(288.2 eV)以及 O—C═O 混合键(289.2 eV)[17]。这可以从光谱中 C—O 单键和 C═O 双键峰的强度水平变化得到进一步证明。热还原后，各峰强度显著降低(见图7－3(b))，还原碳(C—C)的比例估计为 83%，远高于原始 rGO 的估算值(63%)。值得注意的是，前者的值与 rGO 的报告值相当[18-19]。

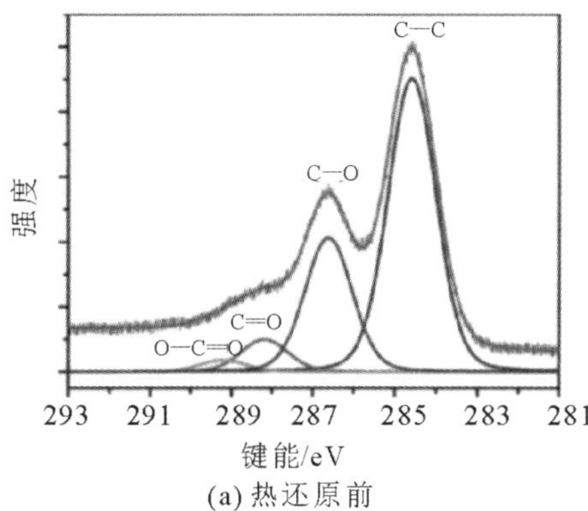

(a) 热还原前

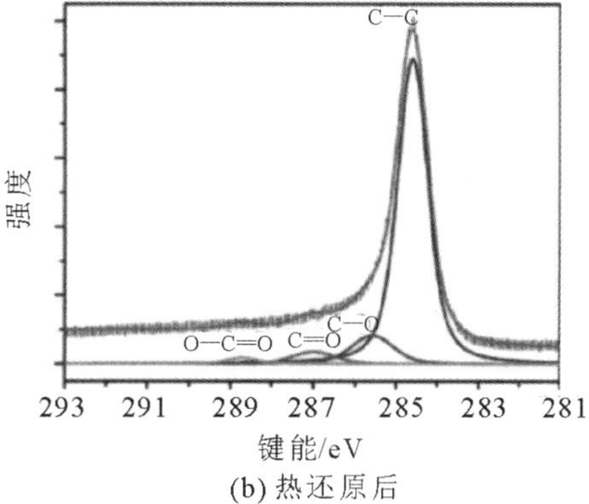

(b) 热还原后

图 7－3　rGO 图形的 C 1s 核心级光谱[17]

在 rGO 模板下，GaN 选择性地从暴露的蓝宝石区域开始生长。当生长时间增加时，由于外延侧向生长，GaN 岛的尺寸也随之增大，生长 90 min 后，完全合并得到光滑的 GaN 薄膜。通过 X 射线摇摆曲线分析，发现生长在 rGO 模板(平面蓝宝石)上的 GaN 外延层的(0002)和($10\bar{1}2$)峰的半宽度分别为 232(248)arcsec 和 402(560)arcsec，这意味着在 rGO 图形模板上生长的 GaN 薄膜质量要比在蓝宝石衬底上生长的 GaN 薄膜质量好。此外，生长的 GaN 为单晶，如图 7－4 所示，测量相邻平面之间的晶格间距为 0.51 nm(见图 7－4(b))，对应于纤锌矿 GaN 晶体(0001)晶面间距[20]，这一结果与观察到的规则衍射模式进一步证实了生长在 rGO 模板下的 GaN 具有单晶性质。HRTEM 图像也证明了 rGO 镶嵌在蓝宝石和 GaN 薄膜之间。从剖面碳元素的强度分布看(图 7－4(d))，嵌入 rGO 的厚度估计为 2.5 nm，这与 AFM 测试结果一致。上述结果表明，使用 MOCVD 方法可直接将 GaN 生长到 rGO 模板上。

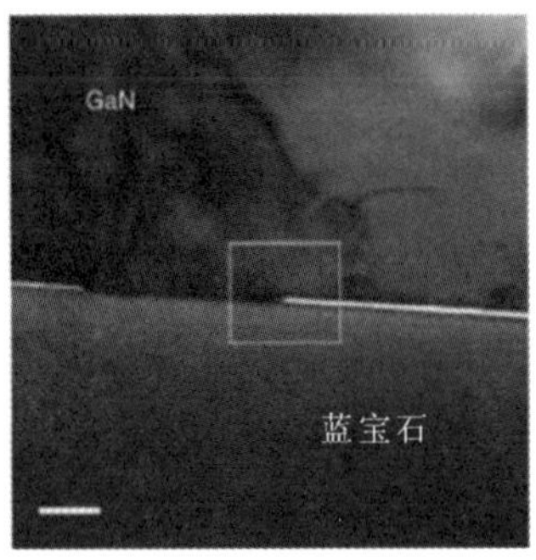

(a) GaN/rGO/蓝宝石界面的截面亮场图像(比例尺:100nm)

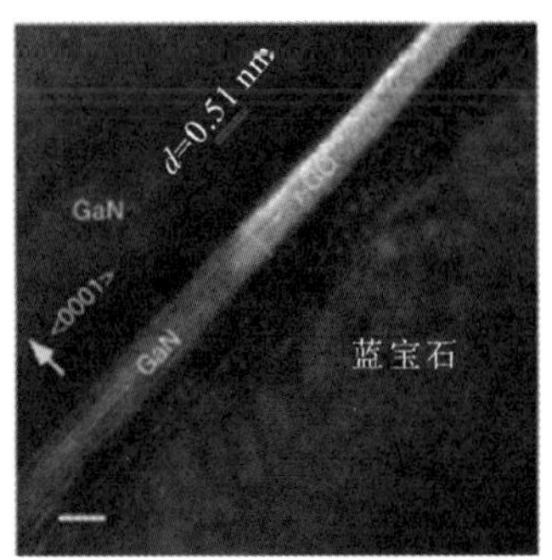

(b) 图(a)中矩形区域界面的高分辨率快照

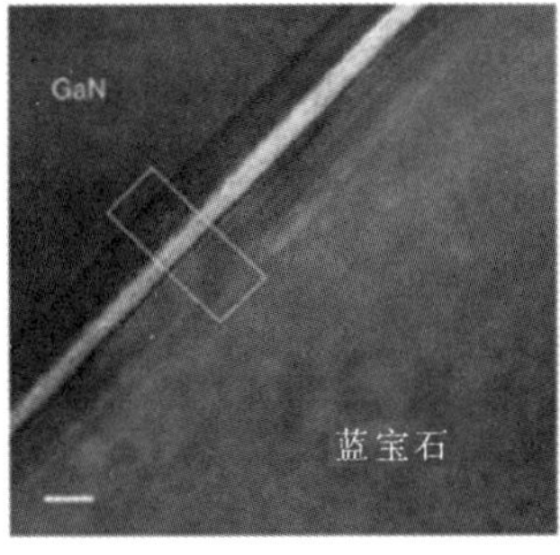

(c) 图(b)中标注的晶面方向和晶格距离

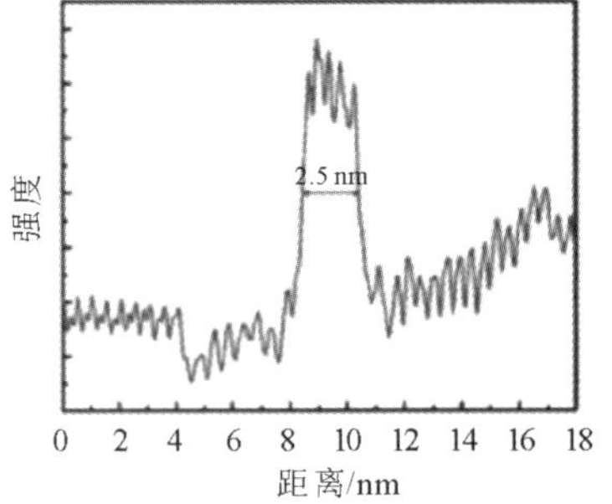

(d) 图(c)中矩形区域的碳元素强度分布

图 7-4　rGO 嵌入 GaN 薄膜的 TEM 图像[17]

7.1.2　垂直石墨烯

多层石墨烯的 2D 结构基于层与层之间微弱的范德华力。实验表明石墨烯在水平方向(平面内)具有优异的导热性，但在垂直方向(平面外)由于层与层之间的范德华力较弱，因此导热性较差。石墨烯的热导率具有各向异性，也就是说，热量在平面方向(*ab* 方向)转移能力较强，但沿着垂直方向则较弱[21-22]。因此，对于多层石墨烯，热量主要通过直接或密切接触热源的界面层转移，而垂直方向的远离热源的热导率有限，对散热的贡献较小。与常见的横向的石墨烯相比，垂直取向的石墨烯片(Vertically oriented Graphene，VG)[23]具有 3D 结构和独特的垂直方向，可以在垂直和水平两个方向表现出良好的热传输性能，可有效促进器件外延层和衬底之间的散热，从而提升器件性能。使用传统的拉曼法[24-28]测量出悬浮的垂直石墨烯纳米墙缓冲层的热导率是 680 $W \cdot m^{-1} \cdot K^{-1}$，这远远高于

GaN(130 W·m^{-1}·K^{-1})、SiC(200 W·m^{-1}·K^{-1})和铜(400 W·m^{-1}·K^{-1})材料在 LED 器件中的散热效果[29]。

通常情况下，通过 CVD 法可以获得水平取向的石墨烯，北京大学 Z. F. Liu 等人利用 dc-PECVD 系统产生的垂直电场，证实了石墨烯更倾向于垂直方向生长。生长的石墨烯几乎垂直于衬底，存在大量边缘缺陷，这些缺陷主要是由等离子体产生过程中的电场引起的[30-33]。垂直石墨烯(VG)具有的锐利边缘、非堆积形态以及较大的表面与体积比，可以提供充足的边缘缺陷作为氮化物成核的位点。此外，采用 MOCVD 方法在垂直石墨烯/蓝宝石衬底上生长 AlN，最终可获得高质量的 AlN 薄膜。值得注意的是，垂直石墨烯(VG)纳米片在光照下可表现出良好的散热性能。

图 7-5 展示了生长垂直石墨烯(VG)纳米片的代表性 SEM 形貌、拉曼光谱、AFM 和 TEM 图像[34]。从图 7-5(a)的 SEM 图像可以清楚地看到，垂直石墨烯纳米片覆盖了蓝宝石衬底的表面(亮区表示垂直的石墨烯纳米片，暗区

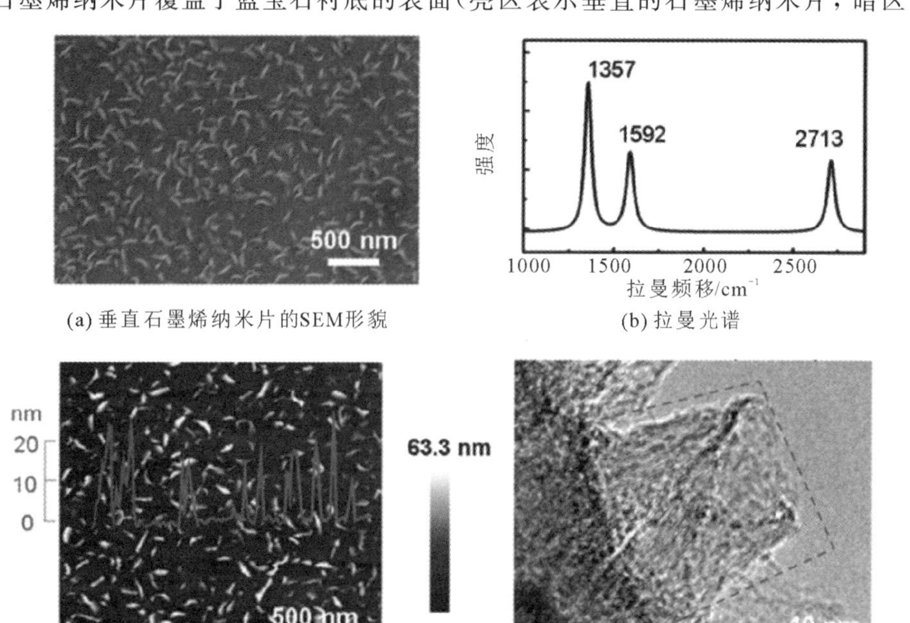

(a) 垂直石墨烯纳米片的SEM形貌　(b) 拉曼光谱

(c) AFM图像的高度轮廓　(d) 高度约为22 nm垂直石墨烯纳米片的横截面TEM图像

图 7-5　垂直石墨烯(VG)纳米片的代表性 SEM、拉曼光谱、AFM 和 TEM 图像示意图[34]

表示裸露的蓝宝石衬底)。7-5(b)中垂直石墨烯纳米片的拉曼光谱显示了 1357 cm^{-1}(D 波段)、1592 cm^{-1}(G 波段)和 2713 cm^{-1}(2D 波段)的特征拉曼光谱峰[35]，这表明低温下石墨烯的结晶度仍相对较高。在这些纳米结构中，单个纳米薄片的横向尺寸通常为(0.12±0.02)μm，厚度只有几个纳米，由 8 个 10 层组成。图 7-5(c)中的 AFM 图像显示了密度大约为 81 μm^{-2} 的垂直石墨烯纳米片的分布，垂直石墨烯纳米片的平均高度为(20.5±5.0)nm。图 7-5(d)中的 TEM 图像显示了单个纳米薄片的弯曲边缘、位错等缺陷集中在纳米侧壁区域。

对于在垂直石墨烯纳米片上生长高质量的 AlN 薄膜，研究显示垂直取向的石墨烯纳米片存在大量的边缘缺陷，可以作为 AlN 生长的成核位点。垂直石墨烯纳米片缓冲层对在蓝宝石衬底上生长的 AlN 薄膜的形核和质量的影响如图 7-6 所示。如图

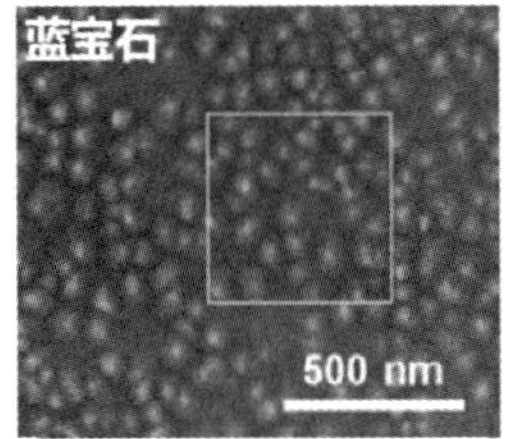

(a) 在初始成核阶段，裸蓝宝石衬底上的AlN的SEM图像

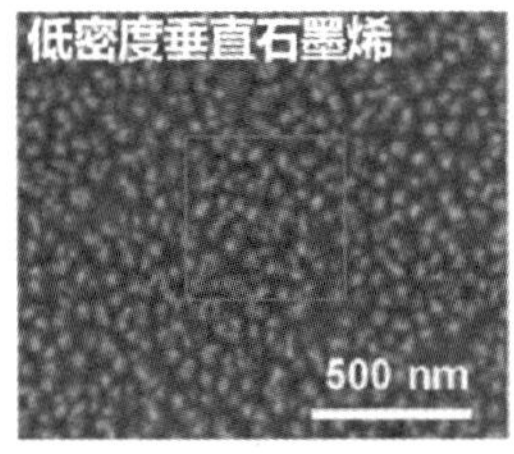

(b) 低密度垂直石墨烯纳米片的衬底

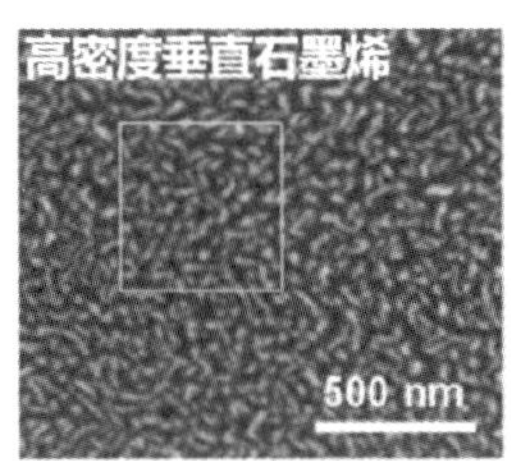

(c) 高密度垂直石墨烯纳米片的衬底

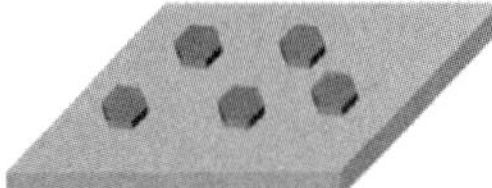

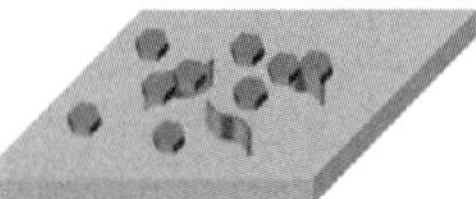

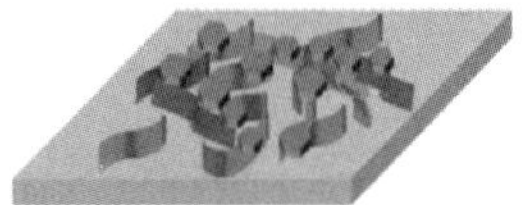

(d) 不同衬底上初始AlN成核条件的示意图

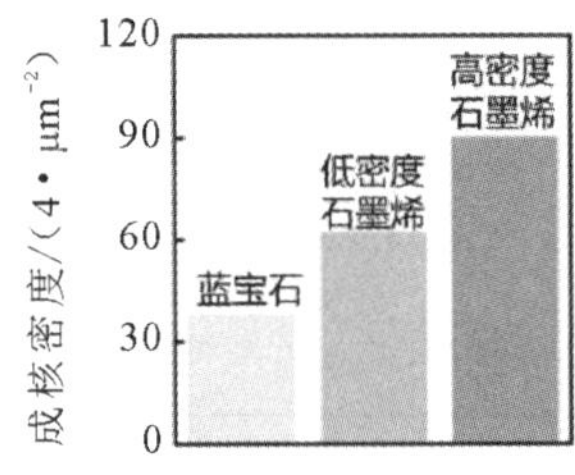

(e) 500 nm×500 nm区域中AlN成核位点数量的统计数据

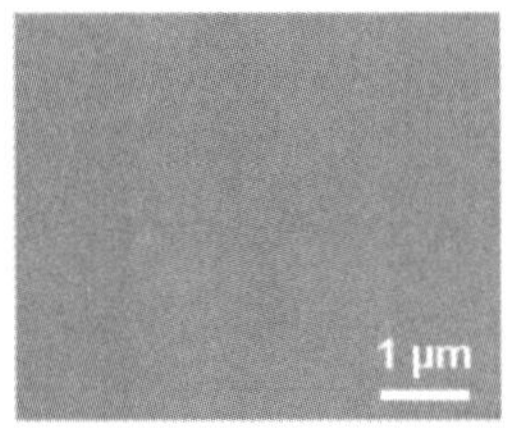

(f) 低密度垂直石墨烯纳米片衬底上生长的AlN 薄膜AFM图像

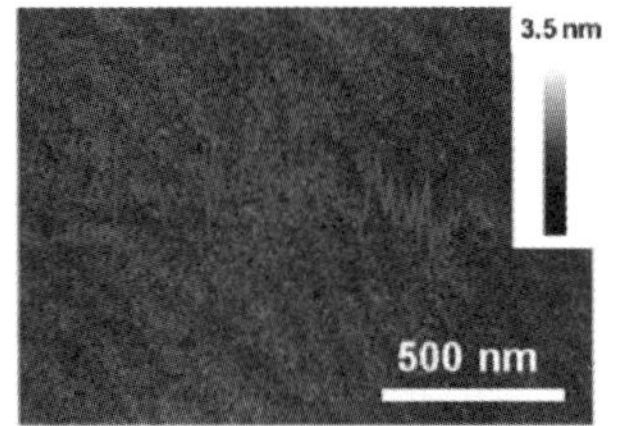

(g) AFM图像的高度轮廓

图 7-6 垂直石墨烯纳米片缓冲层对在蓝宝石衬底上生长的 AlN 薄膜的形核和质量的影响[34]

7-6(a)～(c)所示，对蓝宝石衬底上的生长情况进行对比可知，通过调整优化垂直石墨烯纳米片的密度，可以有效地控制 AlN 成核密度，即密度最低的 AlN 成核发生在空白蓝宝石处，而更高密度的 AlN 成核发生在附有垂直石墨烯纳米片的蓝宝石衬底上。通过一步生长法替代传统两步生长法，可生长出平滑的 AlN 薄膜，如图 7-6(d)、(e)所示。如图 7-6(f)、(g)所示，生长获得的 AlN 薄膜的 RMS 仅为 1.8 Å，达到了传统蓝宝石上外延 AlN 的水平。

7.1.3　多层 h-BN

为了在蓝宝石衬底上获得高质量的 BN 薄膜，通常采用 LPCVD 方法在铜箔表面制备单层 h-BN 层。然后，将 h-BN 通过 PMMA 从铜箔转移到 *c* 面蓝宝石上。在形成的 h-BN/蓝宝石复合衬底上，使用射频功率为 100 W 的 O_2 等离子体对 h-BN 表面进行处理，时间为 3 min。将三甲基铝(TMAl)和 NH_3 作为 Al 和 N 的前体，氢气作为载气，采用 MOCVD 方法在上述衬底上生长 AlN 薄膜。在此过程中，MOCVD 室压力保持在 50 Torr 左右，在低温(660℃)下 AlN 层沉积 6 min，Ⅴ/Ⅲ约为 9000；当温度升至 1200℃时，以Ⅴ/Ⅲ＝580 生长1 h，AlN 层的厚度约为 1.45 μm。

图 7-7(a)显示了等离子体处理前后蓝宝石上 h-BN 表面形貌的区别。h-BN在处理前有许多褶皱(深色线)和多层岛(深色区域)，这证实了 h-BN 层是连续的[36]。由于 h-BN 的热膨胀系数与 Cu 的热膨胀系数不匹配，导致 h-BN受压缩应变松弛的影响而出现褶皱，在光滑区域可以清晰地看到 Cu 台阶[37]。h-BN 的表面 AFM 和 SEM 测试结果是一致的，表面 RMS 为 1.76 nm，测试面积为 5 μm×5 μm。在边缘处测量了 h-BN 层的厚度，从 AFM 结果可以看到，台阶厚度约为 0.87 nm(见图 7-7(c))，大于单层 h-BN 层的厚度，这是 h-BN 层与衬底之间的化学差异引起[38]的。h-BN 层经过处理后，其与蓝宝石衬底之间的差别依然清晰，如图 7-7(b)所示。h-BN 经过 O_2 处理后变得更平滑，h-BN 中的褶皱急剧减少，Cu 台阶变得更明显，在 SEM 图像中显示出明亮的条纹。褶皱旁边的 h-BN 可能更脆弱和不稳定。在进行 O_2 等离子体处理的过程中，一些褶皱伸展消失。最后，褶皱旁边的 h-BN 靠近蓝宝石。由于 O_2 等离子体的低功率，多层岛并没有发生变化。h-BN 经 O_2 等离子体处理后的形貌变化将有利于 AlN 的后续成核。

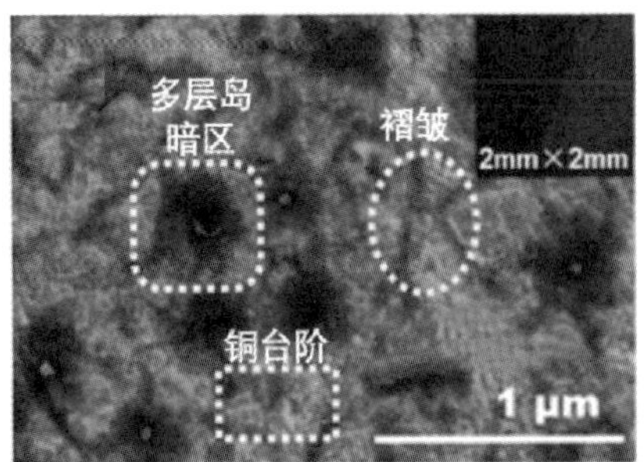

(a) h-BN-O_2在蓝宝石上的SEM图像

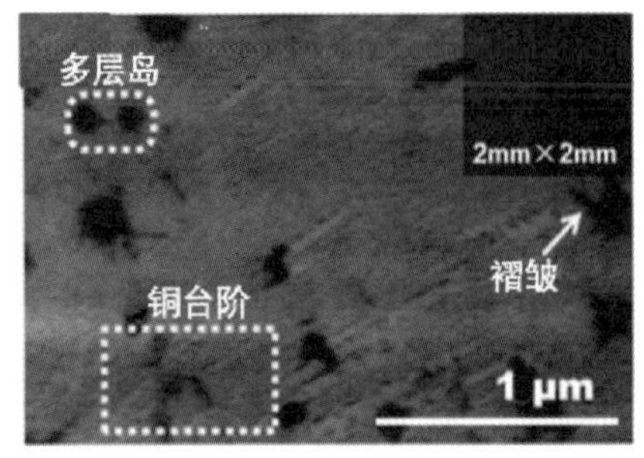

(b) h-BN-O_2在蓝宝石上的SEM图像

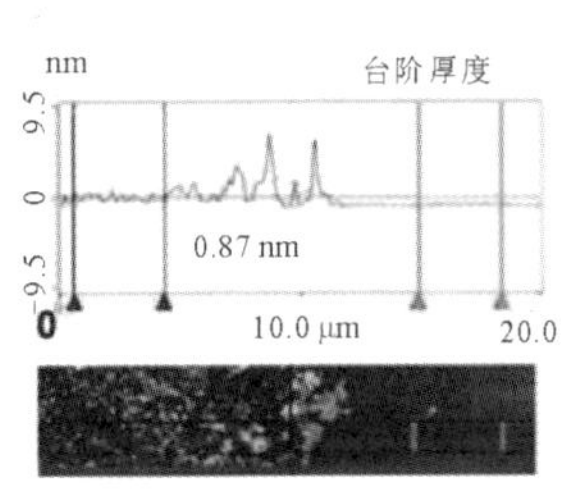

(c) 蓝宝石层边缘h-BN材料的AFM图像

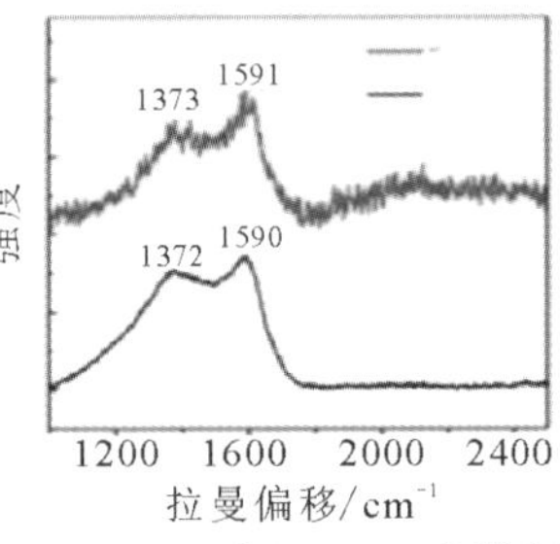

(d) h-BN和h-BN-O_2在蓝宝石上的拉曼光谱

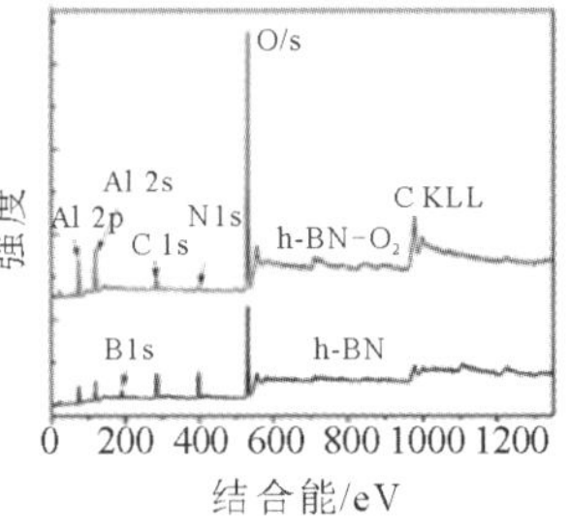

(e) XPS光谱[42]

图 7-7　h-BN 和 h-BN-O_2在蓝宝石上的对比图

进一步地，用拉曼光谱和 XPS 分析 h-BN 和 h-BN-O_2在蓝宝石表面的缺陷性质，图 7-7(d)为图像背景相减后两个样本的拉曼光谱。从中可以看到，这两个光谱峰分别出现在 1372 cm^{-1}和 1590 cm^{-1}处，这归因于 B—N 键和 C—C 双键的振动[39-40]。h-BN-O_2谱上 1372 cm^{-1}处的峰值更宽、更嘈杂，这是由于O_2等离子体引起 h-BN-O_2缺陷造成的。1590 cm^{-1}处的峰值可能与 CVD 室中h-BN生长过程中产生的 C 杂质有关。图 7-7(e)显示了两个样品在约 190 eV、285 eV、398 eV 和 531 eV 时的 B 1s、C 1s、N 1s 和 O 1s XPS 峰值，在 74 和 118 eV 附近处的两个峰分别是 Al 2p 和 Al 2s XPS 峰[41]。

此外，通过分析 B 1s、N 1s 和 O 1s 的 XPS 光谱，可以了解O_2等离子体的影响。峰值使用标准的 XPS 拟合软件并做了背景消除，结果见表 7-1(拟合位置峰值)和图 7-8 (a)～(d)，B1、B2、N1、O1 和O_2的峰归属于 B—N、N—B—O、B—N、Al—O 以及与 PMMA 有关的 O 原子的结合状态[39-40, 43]。从图 7-8(a)、(c)可以看出，N 1s 的化学状态仍为 B—N，而 B 1s 的 XPS 峰分裂为两个峰，这是经过O_2等离子体处理后出现的 N—B—O 化学状态。用拟合

峰面积除以原子灵敏度因子(ASF)，计算了B原子序数与N原子序数的比值(B/N)。h-BN和h-BN-O_2的B/N比值分别为0.97和1.01。综合考虑到这些结果，h-BN材料经过O_2等离子体处理后原子连接结构的变化如图7-8(e)所示。

表7-1 h-BN和h-BN-O_2的B 1s、N 1s和O 1s的结合能[44]

样品	B1/eV	B2/eV	N1/eV	O1/eV	B2/eV
h-BN	190.3	—	397.8	530.6	532.3
h-BN-O_2	189.7	191.6	397.7	530.6	—

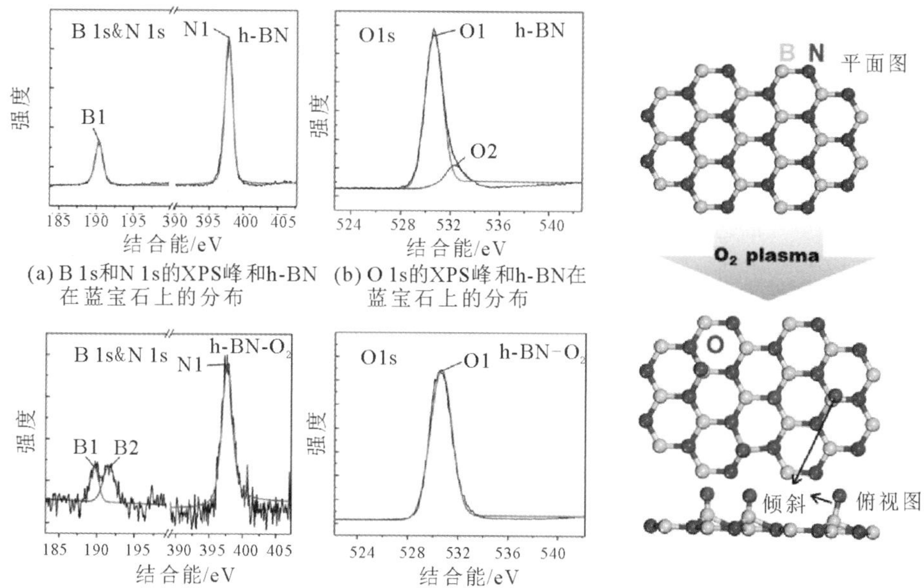

(a) B 1s和N 1s的XPS峰和h-BN在蓝宝石上的分布　(b) O 1s的XPS峰和h-BN在蓝宝石上的分布

(c) B 1s和N 1s的XPS峰和h-BN-O_2在蓝宝石上的分布　(d) O 1s的XPS峰和h-BN-O_2在蓝宝石上的分布　(e) h-BN在O_2等离子体处理前后的原子连接结构示意图

图7-8 h-BN和h-BN-O_2在蓝宝石上的XPS分析图和结构示意图[42]

研究发现，在h-BN材料中，O原子可以取代一些N原子[39,44]。另外，O原子的结合可以使B原子的sp^2杂化轨道变为sp^3杂化轨道。同时，具有N—B—O化学态的B原子会向上移动一点，以遵循最小能量原理。此外，一些B—O化学键可能会偏离与蓝宝石表面(0001)方向垂直的*c*轴而倾斜，少量的N原子被O原子所取代，大部分O原子悬浮在B原子上。悬浮在h-BN材料上的B—O化学键可视为悬挂键，因此，h-BN-O_2表面悬空键的增加[45]，有

利于 AlN 后续成核，图 7-8(b)、(d)显示了 O 1s XPS 峰的变化。O_2 等离子体处理后的 O_2 化学状态消失，这是残余 PMMA 分解的结果。因为残余 PMMA 不利于 AlN 的外延生长，所以总的来说，O_2 等离子体处理更适合 AlN 的后续生长。

7.2 二维材料/氮化物器件散热

由于器件不断向微型化和集成化发展，器件内部的功耗密度将急剧增加，其单位面积产生大量的热量，甚至会在局部形成热流很大且温度很高的“热点”。高热引起的局部温度升高会带来一系列严重的后果，严重限制了器件工作的稳定性和可靠性。电子器件的散热问题是目前制约半导体工业发展的重要瓶颈，纳米尺度的热调控已经成为器件设计中非常关键的环节[46-51]。

半导体器件在大电流运行下会产生大量的焦耳热，温度的变化会影响器件中电子和空穴的运动，进一步抑制器件的性能[52]。例如，LED 器件在大电流下工作时，随着结温的升高，非辐射电子空穴增加，导致器件的光功率或发光效率降低。因此，要充分发挥器件在大电流下工作的潜力，必须找到有效散热的解决方案。2D 材料(如石墨烯、h-BN 等)优良的热导率远高于 Si($145\ W\cdot m^{-1}\cdot K^{-1}$)、铜($400\ W\cdot m^{-1}\cdot K^{-1}$)和传统的蓝宝石衬底($30\ W\cdot m^{-1}\cdot K^{-1}$)[53]。因此，可以将 2D 材料引入氮化物器件中，提高其散热性能。

GaN 基 LED 随着功率及注入电流的提高，LED 器件的失效，尤其是热失效变得愈发严重，会影响发光特性，造成光衰、色漂移等严重后果。随着应用的推广，热管理分析也越来越引起人们的关注。在上述嵌入 rGO 的 InGaN/GaN 多量子阱蓝色 LED 芯片中，利用红外成像技术监测 LED 芯片表面的温度分布。为了获得可靠的数据，需要等待足够长的时间才能达到热稳定状态。通过(x, y)坐标变换对红外摄像机图像进行处理，得到了 100 mA 时芯片表面温度分布的红外强度图像(见图 7-9)。传统 LED 芯片和嵌入 rGO 的 LED 芯片的表面温度峰值分别为 58℃和 53.2℃，测量的温度范围在 30～60℃。此外，嵌入 rGO 的 LED 芯片表面平均温度降低到 47.06℃，而传统 LED 芯片表面平均温度只降低到 51.4℃。虽然温度减少的绝对数值不大，但这大大延长了 LED 芯片的使用寿命。

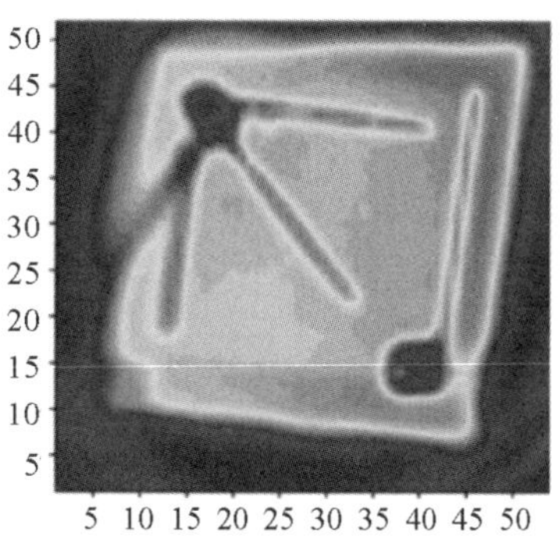

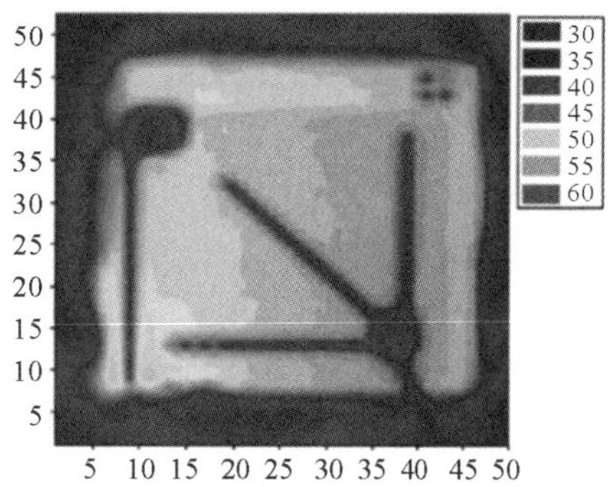

(a) 传统LED芯片表面的温度分布　　(b) 嵌入rGO的芯片表面的温度分布

注：这些图像是在100 mA电流注入下获得的，比例尺给出了与不同颜色的相关温度的估计。

图 7-9　红外热成像摄像机拍摄的芯片表面照片[17]

图 7-10(a)为 150 mA 驱动电流下 LED 封装的瞬态冷却曲线，这里每条曲线代表在恒定注入电流下芯片结温升高的时间依赖性。图 7-10(b)表征了被测的结温作为三个被研究的 LED 芯片注入电流的函数。应注意的是，在所有情况下，结温都随着注入电流的增加而增加，这是标准 LED 芯片的普遍现象。在研究的所有驱动电流中，嵌入 rGO 的 LED 芯片的结温比传统的同类产品要低。例如，在 150 mA 时，传统 LED 芯片和嵌入 rGO 的 LED 的测量结温分别为32.3℃和24℃，后者比前者的结温降低了 25.7%。

由冷却曲线直接推导出的差分结构函数如图 7-10(c)所示。考虑到芯片为夹芯结构，其中各层具有相同的面积，因此在热传导路径中，当热量传输到不同材料时就会出现波峰和波谷。在图

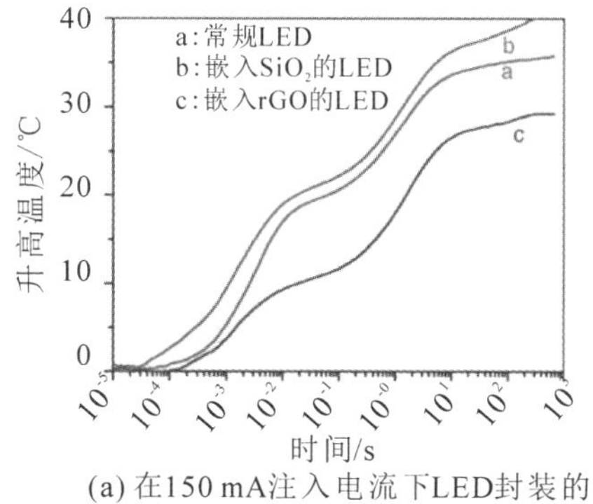

(a) 在150 mA注入电流下LED封装的瞬态冷却曲线

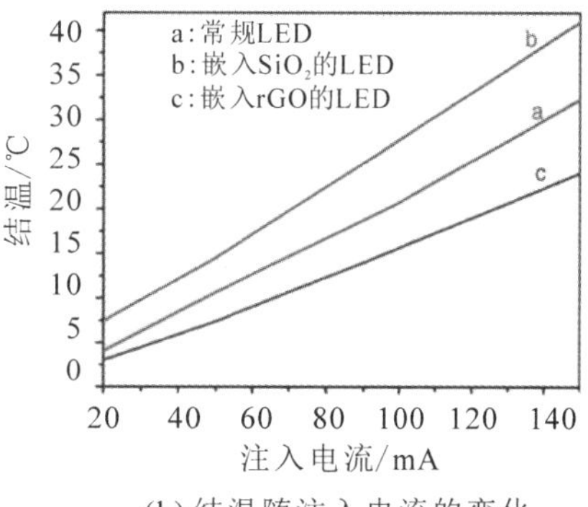

(b) 结温随注入电流的变化

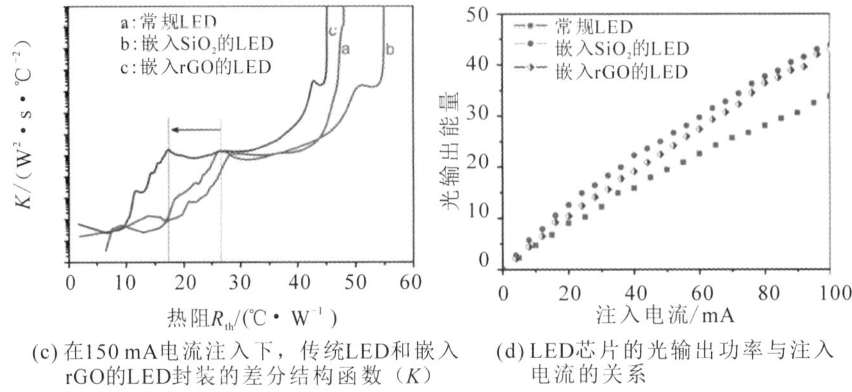

(c) 在150 mA电流注入下，传统LED和嵌入rGO的LED封装的差分结构函数（*K*）

(d) LED芯片的光输出功率与注入电流的关系

图 7-10　不同 GaN LED 的瞬态热和光学特性[17]

7-10(c)中，第一个峰值表示从芯片到附模的热流，饱和区域表示从附模到吸热器的热流。在图 7-10(c)所示的差分结构函数中，可以区分两种 LED 封装的特性。在 150 mA 注入电流下，嵌入 rGO 的 LED 芯片和传统 LED 芯片的热阻值分别为 17.3℃/W 和 26.2℃/W。值得注意的是，嵌入 rGO 的 LED 芯片的热阻值比传统的同类芯片降低了约 8.9℃/W。在相同的实验条件下，对每个样品的多个 LED 芯片进行测量，进一步验证了数据的可靠性。这些数据证实了红外成像观测和结温结果，以及在 LED 芯片中 rGO 层明显改善了散热，并将其与传统 LED 芯片的光电特性进行了比较。嵌入的 rGO 对器件的电流-电压特性没有影响，图 7-10(d)显示了光输出功率随注入电流的变化，可以观察到，嵌入 rGO 的 LED 芯片的光输出功率比传统 LED 芯片明显提高，这对应着结温下降而引起的器件内部量子效率的提升。

为深入研究大功率 LED 的可行性而进行的其他实验显示，在注入电流为 350 mA 时，嵌入 rGO 的 LED 芯片的光输出功率提高了约 33%。值得注意的是，所观察到的嵌入 rGO 的 LED 芯片的热特性和光学特性的增强与传统石墨或铜等散热衬底上的垂直结构 LED 的结果类似。因此，目前的研究结果预示着石墨烯基材料将很快应用于大功率 LED 的热管理。

近紫外 LED 主要应用在树脂固化、油墨印刷、防伪识别等领域，深紫外 LED 在杀菌消毒、生化检测、医疗健康、隐秘通信等领域具有重要的应用价值。特别是在杀菌消毒领域，深紫外 LED 主要利用高能量紫外线照射微生物

（细菌、病毒、芽孢等病原体）并破坏核酸结构，从而达到微生物灭活的目的。相比于传统杀菌消毒技术(如加氯法、臭氧法、紫外汞灯等)，深紫外LED具有杀菌效率高、适用性强(广谱)、无化学污染物、操作简单等优点，可广泛应用于空气、水体和物体表面消杀。AlN基紫外LED发展快速，将逐渐取代传统污染较严重的汞灯。然而，深紫外LED的外量子效率通常为2%～3%，它的散热问题是其应用的主要瓶颈之一。

垂直石墨烯(VG)纳米片具有良好的散热效果。对AlN薄膜在蓝宝石衬底上有垂直石墨烯(VG)和裸露衬底两种情况的散热能力进行了对比。图7-11(a)、(c)分别为AlN-Al_2O_3结构和AlN-VG-Al_2O_3结构的示意图。用功率为850 mW/cm^2、波长为1450 nm的激光照射，二者的温度迅速增加，1 min后缓慢增加，如图7-11(e)所示。二者的表面温度随辐照时间的变化趋势相似，但是AlN-VG-Al_2O_3结构中的表面温度

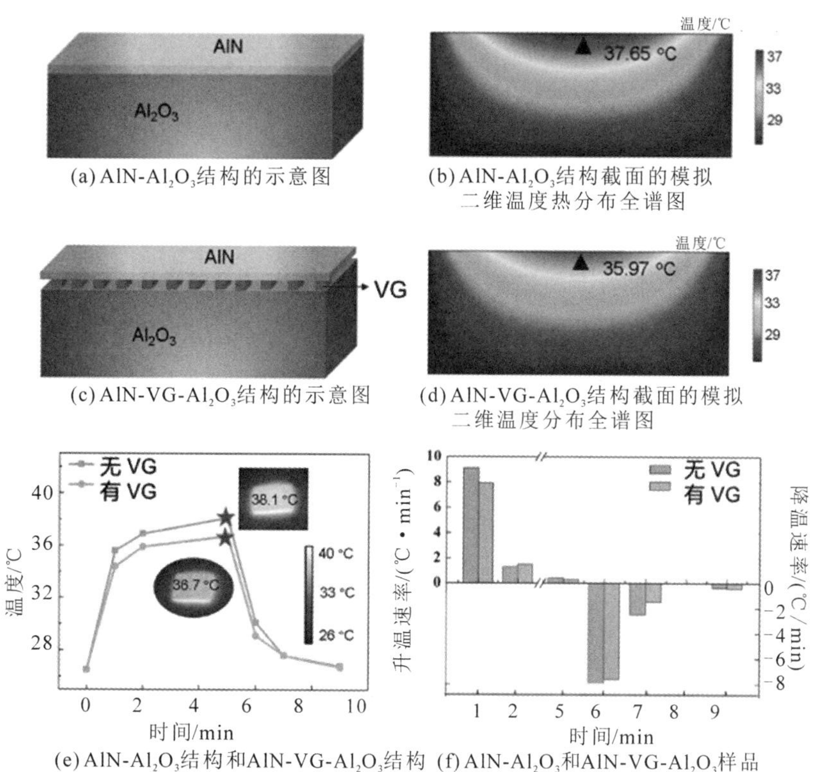

(a) AlN-Al_2O_3结构的示意图

(b) AlN-Al_2O_3结构截面的模拟二维温度热分布全谱图

(c) AlN-VG-Al_2O_3结构的示意图

(d) AlN-VG-Al_2O_3结构截面的模拟二维温度分布全谱图

(e) AlN-Al_2O_3结构和AlN-VG-Al_2O_3结构的温度与时间变化的关系曲线

(f) AlN-Al_2O_3和AlN-VG-Al_2O_3样品的加热和冷却速率的统计直方图

图7-11　蓝宝石衬底上有/无垂直石墨烯存在时AlN薄膜的散热[34]

相比较低。特别是在激光照射 5 min 后，采用垂直石墨烯缓冲的 AlN 薄膜检测到的峰值温度为 36.7℃，比没有垂直石墨烯的薄膜温度低约 1.4℃。关闭激光后，二者的温度均逐渐降低。AlN-Al_2O_3样品和 AlN-VG-Al_2O_3样品测量的加热和冷却速率的统计直方图如图 7－11(f)所示，表明由于垂直石墨烯的存在，AlN-VG-Al_2O_3样品在加热和冷却过程中进行了更有效的热量传输。

进一步地，通过定量评价蓝宝石和 AlN 之间垂直石墨烯纳米墙对散热的影响，基于有限元元素分析进行了二维温度热分布模拟。AlN-Al_2O_3结构由长 1 cm、高 300 μm 的蓝宝石层和长 1 cm、高 2 μm 的 AlN 层组成。对于模拟的 AlN-VG-Al_2O_3结构，除了上述结构外，蓝宝石层和 AlN 层之间具有规则的间隔垂直石墨烯(间隔 100 nm)。采用中心热流为 10 W、激光光斑半径为 2 mm 的高斯分布热源对激光源进行模拟，结果表明，在激光照射 5 min 后，存在垂直石墨烯的样品峰值温度为 35.97℃，而裸露蓝宝石上 AlN 层的峰值温度为 37.65℃(高出 1.68℃)，符合实验结果。

因此，引入垂直石墨烯(VG)可以有效降低 LED 的结温，从而提高光输出功率，以及提高器件的稳定性和寿命。图 7－12(a)、(b)显示了有垂直石墨烯纳米片和无垂直石墨烯纳米片的 UV-LED 的电致发光特性，采用垂直石墨烯作为缓冲层的 LED 的 EL 峰波长在施加电流从 40 mA 增加到 500 mA 时出现了1.4 nm的偏移，而无垂直石墨烯缓冲层的峰值则移动了 9.5 nm，垂直石墨烯纳米片使得 LED 波长的偏移明显减小。从图 7－12(c)中不同的电流-电压特性曲线可以看到 390 nm 紫外 LED 器件的开启电压约为 3.2 V，这说明使用垂直石墨烯作为缓冲层的 LED 器件具有更好的质量。图 7－12(d)所示，有垂直石墨烯和没有垂直石墨烯的紫外 LED 器件的光输出功率为注入电流的函数。对于没有垂直石墨烯(VG)缓冲层的 LED 器件，在注入电流为 450 mA 时，饱和的光输出功率为 137 mW；而对于有垂直石墨烯缓冲层的 LED 器件，在注入电流为 450 mA 时，光输出功率为 200 mW，且随着注入电流增加至 600 mA 时，光输出功率继续增加至 230 mW。在 350 mA 电流下加入垂直石墨烯后，外量子效率提高了 33.33%。此外，更小的 EL 峰波长偏移和更高的饱和注入电流可以归结于垂直石墨烯具备更好的散热和应变缓解效果。

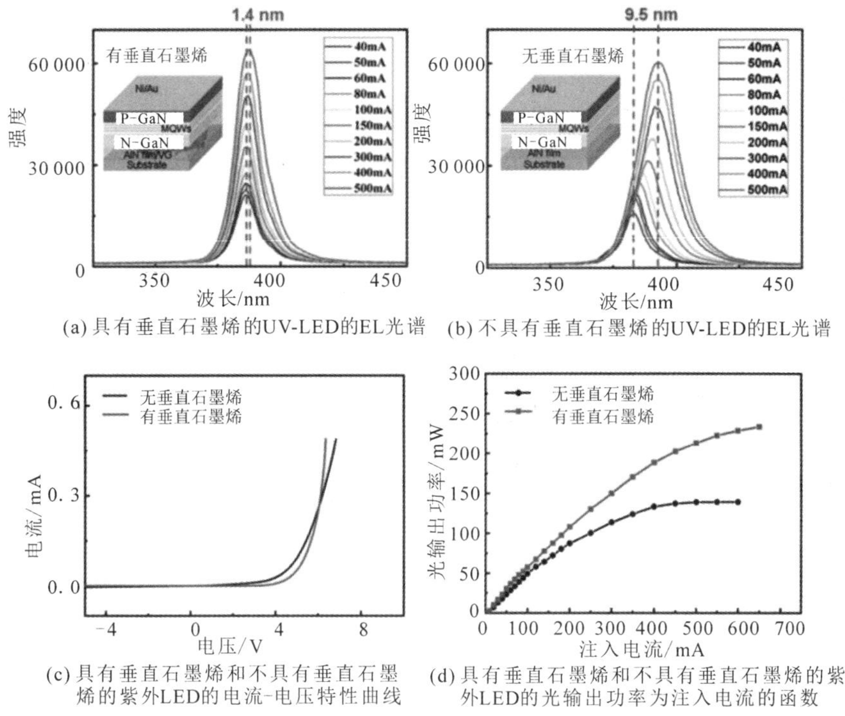

(a) 具有垂直石墨烯的UV-LED的EL光谱 (b) 不具有垂直石墨烯的UV-LED的EL光谱

(c) 具有垂直石墨烯和不具有垂直石墨烯的紫外LED的电流-电压特性曲线 (d) 具有垂直石墨烯和不具有垂直石墨烯的紫外LED的光输出功率为注入电流的函数

图 7-12 垂直石墨烯 VG 纳米片/蓝宝石在紫外 LED 中的应用[34]

如图 7-13(a)所示，将 h-BN-LED 和两个 Cu 长条通过电线连在一起附着在玻璃基板上，并使用红外热像仪测量 LED 芯片上不同位置的温度随时间变化的情况。图 7-13(b)、(c)分别显示了对比样品(Ref-LED)和 h-BN-LED 的红外热像仪图像，这是在施加 120 mA 电流 180 s 后测量的。使用 ThermoScan V2.5 分析程序将 LED 芯片的图像颜色转换为温度。根据红外图像可知，每个 LED 的最高温度(T_{max})都在 N-GaN 覆层上的 Cr/Au 电极发光边缘上，最低温度 (T_{min})在 P-GaN 覆层上形成的指状电极之间的顶部区域测得。为了更准确地分析温度分布，在每个 LED 芯片内部都标记了一个点状正方形。事实上，根据每一张红外图像，因为最低温度都不是直接接触芯片测量的，所以要确定每一个 LED 芯片内部的 T_{min}，具体来说就是点状正方形内部所对应的区域。图 7-13(d)显示了在 LED 芯片中注入120 mA 电流后 T_{min}随时间的变化。在整个实验过程中，h-BN-LED 的 T_{min}均低于 Ref-LED。h-BN-LED 的 T_{min}最初以 7.63℃/s 的速

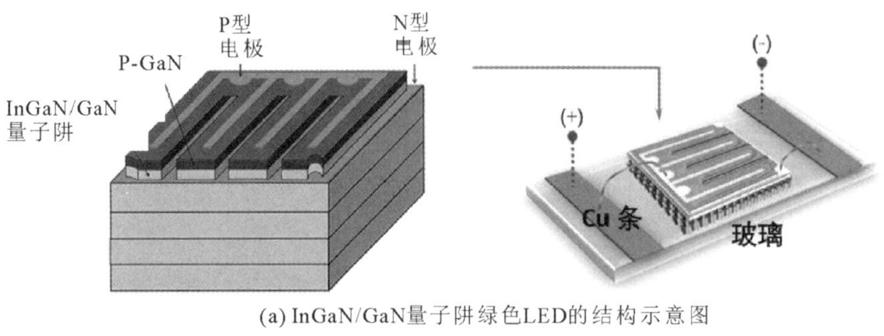

(a) InGaN/GaN量子阱绿色LED的结构示意图

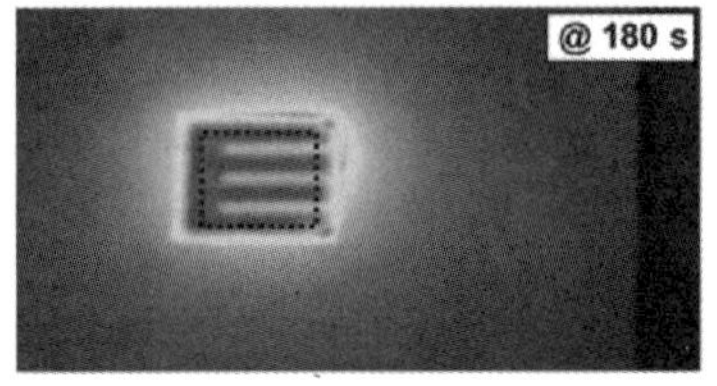

(b) Ref-LED在120 mA注入电流开始后180 s的红外图像

(c) h-BN-LED芯片在120 mA注入电流开始后180 s的红外图像

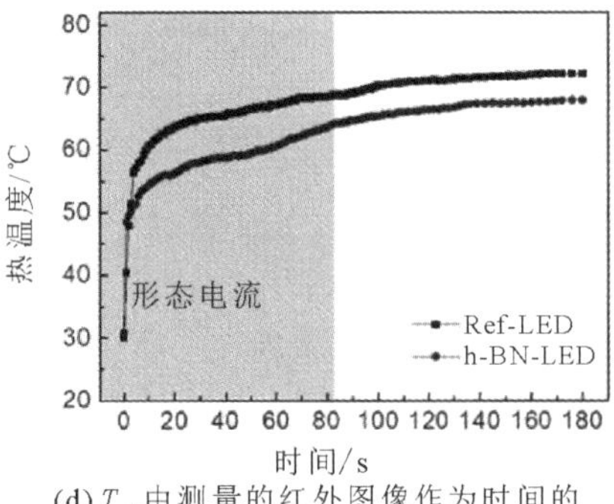

(d) T_{min}由测量的红外图像作为时间的函数进行评估

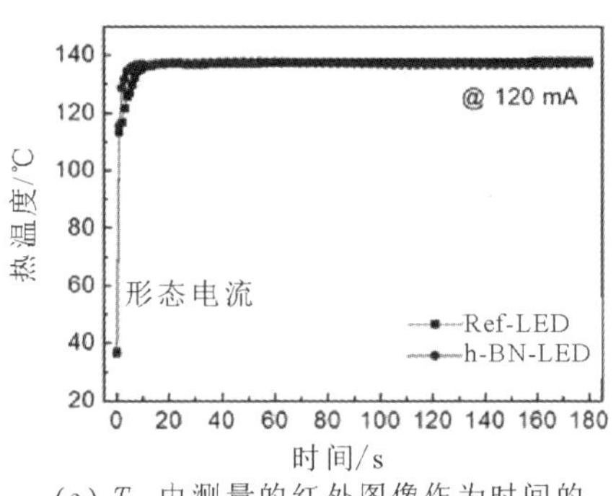

(e) T_{max}由测量的红外图像作为时间的函数进行评估

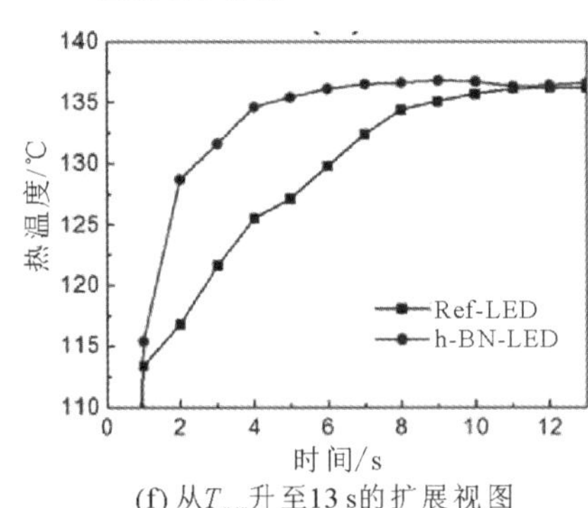

(f) 从T_{max}升至13 s的扩展视图

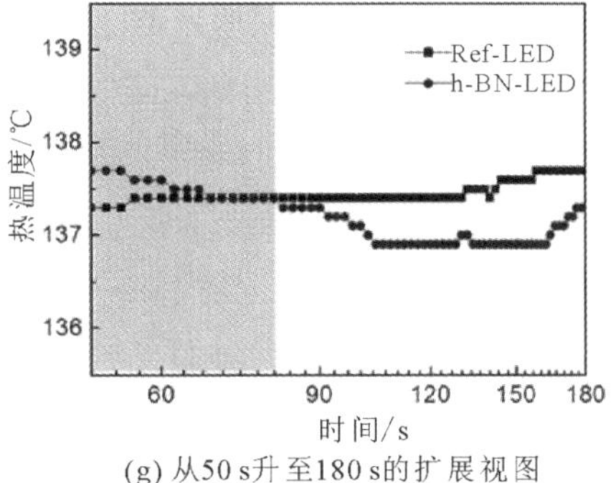

(g) 从50 s升至180 s的扩展视图

图 7-13　InGaN/GaN 量子阱绿色 LED 的结构示意图及热性能测试结果图[54]

率升高，7 s 时达到 53.4℃，之后温度随时间逐渐升高。同样，Ref-LED 的 T_{min}最初以8.33℃ /s的速率增长，在 7 s 内达到了 58.3℃，然后以 0.13℃/s 的速率逐渐增长，在 98 s 内达到 70℃。Ref-LED 和 h－BN-LED 的 T_{min}之差(ΔT)在 55 s 时增加到最大值 7℃，然后在 28 s 内逐渐减小，之后不再有显著变化。

图 7－13 (e)～(g)所示为注入电流在 120 mA 时 T_{max}随时间变化的情况，在每个 LED 芯片的边缘 n 型电极处测量 T_{max}。总的来说，h－BN-LED 的 T_{max}与时间曲线与 Ref-LED 非常相似(见图 7－13(e))。但仔细观察发现，h－BN-LED 达到 136.1℃的 T_{max}为 6 s，而 Ref-LED 则为 11 s(见图 7－13(f))。这一结果可能是由于多层 h－BN 的插入，h－BN-LED 芯片内产生的热量在整个芯片中迅速传递。近距离观察还显示，h－BN-LED 的 T_{max}略高于 Ref-LED 的 T_{max}，至 83 s 之后 Ref-LED 的 T_{max}随时间略有增加，而 h－BN-LED 的 T_{max}则稳步下降(见图 7－13(g))。h－BN-LED 和 Ref-LED 之间温度分布随时间的差异明显与 h－BN 作为传热介质有关。

目前深紫外 LED 光效相对较低，为了满足应用需求，常采用多芯片集成封装形式来获得高光功率深紫外 LED 模组。但是，在追求高光功率密度的同时，单位面积热流密度增大，热量聚集造成深紫外 LED 结温升高，进而影响深紫外 LED 光效和可靠性。这一方面是由于芯片有源区温度升高导致载流子能量增加，进而增大了电流泄露概率，并降低了深紫外 LED 内量子效率；另一方面结温升高会引起外延材料出现缺陷和杂质而形成深能级，造成非辐射复合概率增大，以及深紫外 LED 外量子效率降低。因此，为了降低结温升高带来的不利影响，需要提高深紫外 LED 封装的散热性能，维持器件的长期工作性能。为了降低深紫外 LED 结温，可以在器件结构生长时引入高导热性的 2D 材料作为插入层。

北京大学 Q. C. Li 等人研究了 h－BN 的导热性能，利用红外摄像机绘制了样品的温度分布，并利用聚焦红外激光束(1450 nm)在样品中心形成一个热点[55]。实验装置如图 7－14(a)所示，固定激光功率为 850 mW/cm^3，电流密度为1.71 A。对于石英玻璃样品，由于其散热能力有限(见图 7－14(b)中蓝线)，热点处温度为 50℃，因此该样品边缘温度

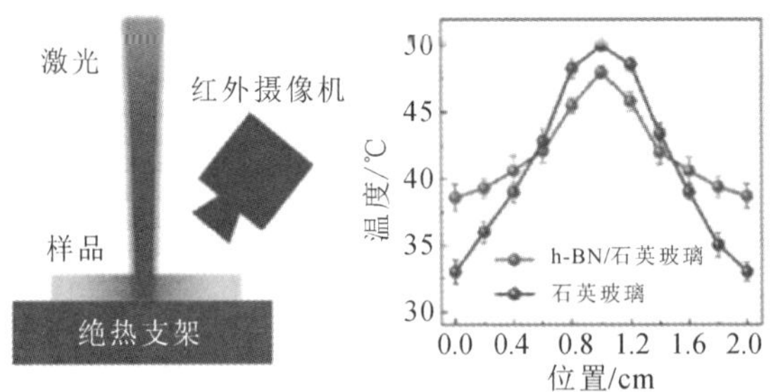

(a) 聚焦激光束应用热点时的温度分布示意图

(b) h-BN涂层石英玻璃和石英玻璃的温度曲线图

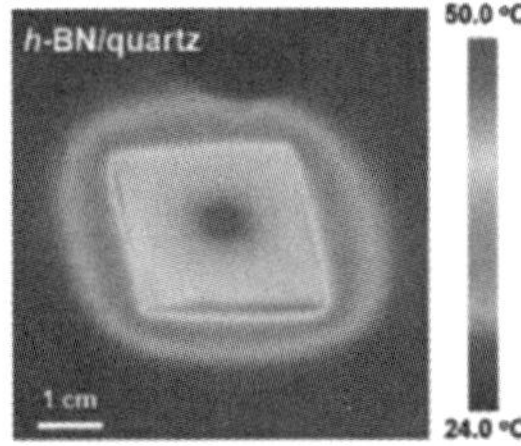

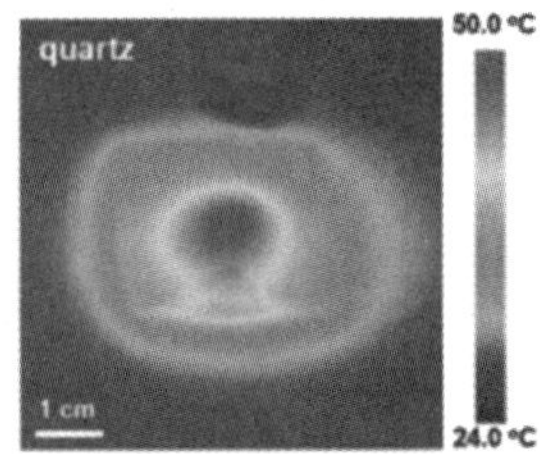

(c) h-BN涂层石英玻璃的温度分布图像 (d) 石英玻璃的温度分布图像

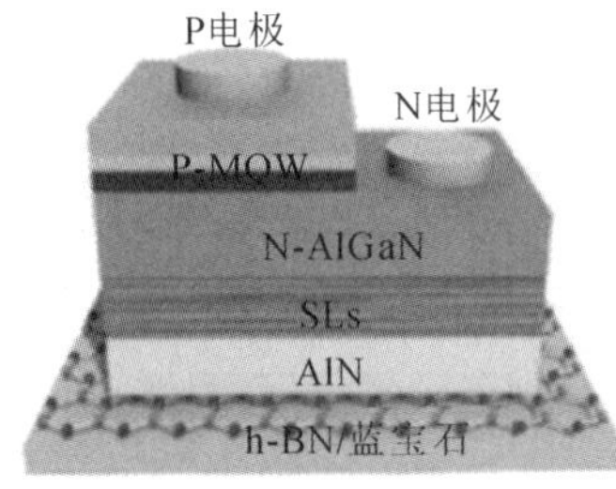

(e) 在h-BN/蓝宝石上制备的AlGaN基DUV-LED结构示意图

(f) 从DUV-LED晶片上获得的电致发光照片

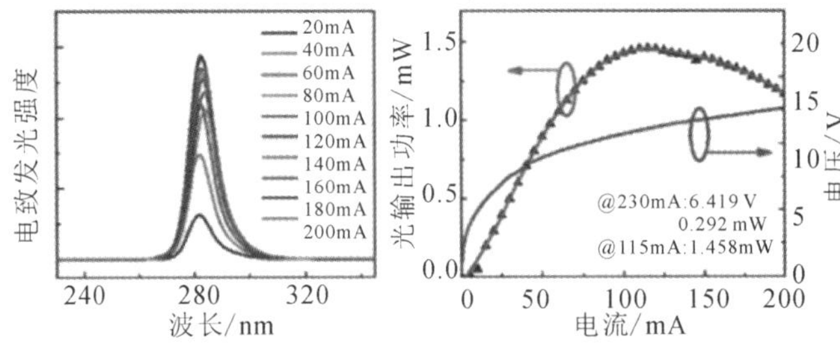

(g) 注入电流从20 mA变化到200 mA，间隔20 mA测量的DUV-LEDs的EL光谱

(h) DUV-LED的光输出功率和电流-电压特性曲线

图 7-14 h-BN 散热特性及 DUV-LED 器件发光特性[55]

仅为 33℃。显然，具有 h－BN 涂层的石英玻璃样品由于热扩散效应的增强(见图 7－14(b)中的红线)，温度峰值降低至 48℃。总的来说，涂覆 h－BN 石英玻璃的温度变化降低为 10℃(见图 7－14(c))，比未涂覆 h－BN 石英玻璃的温度变化(17℃，见图 7－14(d))要小得多。因此，直接在石英玻璃上有h－BN涂层可以显著提高绝热玻璃的热性能。

在高导热性 h－BN/蓝宝石上制备出基于 AlGaN 的 DUV-LED 结构，如图 7－14(e)所示，然后使用校准的积分球系统在 DUV-LED 上进行室温电致发光(EL)测量(见图 7－14(f))。图 7－14(g)所示的注入电流从 20 mA 变化至 200 mA，间隔 20 mA 时测量 DUV-LED 结构的 EL 光谱，可显示出深紫外发射特征。此外，EL 光谱的峰值波长从 281.4 nm (20 mA)轻微红移到283.8 nm (200 mA)，这是在大电流注入下 AlGaN 基多量子阱的热诱导带隙缩小所致。在注入电流为 115 mA 时，DUV-LED 的光输出功率(见图 7－14(h))开始饱和，最大光输出功率为 1.458 mW。考虑到 h－BN 薄膜的吸收边位于 200 nm 附近，高透明的 h－BN 薄膜基本不会影响 DUV-LED 的光提取效率。相比之下，石墨烯的吸收边与 280 nm 的发光波长重叠，光吸收会导致器件的光输出功率降低。总之，在 h－BN 上制作的 DUV-LED 可以表现出理想的器件性能，这对于下一代固态照明中无应力、耐用的 LED 研发是有希望的。

小　　结

在 LED 的早期应用中，由于功率比较低，产生的热量很少，因而散热问题不需要考虑。随着大功率氮化物光电器件的应用越来越广泛，对器件的热可靠性提出了严格的要求。例如深紫外 LED 光效较低，绝大部分电能转换为热量，且随着多芯片集成密度的增加，单位面积会产生更多热量，热量聚集会引起深紫外 LED 结温升高，进而影响深紫外 LED 的工作寿命。为此，研究者利用封装结构优化和有效热管理等方法强化 LED 的散热性能，提高了 LED 的可靠性。本章从材料生长角度入手，在器件结构生长时就考虑应用中的散热效果，利用高导热性 2D 材料作为氮化物生长时的插入层，使氮化物与外延衬底之间

形成有效的散热层。这有助于高光效、高可靠、大功率 LED 的设计和制造，并促进高功率 LED 技术的发展。

参 考 文 献

[1] YAN Z, LIU G, KHAN J M, et al. Graphene Quilts for Thermal Management of High-power GaN Transistors. Nat. Comm, 2012, 3: 1 - 8.

[2] SCHUBERT E F, KIM J K, LUO H, et al. Solid-state Lighting: A Benevolent Technology. Rep. Prog. Phys, 2006, 69: 3069 - 3099.

[3] ARIK M P, WEAVER J. Thermal Challenges in the Future Generation Solid State Lighting Applications: Light Emitting Diodes. In: Proceedings of IEEE Intersociety conference on Thermal Phenomena. San Diego, USA, 2002:113 - 120.

[4] TSAO J Y. Solid State Lighting-Lamps-Chips, and Materials for Tomorrow. IEEE Circuits & Devices magazine, 2004, 20(3): 28 - 37.

[5] YAN Z, LIU G, KHAN J M, et al. Graphene Quilts for Thermal Management of High - power GaN Transistors. Nat. Comm. 2012, 3: 1 - 8.

[6] BALANDIN A A, GHOSH S, BAO W Z, et al. Superior Thermal Conductivity of Single-layer Graphene. Nano Lett, 2008, 8: 902 - 907.

[7] BALANDIN A A. Thermal Properties of Graphene and Nanostructured Carbon Materials. Nat. Mater, 2011, 10: 569 - 581.

[8] SEOL J H, JO I, MOORE A L, et al. Two-dimensional Phonon Transport in Supported Graphene. Science, 2010, 328: 213 - 216.

[9] JO I, PETTES M T, KIM J, et al. Thermal Conductivity and Phonon Transport in Suspended Few-layer Hexagonal Boron Nitride. Nano Lett, 2013, 13: 550 - 554.

[10] WANG C R, GUO J, DOMG L, et al. Superior Thermal Conductivity in Suspended Bilayer Hexagonal Boron Nitride. Sci. Rep, 2016, 6: 25334.

[11] ZHOU H Q, ZHU J X, LIU Z, et al. High Thermal Conductivity of Suspended Few-layer Hexagonal Boron Nitride Sheets. Nano Res, 2014, 7: 1232 - 1240.

[12] YAN R S, SIMPSON J R, BERTOLAZZI S, et al. Thermal Conductivity of Monolayer Molybdenum Disulfide Obtained from Temperature-dependent Raman Spectroscopy. ACS

Nano, 2014, 8: 986 - 993.

[13] SAHOO S, GAUR A P S, AHMADI M, et al. Temperature-dependent Raman Studies and Thermal Conductivity of Few-layer MoS2. J. Phys. Chem. C, 2013, 117: 9042 - 9047.

[14] LIANG D D, WEI T B, WANG J X, et al. Quasi Van der Waals Epitaxy Nitride Materials and Devices on Two Dimension Materials. Nano Energy, 2020, 69: 104463.

[15] HAN N, HONG T V, HAN M, et al. Improved Heat Dissipation in Gallium Nitride Light-emitting Diodes with Embedded Graphene Oxide Pattern. Nat. Comm, 2013, 4: 1 - 8.

[16] STANKOVICH S, DIKIN D A, PINER R D, et al. Synthesis of Graphene-based Nanosheets via Chemical Reduction of Exfoliated Graphite Oxide. Carbon, 2007, 45: 1558 - 1565.

[17] MATTEVI C, EDA G, AGNOLI S, et al. Evolution of Electrical, chemical, and Structural Properties of Transparent and Conducting Chemically Derived Graphene Thin Films. Adv. Funct. Mater, 2009, 19: 2577 - 2584.

[18] BECERRIL H A, MAO J, LIU Z, et al. Evaluation of Solution-processed Reduced Graphene Oxide Films as Transparent Conductors. ACS Nano. 2008, 2: 463 - 470.

[19] DONG X C, SU C Y, ZHANG W J, et al. Ultra-large Single-layer Graphene Obtained from Solution Chemical Reduction and Its Electrical Properties. Phys. Chem. Chem. Phys. 2010, 12: 2164 - 2169.

[20] GOLDBERGER J, Single-crystal Gallium Nitride Nanotubes. Nature, 2003, 422: 599 - 602.

[21] BALANDIN A A, GHOSH S, BSO W, et al. Superior Thermal Conductivity of Single-layer Graphene. Nano Lett, 2008, 8: 902 - 907.

[22] LI H Y, YING H, CHEN X P, et al. Thermal Conductivity of Twisted Bilayer Graphene. Nanoscale, 2014, 6: 13402 - 13408.

[23] BO Z, YANG Y, CHEN J H, et al. Plasma-enhanced Chemical Vapor Deposition Synthesis of Vertically Oriented Graphene Nanosheets. Nanoscale, 2013, 5: 5180 - 5204.

[24] YAN H Y, TANG Y X, LONG W, et al. Enhanced Thermal Conductivity in Polymer Composites with Aligned Graphene Nanosheets. J. Mater. Sci, 2014, 49: 5256 - 5264.

[25] ZHAO J, SHAYGAN M, ECKERT J, et al. A Growth Mechanism for Free-standing Vertical Graphene. Nano Lett, 2014, 14: 3064 - 3071.

[26] CHEN S S, MOORE A L, CAI W W, et al. Raman Measurements of Thermal Transport in Suspended Monolayer Graphene of Variable Sizes in Vacuum and Gaseous Environments. ACS Nano, 2011, 5: 321 - 328.

[27] FAUGERAS C, FAUGERAS B, ORLITA M, et al. Thermal Conductivity of Graphene in Corbino Membrane Geometry. ACS Nano, 2010, 4: 1889 - 1892.

[28] CAI W W, MOORE A L, ZHU Y W, et al. Thermal Transport in Suspended and Supported Monolayer Graphene Grown by Chemical Vapor Deposition. Nano Lett, 2010, 10: 1645 - 1651.

[29] TSAI P Y, HUANG H K, SUNG C M, et al. InGaN/GaN Vertical Light-emitting Diodes with Diamondlike Carbon/titanium Heat-spreading Layers. IEEE Electron. Device Lett, 2013, 34: 1029 - 1031.

[30] CI H N, REN H Y, QI Y, et al. 6-inch Uniform Vertically-oriented Graphene on Soda-lime Glass for Photothermal Applications. Nano Res, 2018, 11: 3106 - 3115.

[31] WU Y H. Effects of Localized Electric Field on The Growth of Carbon Nanowalls. Nano Lett, 2002, 2: 355 - 359.

[32] WU Y H, YANG B J, ZONG B Y, et al. Carbon Nanowalls and Related Materials. J. Mater. Chem, 2004, 14: 469 - 477.

[33] ZHU M Y, WANG J J, HOLLOWAY B C, et al. A Mechanism for Carbon Nanosheet Formation. Carbon, 2007, 45: 2229 - 2234.

[34] CI H N, CHANG H L, WANG R Y, et al. Enhancement of Heat Dissipation in Ultraviolet Light-Emitting Diodes by a Vertically Oriented Graphene Nanowall Buffer Layer. Adv. Mater, 2019, 31: 1901624.

[35] NI Z H, FAN H M, FENG Y P, et al. Raman Spectroscopic Investigation of Carbon Nanowalls. J. Chem. Phys, 2006, 124: 204703.

[36] WU C P, SOOMRO A M, SUN F P, et al. Seven-inch Large-size Synthesis of Monolayer Hexagonal BN Film by Low-pressure CVD. Phys. Status Solidi B, 2016, 253: 829 - 833.

[37] HUI F, PAN C B, SHI Y Y, et al. On the Use of Two Dimensional Hexagonal Boron Nitride as Dielectric. Microelectron. Eng, 2016, 163: 119 - 133.

[38] WANG H L, ZHANG X W, Liu H, et al. Synthesis of Large-Sized Single-Crystal Hexagonal Boron Nitride Domains on Nickel Foils by Ion Beam Sputtering Deposition.

Adv. Mater, 2015, 27: 8109 - 8115.

[39] WANG B B, GAO D, LEVCHENKO I, et al. Self-organized Graphene-like Boron Nitride Containing Nanoflakes on Copper by Low-temperature $N_2 + H_2$ Plasma. RSC Adv, 2016, 6: 87607 - 87615.

[40] WANG B B, ZHU M K, OSTRIKOV K, et al. Conversion of Vertically-aligned Boron Nitride Nanowalls to Photoluminescent CN Compound Nanorods: Efficient Composition and Morphology Control via Plasma Technique. Carbon, 2016, 109: 352 - 362.

[41] KERSHNER R J, BULLARD J W, CIMA M J. Zeta Potential Orientation Dependence of Sapphire Substrates. Langmuir, 2004, 20: 4101 - 4108.

[42] WU Q Q, YAN J C, ZHANG L, et al. Growth Mechanism of AlN on Hexagonal BN/sapphire Substrate by Metal-organic Chemical Vapor Deposition. CrystEngComm, 2017, 19: 5849 - 5856.

[43] DI M A, CANTARELLA M, NICOTRA G, et al. Novel Synthesis of ZnO/PMMA Nanocomposites for Photocatalytic Applications. Sci. Rep, 2017, 7: 40895.

[44] ZHAO Y, WU X J, YANG J L, et al. Oxidation of A Two-dimensional Hexagonal Boron Nitride Monolayer: A First-principles Study. Phys. Chem. Chem. Phys, 2012, 14: 5545 - 5550.

[45] MORRAL A F, DAYEH S A, JAGADISH C. Semiconductor Nanowires I: Growth and Theory. Academic Press, 2015, 93: 125 - 172.

[46] POP E, VARSHNEY V, ROY A K. Thermal Properties of Graphene: Fundamentals and Applications. Mrs Bull, 2012, 37: 1273 - 1281.

[47] POP E. Energy Dissipation and Transport in Nanoscale Devices. Nano Res, 2010, 3: 147 - 169.

[48] FREITAG M, STAINER M, MARTIN Y, et al. Energy Dissipation in Graphene Field-effect Transistors. Nano Lett, 2009, 9: 1883 - 1888.

[49] CAHILL D G, FORD W K, GOODSON K E, et al. Nanoscale Thermal Transport. J. Appl. Phys, 2003, 93: 793 - 818.

[50] SAASKILAHTI K, OKSANEN J, TULKKI J, et al. Role of Anharmonic Phonon Scattering in the Spectrally Decomposed Thermal Conductance at Planar Interfaces. Phys. Rev, 2014, 90: 134312.

[51] XU Z P. Heat Transport in Low-dimensional Materials: A review and Perspective.

Theor. Appl. Mech. Lett，2016，6：113 - 121.

[52] WEI T B，WU K，CHEN Y，et al. Improving Light Output of Vertical-stand-type InGaN Light-emitting Diodes Grown on a Free-standing GaN Substrate with Self-assembled Conical Arrays. IEEE Elect. Dev. Lett，2012，33：857 - 859.

[53] FLORESCU D I，ASNIN V M，POLLAK F H，et al. Thermal Conductivity of Fully and Partially Coalesced Lateral Epitaxial Overgrown GaN/sapphire （0001） by Scanning Thermal Microscopy. Appl. Phys. Lett，2000，77：1464 - 1466.

[54] CHOI I，LEE K，LEE C R，et al. Application of Hexagonal Boron Nitride to a Heat-Transfer Medium of an InGaN/GaN Quantum-Well Green LED. ACS Appl. Mater. & Inter，2019，11：18876 - 18884.

[55] LI Q C，WU Q Q，GAO J，et al. Adv. Mater. Interfaces，2018，5：1800662.

第 8 章

Ⅲ族二维氮化物

Ⅲ族 2D 氮化物包括 BN、GaN、AlN、InN 等，除了 BN 以外，其他 2D 氮化物的制备困难，研究较少。h－BN 与具有相似能带隙的 AlN 相比，可以获得具有 P 型电导率的 h－BN 外延层，增强 P 型导电性并降低接触电阻，这将大大改善自由空穴注入和量子效率，降低工作电压和减少发热，并延长器件的工作寿命[1-2]。h－BN 还是石墨烯及其他 2D 原子晶体最佳的衬底和栅介质材料，基于 h－BN 和石墨烯的异质结构不仅可以保持本征石墨烯极高的载流子迁移率，调控石墨烯的能带结构，也有望在异质结界面呈现出新的物理性质，这对于实现范德华异质结构的电子学应用具有重要意义[3]。

其他的Ⅲ族氮化物(如 GaN、AlN、InN 等)是固态照明的重要材料，这些材料在 3D 尺寸下的优异特性，包括高的载流子迁移率、高的电子漂移速度、有效的光探测和光发射等，赋予了它们在高速、高频电子器件和高效率光电子器件(如太阳能电池、激光器和发光二极管等)中的巨大发展潜力。一般来说，随着材料维度的降低，材料通常表现出多样的物理或化学性质，与 3D 半导体材料的特征明显不同。2D 氮化物材料的带隙因其层数的改变而改变，并且具有独特的结构，其发光特性受到极端的量子限制效应的控制，这对控制和传输光的各种光电器件将产生深远影响。从 3D 尺寸降低到 2D 尺寸时，由超宽带隙半导体材料制造的电子器件可以在超高电压、频率或温度下工作，也可以在包括紫外光、可见光和红外光的整个光谱下工作。深紫外波段的光能够杀菌和净化水源，如果单层 2D GaN 材料的发光波长达到深紫外范围，就能应用到水净化中。另外，该材料借助单轴面内的应变可以实现室温下的偏振光发射，这一特性适用于节能显示器[4]。

自 2005 年起，科学家在理论上预测 GaN 和 AlN 可以形成 2D 稳定的单层结构，它们具有不同于体材料的电子和光学性质[5]。此外，通过对基于 GaN 和 AlN 等几种Ⅲ－Ⅴ族化合物的单层同素异形体的热力学、动力学和热稳定性进行广泛的分析[6]，判别 2D 的 GaN、AlN 晶体的力学、电学和光学性质是否与 3D 的 GaN、AlN 晶体不同，以及寻找合适的衬底生长超薄 2D 的 GaN 和 AlN[7-9]。由此可见，对 2D 结构的研究变得越来越重要。

然而，GaN、AlN 等Ⅲ族 2D 材料的 sp^3 键合产生的强烈影响使得 2D 尺度材料的制备变得困难。原则上，只有单层 BN 可以采用典型 2D 材料从 h－BN

中制备得到。目前正在尝试 2D 氮化物的生长，希望通过改变维度来提高Ⅲ族氮化物的特殊性能。2016 年，美国宾夕法尼亚州立大学研究小组提出了石墨烯辅助的迁移增强封装生长法[10]并首次合成了 2D GaN 材料。同年，研究人员在理论上[11]提出了利用准 2D GaN 层生长得到准 2D GaN 量子阱结构，有望制备高输出功率的中紫外光源；国内付磊等人[12]也提出了液态金属 Ga 衬底上研究制备 2D GaN 的方法，大面积 2D 氮化物的实现方法仍有待于进一步研究。

8.1　二维 GaN、AlN 的理论研究

当Ⅲ族氮化物为 2D 尺寸时，其所显现出的特性，包括强的二维电子气、扩大的晶格常数、带隙蓝移、强的电子-空穴相互作用和强偏振光发射等，激发了科研人员的研究兴趣。自 2005 年起，理论研究预测 GaN 和 AlN 可以形成 2D 稳定的单层结构，随后，通过严格的计算，证明了Ⅳ族元素 Si、Ge、SiC 以及 GaN 和 AlN 等几种Ⅲ-Ⅴ族化合物的单层蜂窝结构的稳定性，以及首次预测了 GaN 和 AlN 的 2D 单层石墨(或蜂窝)结构[13]。近年来，通过第一性原理计算首次预测的几种Ⅲ族 2D 单层氮化物结构已经在实验室中合成，陆续又合成了单壁纳米管和厚壁管状形式的 GaN 和 AlN、超薄层或纳米片[14-16]，以及在特定衬底上生长的几种形式的复合物。

2016 年，美国宾夕法尼亚州立大学 J. M. Redwing 和 J. A. Robinson 小组提出了石墨烯辅助的迁移增强封装生长法[10]，并首次合成了 2D GaN 材料。同年，科研人员在理论上提出了一种新的有源区[17]，将传统的 AlGaN 量子阱用三个周期的单层准 2D GaN 层代替。这种准 2D GaN 层可生长得到准 2D GaN 量子阱结构的样品，有望用来制备高输出功率的中紫外光源，以支持新一代激光、电子器件、传感器的创新发展。2018 年，国内开始有团队提出液态金属 Ga 衬底上研究制备 2D GaN 的方法，指出生长原理为“表面限制的氮化反应”[12, 18]。同年，科研人员发现 GaN 单层膜具备作为电池负极材料的性能[11]，在 Li/Na 的吸附和扩散过程中，离子在 GaN 单层膜上的扩散速度非常快，同时半导体 GaN 经 Li 和 Na 原子吸附后成为金属，具有很高的离子存储容量，

因而 2D GaN 有望成为一种优良的电池电极材料。此外，如果能进一步制备得到超宽带隙的 2D 氮化物半导体材料，其异质结构的优异特性将会在深紫外光电领域具有广阔的应用前景，能为基于 2D 氮化物的新型光伏和光学纳米器件铺平道路。

最初，Ⅲ族 2D 氮化物领域的开拓性研究主要关注的是单层或超薄的 2D GaN 和 AlN 化合物是否能够形成像石墨烯那样稳定的结构。2006 年，C. L. Freeman 等人[5]从理论上预测(0001)面纤锌矿材料(GaN、SiC 和 ZnO)的超薄薄膜，当这些薄膜只有几个原子层厚时，有可能转变成层状石墨结构，并在热力学上最稳定，如图 8-1 所示；此外，他们提出极性纤锌矿薄膜发生电荷转移从而转变结构以消除偶极子稳定薄膜的机制。

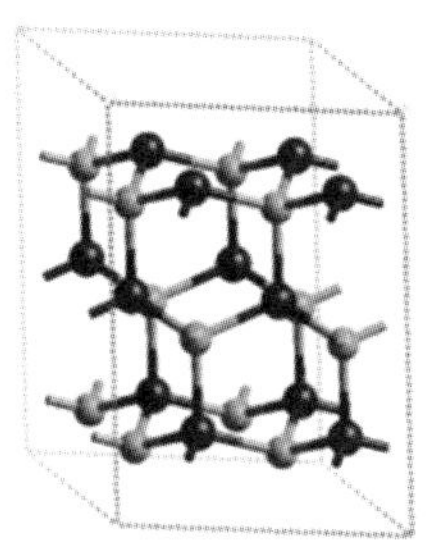

(a) 纤锌矿结构

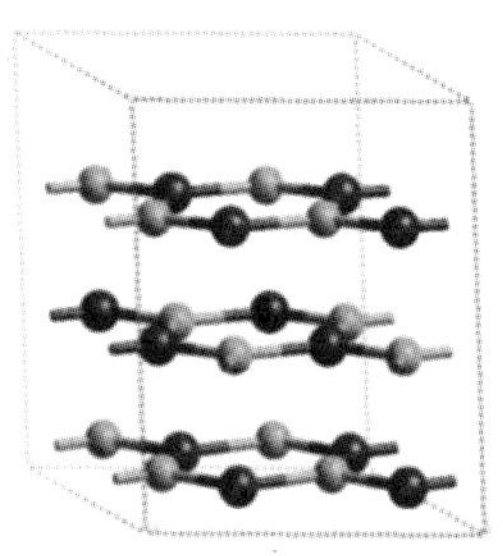

(b) 石墨结构，薄膜已被优化为3层

图 8-1　6 层 ZnO 薄膜的结构示意图

2009 年，H. Sahin 等人[13, 19]详细地研究了Ⅳ族和Ⅲ-Ⅴ族二元化合物一个原子层厚的蜂窝晶格结构，证明了蜂窝状结构的 BN、AlN、GaN 等 2D 材料均是能量稳定的，可以通过屈曲结构来保持，如图 8-2 所示，并提出了一种以应变能来表征 2D 蜂窝结构弹性常数以及计算泊松比和面内刚度值的方法。

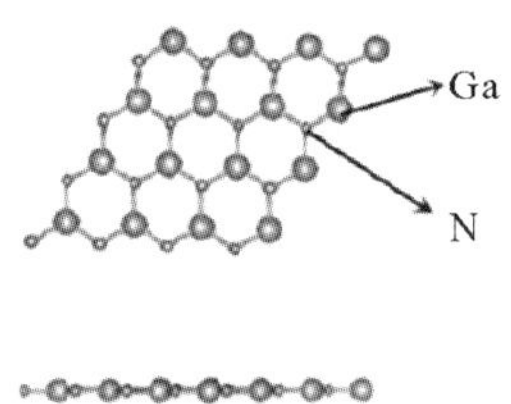

(a) 2D GaN单层平面结构模型

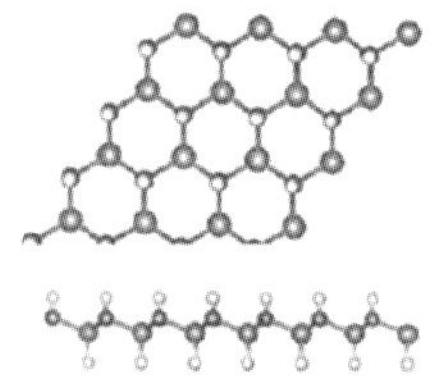

(b) 2D GaN单层屈曲结构模型

图 8-2　2D GaN 的两种结构模型[20]

化学修饰和外加电场也是影响 2D 氮化物材料结构的因素，加上 2D 氮化物纳米片所具有的独特的光学特性，由此开始了通过化学修饰或外加电场获得可调带隙的研究。2010 年，Wang 等人[15]提出了氢化Ⅲ-Ⅴ族纳米片的蜂窝结构的两种变形：氢原子在平面两侧交替的椅式变形和氢原子成对交替的船式变形，如图 8-3 所示。椅子变形保持六边形对称，而船式变形为正交结构。

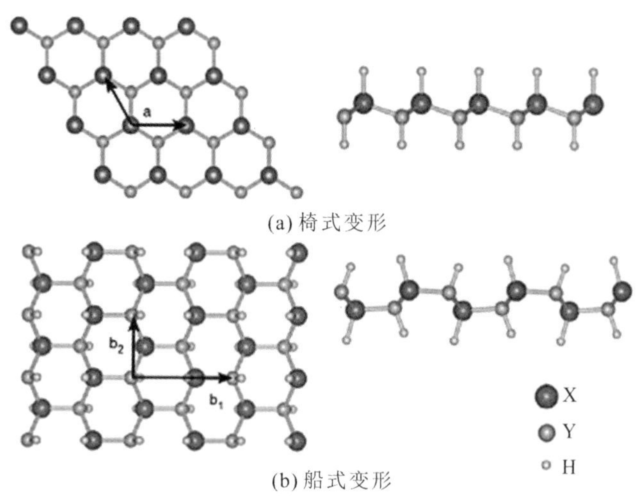

图 8-3　氢化Ⅲ-Ⅴ族纳米片的结构

2011 年，Q. Chen 等人[21]发现通过氢、氟原子的化学修饰和外加电场，可以进行单层 GaN 纳米片的带隙调控，化学修饰能够显著提高单层 GaN 的热稳定性。GaN 单层在(0001)面是平面半导体，间接带隙为 1.95 eV。当 GaN 被氢原子和氟原子修饰时，这种间隙转变为直接间隙，并增大了 0.81 eV，通过施加外部电场，可以在 1.8～3.5 eV 的范围内有效地调控带隙。此外，由于自发极化，间隙在正电场中显著加宽，而在负电场中迅速减小。这种对电场方向和强度敏感的间隙变化，为下一代光电器件(如光电传感器或全彩 LED)的实现带来可能性。

同年，Y. Ma 等人[22]研究证实了 SiC、GeC、SnC、BN、AlN、GaN 等蜂窝单层材料在经过氢化和氟化后均具有磁性，基于密度泛函理论中的第一性原理计算，对Ⅳ族和Ⅲ-Ⅴ族二元化合物 AB (AB 即 SiC、GeC、SnC、BN、AlN 和 GaN)的半氟化和半氢化纳米片进行了系统研究，提出了一种简单有效的方法，可采用不同的原子修饰表面来调整这些薄片的电磁特性。为了确定半氟化 AB

纳米片的最稳定结构，考察了所有可能的吸附结构，发现 F 原子占据所有 A 位点的顶位置的构型是最稳定的，如图 8－4 所示，该构型称为 F－AB 构型。如上所述，单层片更适合于扁平状结构。然而，F－AB 片的稳定构型是弯曲的，类似于硅六边形板，A 原子面夹在 F 原子面和 N 原子面之间，所有 F 原子都吸附在 A 原子上，F－A 的排列垂直于 B 原子面。

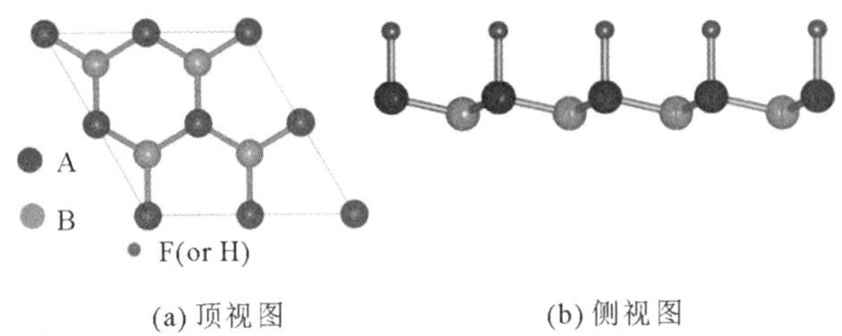

图 8－4　AB 纳米片的优化几何结构

(0001)面纤锌矿材料的超薄膜可以转变成稳定的石墨状结构，但是稳定性仅限于几个原子层的厚度。2011 年，D. Wu 等人[23]预测稳定石墨状纤锌矿薄膜的厚度范围敏感地依赖于应变，并且可以通过应变调节薄膜的带隙，使其高于或低于体纤锌矿相。随后 H. L. Zhuang 等人[7]从理论上研究了几种单层Ⅲ-Ⅴ族材料的性质，包括这些单层材料的稳定性如何，以及它们的电子结构是如何由于维度减小而改变的，最终构建了一个表明带隙与晶格常数关系的图表，如图 8－5

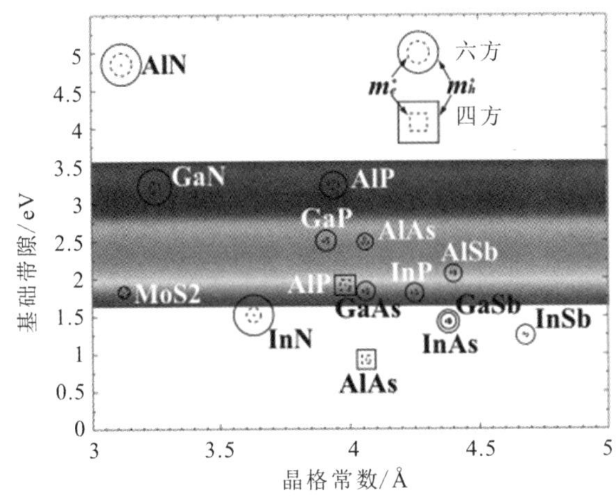

图 8－5　2D Ⅲ-Ⅴ族材料基础带隙和晶格常数的关系

所示。两个同心圆(正方形)的中心的纵坐标值代表六方(四方)结构的带隙大小，内半径和外半径(边长)分别代表电子和空穴的有效质量。可以发现，图中所示大部分材料的带隙位于可见光范围内，这些 2D 材料可用于光电或光催化应用。在所有的 12 种材料中，AlN 的带隙最大，为 4.85 eV。

随后，D. Xu 等人[24]在理论上研究了原子级 GaN 纳米片薄层的稳定性、堆积相关结构以及电场对其电子性质的影响。考虑了不同堆积几何形状的双层和三层 GaN，发现双层和三层都是平面构型，而不是弯曲的块状构型。外部垂直电场应用在氮化物多层膜的电子性质中将引起明显依赖于堆叠的特征：单层膜的带隙不变，而三层膜的带隙显著减小。在外加电场下，这种带隙的堆叠相关可调性表明多层 GaN 是下一代纳米器件的良好候选材料。

2014 年，A. K. Singh 等人[25]预测单层 GaN 材料可以在合适的衬底上合成，这些衬底充分降低了亚稳态 2D 材料的形成能，使其热力学稳定。分别对于六方和四方结构中的每一种 2D Ⅲ-Ⅴ族材料，选择对称并且晶格匹配的有高原子密度表面的过渡金属和稀土金属衬底，计算Ⅲ-Ⅴ族材料在这些衬底上的能量稳定性，2D Ⅲ-Ⅴ族材料弹性常数的降低和它们在金属衬底上的强吸附使得这些材料的外延稳定化，为 2D Ⅲ族材料提供了外延合成途径(见图 8-6)。他们进一步确定了衬底如何影响 2D Ⅲ-Ⅴ族材料的结构和电子性质，表明 2D 材料与衬底的化学相互作用改变

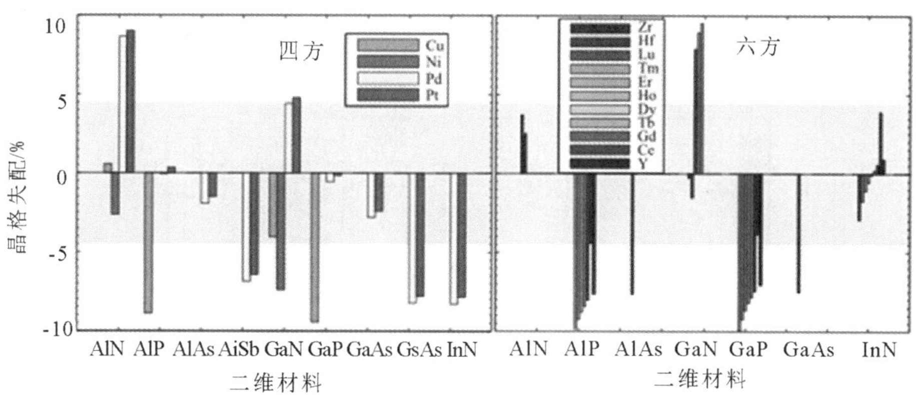

(a) 2D四方Ⅲ-Ⅴ材料和(100)面的过渡金属　(b) 2D六方Ⅲ-Ⅴ材料和(0001)面的六方过渡、稀土金属

图 8-6　对部分 2D 材料的晶格失配

了它们的费米能级，导致电荷转移和 2D 材料的掺杂。此外，他们还发现了一种以前未知的低能四方结构，对于几种 2D Ⅲ-Ⅴ族材料，四方结构的能量低于六方结构。这些材料的电子性质从金属到半导体，带隙跨越可见光范围，四方 GaP 和 GaAs 系统是金属，当 2D 材料外延吸附在金属衬底上时，电子结构的变化是由应变、电荷转移和化学相互作用引起的，从而确定了应变对孤立的 2D 材料的电子结构的影响，以及展示了 2D 材料在金属衬底上的吸附如何改变电子结构并导致 2D 材料的掺杂。除了作为衬底之外，大的吸附能和强掺杂表明这些金属可提供良好的电接触性能，在电子传输测量和电子器件中得到应用。

A. Onen 团队[9, 6-27]从纤锌矿和闪锌矿结构中的 3D GaN 出发，利用密度泛函理论研究了 2D 单层蜂窝结构的 GaN，首次证明了单层蜂窝结构 GaN 在高达 1000 K 的温度下仍能保持稳定；通过单层蜂窝结构 GaN 的特殊堆叠顺序构建双层、三层和范德华晶体，研究其力学、电子和光学性质，继而发现层状蓝磷可以是生长单层蜂窝结构 GaN 的理想衬底。他们同时致力于单层 GaN 和 AlN 的条纹或芯/壳构成的面内复合结构的研究，设计量子阱结构。如图 8-7 所示，横向异质结构由周期性重复的窄 h-GaN 和 h-AlN 条纹形成，它们沿扶手椅型边缘成比例地连接，基本带隙的直接-间接特征及其值随这些条纹的宽度而变化。然而，对于相对较宽的条带，电子态被限制在不同的条带中，形成具有正常能带对齐的半导体一半导体结，这种方法可以产生 1D 多量子阱结构，电子和空穴被限制在 h-GaN 条纹内。由 h-GaN 和 h-AlN 的薄叠层形成的垂直异质结构是具有可调基

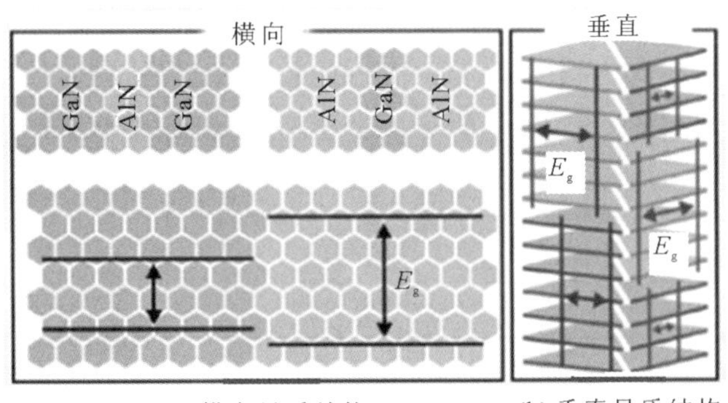

(a) 横向异质结构　(b) 垂直异质结构

图 8-7　h-GaN 和 h-AlN 的薄叠层形成的异质结构

本带隙的复合半导体，然而，根据堆叠顺序和堆叠中组成片的数量，垂直异质结构可以转变成结，该结显示出电子和空穴在不同堆叠中分离的交错带对准。该工作旨在揭示横向和垂直异质结构中的维度效应，探索复合结构在设计新型纳米材料方面的潜力。

8.2　二维 GaN、AlN 的制备

8.2.1　二维 GaN 材料的制备

1. 石墨烯辅助迁移增强封装法

2D GaN 体系非常不稳定，为了解决这个问题，美国宾夕法尼亚州立大学 Joan Redwing 等人在 2016 年提出了石墨烯辅助的迁移增强封装生长(Migration-Enhanced Encapsulated Growth，MEEG)法[10]，制备出了稳定/高质量的 2D GaN 结构，首次合成了 2D GaN 材料。该材料具备的优异电子性能和强度产生了颠覆性应用效果，促进了新一代激光、电子器件和传感器的发展。

纤锌矿 GaN 在 SiC(0001)上的生长最初是以 3D 岛的形式实现的，在高表面能状态钝化之后，促进了 Frank-van der Merwe 生长，从而获得了 2D GaN。如图 8-8 所示，研究人员将 Si 极性面的 SiC(0001)衬底加热使表面的 Si 升华，利用留下的富含 C 的表面重建成石墨烯结构，该石墨烯由一个初始部分结合的石墨烯缓冲层(底部)和一个单层石墨烯(顶部)组成，界面上的绿色光晕代表 Si 悬挂键；接着在高温下将外延石墨烯暴露于超高纯氢中，使初始(底部)石墨烯缓冲层分离，对表面未饱和的悬挂键进行钝化，形成双石墨烯层。以这种方式创建的石墨烯的优势在于两种材料接触的界面是完全平滑的。图 8-8(c)所示的 2D GaN 形成的 MEEG 工艺包括三个过程：一是三甲基镓前驱体分解和 Ga 原子表面扩散；二是夹层和横向界面扩散，三是 Ga 通过氨解作用转化为 2D GaN。简而言之，整个过程是 2D GaN 以弯曲形式被夹在顶部双层石墨烯和底部 6H-SiC 衬底之间，通过氢化作用来钝化石墨烯和 SiC(0001)中 C 层之间的悬挂键。

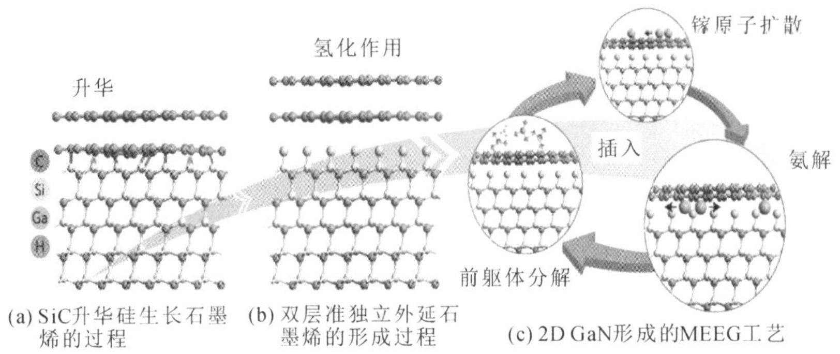

图 8-8　2D GaN 的形成过程示意图

将三甲基镓加热使其分解，形成的 Ga 原子可以穿过石墨烯层，嵌入到 SiC 与石墨烯的夹层中，最后通过氨解作用，使氮原子以同样的方式进入到夹层中，与 Ga 原子反应形成 2D GaN。如图 8-9 所示，2D GaN 界面中 GaN 终止的极性与体材料 GaN 的极性相反。

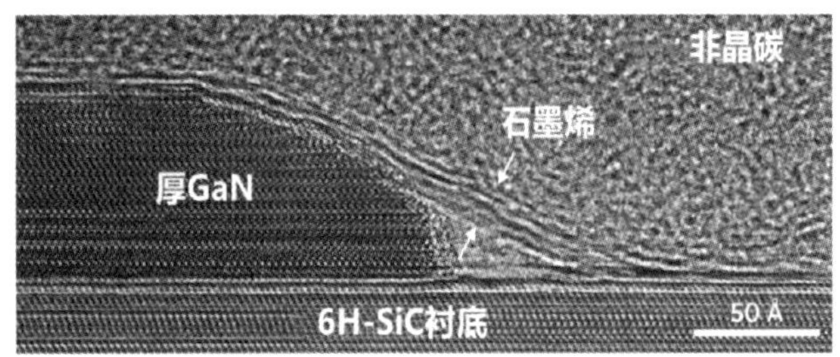

(a) MEEG法制备得到的2D GaN图

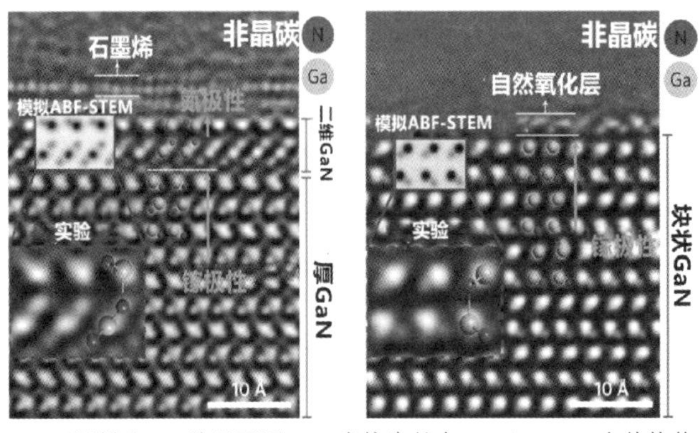

(b) 石墨烯和GaN的界面图　(c) 直接生长在6H-SiC(0001)上的块体GaN

图 8-9　2D GaN 及周围结构的表征

石墨烯在稳定弯曲的 R3m 2D 结构和反转极性方面的作用在放大插图中得到了证明，而在 6H－SiC (0001)上直接生长的体材料 GaN 中只观察到重构的表面氧化物，没有石墨烯覆盖，极性没有内在变化。

因此若是没有石墨烯封装层，则最终只能形成 3D GaN，可以说石墨烯在稳定直接带隙(5.0 eV)2D 氮化物弯曲结构(Buckled)方面起着关键作用，而由电子能量损失谱 EELS 获得的和用混合泛函第一性原理方法计算的整个结构的带隙分别为 5.53 和 4.89 eV，明显高于 GaN 薄膜的 3.42 eV，由此可见 2D 氮化物(或合金化)是可调谐光电器件的可行候选材料。

2019 年，Wang 等人[28]通过有效调节等离子体能量和生长温度，采用等离子体增强的金属有机化学气相沉积(PEMOCVD)，实现了在石墨烯/Si 异质结构上对生长的 2D GaN 的晶格结构和带隙的良好控制。通过高分辨率 TEM 仔细研究了石墨烯/ 2D GaN / Si 异质结构，发现 2D GaN 的晶格结构和带隙取决于等离子体能量。在等离子体的作用下，2D GaN 的晶格结构将从三方结构变为六方结构，2D GaN 从 6 层变为 4 层，通过理论计算可以清楚地阐明 2D GaN 层的形成机理，并证实了随着层数的变化，2D GaN 带隙从 4.18 eV 变化到了 4.65 eV。

为了揭示 2D GaN 层的界面特性，进行了像差校正的 TEM 测量(见图 8－10)。在外延生长之前，如果没有石墨烯/Si 异质结构的氢化，就无法鉴定出 2D GaN 层(见图 8－10(a))。然而，2D GaN 是在石墨烯/硅异质结构外延生长之前氢化时发现的(见图 8－10(b)、(c))。结果表明，氢化在 2D GaN 层的形成中起决定性作用，氢化分解石墨烯的一些频带并钝化 Si 和石墨烯之间的悬空键，为 Ga 和 N 原子进入中间层提供了途径。通过揭示已生长的 2D GaN 层的结构，相应地标记了石墨烯/ 2D GaN / Si 异质结构的晶格结构(见图 8－10(b)、(c))。此外，外延生长没有提供等离子体时，2D GaN 的晶格结构为三方($R3m$)(见图 8－10(b))；当在生长过程中辅助等离子体时，2D GaN 的晶格结构为 $P63mc$(见图 8－10(c))。结果证明，等离子体提供的能量可以促进 $P63mc$ 结构 2D GaN 的形成。同时，如图 8－10(d)所示，通过 DFT 构建和计算的 3D 原子模型可用于预测 2D GaN 的这两种结构。在这种情况下，用于 2D GaN 的层也相应地从 6 层更改为 4 层。随后通过 EELS 和 EDX 映射研究异

质结构中的元素分布，分别如图 8-10(e)、(f)所示。在石墨烯/Si 异质结构中清晰地观察到 Ga 和 N 原子，这也证实了高分辨 TEM 表征结果，表明已经获得了 2D 结构的 GaN，并且通过一种简单可行的方法很好地控制了 2D GaN 的晶格结构和层数。

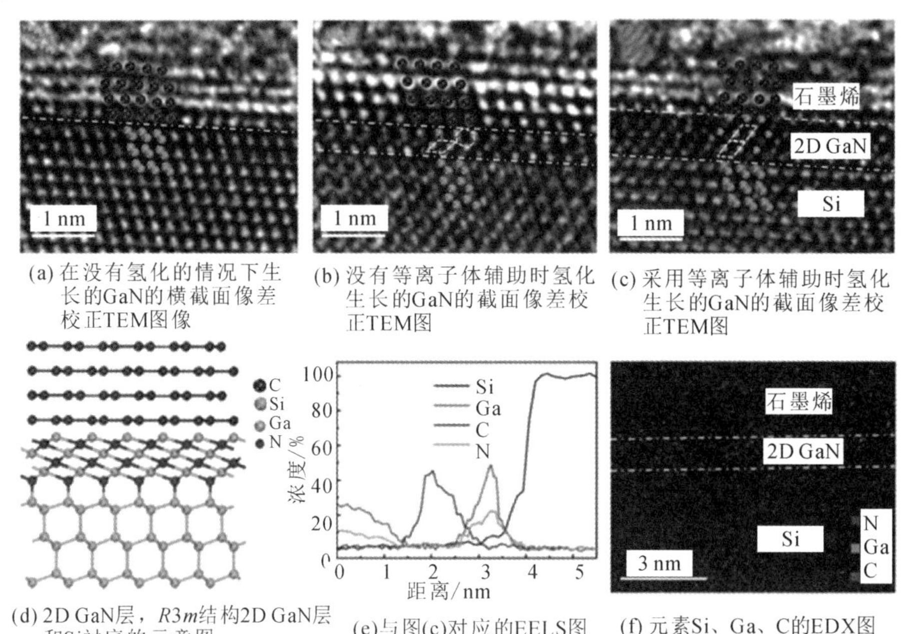

图 8-10　2D GaN 形成及表征

2. 液态金属自限制生长法

Redwing 等人通过石墨烯封装层合成了具有纳米级别的 2D GaN，但在分离其两个构成组分方面遇到了困难，2D GaN 的合成对探索其固有物理、化学性质提出了更高的要求。刚性衬底是生长 2D GaN 或其他 2D 纳米材料的最常用的制备衬底，但是由于表面晶体随机分布并且存在缺陷、扩散受质点边界束缚限制、原子各向异性等不足，制备的 2D 纳米材料存在高密度并且成核随机、组分不均匀、生长效率极低的缺陷。

因此，有研究提出采用在液态金属催化剂表面生长 2D 材料这一新思路[18, 20]。对于熔融状态下的金属，其内部原子产生剧烈热运动，传热效率极高，原子具有各向同性且空位较多，有利于其他原子的包埋，具有传质速率

高等优异的特性。当在液态金属表面生长 2D 纳米材料时，这些优势使材料生长得更快，晶粒拼接得更加平滑，并且能够实现自限制的层数生长。此外，液态金属表面存在许多宽移动范围的自由电子，这些自由电子的存在使得分子共价键在化学吸附过程中的形成更为简单，从而催化活性也变得更强。另外，催化剂的活化可以在金属接触反应物时通过改变金属氧化态或者形成低反应能通道的中间体来实现。参与反应的原子轨道根据不同催化剂的电子排布而异，可能是外层的 s 轨道（如 Cu）和 p 轨道（如 Ga），也可能是部分填充的 d 轨道（如 Ni、Fe、Ir）。

2018 年，武汉大学付磊团队[12]在液态金属 Ga 衬底上研究了制备 2D GaN 的方法。在实验过程中，液态金属衬底催化剂的 Ga 膜用作生长 2D GaN 的模板，N 源作为气体前驱体在载气作用下到达 W - Ga 衬底的表面，吸附在催化剂液态 Ga 的表面，并与其发生化学反应生成 GaN，过程如图 8 - 11 所示，涉及的反应方程如下：

$$2NH_3(g) \xrightarrow{850℃} N_2(g) + 3H_2(g) \tag{8-1}$$

$$Ga(g) + NH_3(g) \xrightarrow{>800℃} GaN(s) + H_2(g) \tag{8-2}$$

$$W(g) + NH_3(g) \xrightarrow{>800℃} WN(s) + H_2(g) \tag{8-3}$$

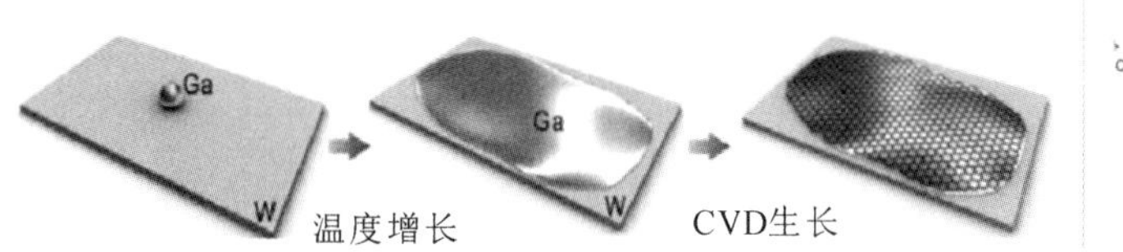

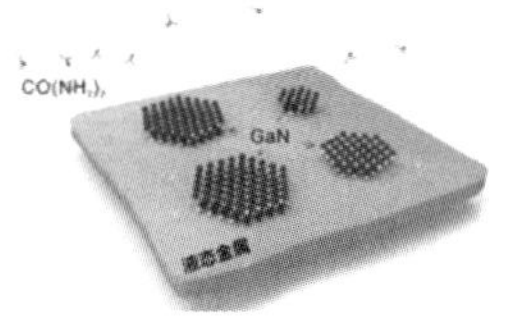

图 8 - 11　2D GaN 纳米材料生长示意图

此外，由于 WN 的吉布斯自由能（−121 kJ/mol）比 GaN 的吉布斯自由能（−18 kJ/mol）低，亚表面的 W 原子可以轻松捕获 N 原子，优先形成 W - N 键，从而限制了最外表面的 Ga 原子的氮化反应。因此，可以实现 2D GaN 在熔融系统表面上的受限生长行为。

付磊等将液态金属自限制生长 2D 材料的策略从传统的范德华层状材料拓展至非层状材料，通过实验获得了带隙超宽、量子效率显著提升的超薄 2D GaN 单晶。在此基础上，采用 CVD 技术，首次报道了通过表面限制氮化反应在液态金属上生长微米尺寸的 2D GaN 单晶，并证明了 2D GaN 具有均匀的晶格增量、独特的声子模式、蓝移光致发光发射和更高的内部量子效率，为以前的理论预测提供了直接的证据。生长的 2D GaN 具有 160 $cm^2/(V \cdot s)$的电子迁移率，这些发现推动了 2D GaN 单晶的潜在光电应用的发展。使用尿素作为氮源，并在液态 Ga 上进行合成(见图 8－11)，这是合成 2D 材料的可用衬底。如图 8－12(a)所示，得到了横向尺寸为 50 μm 的六角 GaN 单晶，其厚度为 4.1 nm。同时，图 8－12(b)所示的 HRTEM 图像证实了 2D GaN 晶体具有超薄六边形形态。从 EDS 元素图可以看出，Ga 和 N 元素在 GaN 晶体中均匀分布，如图 8－12 (c)所示。

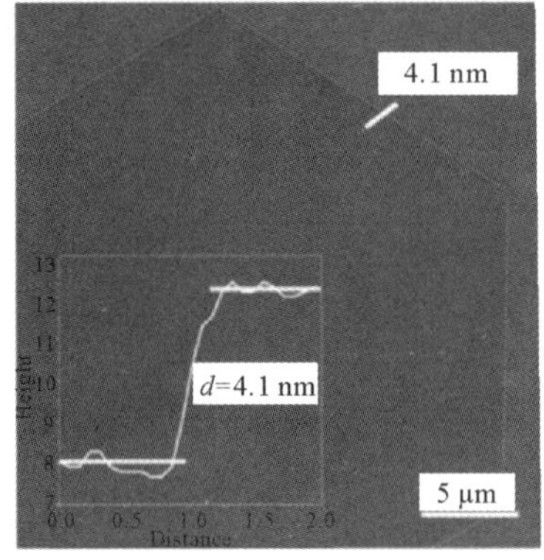

(a) 2D GaN晶体的典型AFM图像(显示了AFM图像的相应厚度剖面)

(b) 2D GaN晶体的低倍率TEM图像

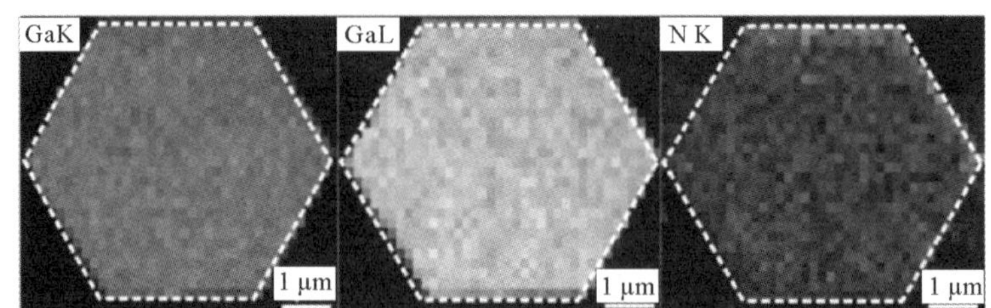

(c) 六角GaN单晶GaK、GaL、NK的EDS元素映射

图 8－12　2D GaN 单晶的形貌和化学组成

图 8－13(a)表明了 GaN 在 2D 极限时晶格常数增大，通过选区电子衍射(Selected Area Electron Diffraction，SAED)、拉曼光谱和 PL 光谱，对块状 GaN 单晶进行比较，图 8－13(b)显示了从相应的 SAED 点提取的强度分布，以

便于更清楚地比较。2D GaN 晶体结构的晶格常数沿(0001)面放大率为 4.17%。2D GaN 单晶的声子模式与体材料相比较也发生了明显的变化。如图 8-13(c)所示的拉曼光谱中，2D GaN 中出现了 566.2 cm^{-1}(E_2)的唯一峰，而在 567.2(E_2)、560.7(E_1)和 529.3(A_1)cm^{-1}处观察到三个峰。一方面，E_2的对称性和强度证实了 2D GaN 的高结晶性。另一方面，这一区别表明了 GaN 声子模在 2D 极限的变化，它在 566.2cm^{-1}处的位置与体相相比明显蓝移，表明在二维极限下处于拉伸应变状态，而 A_1 和 E_1 模的存在表明拉曼偏振选择规则被打破，这是由体相光无序散射引起的。

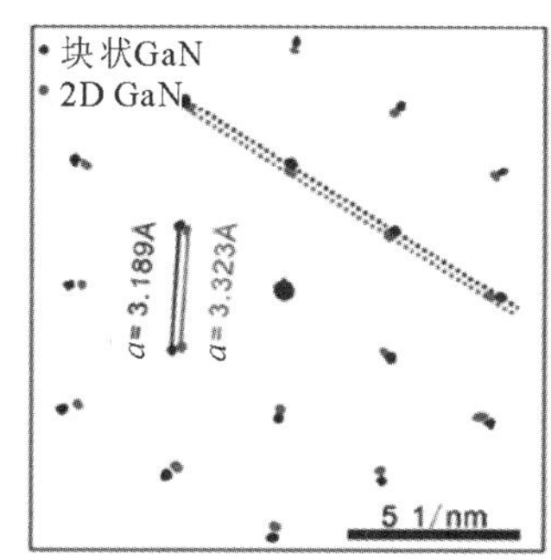

(a) 块状GaN和2D GaN晶体SAED点的叠加

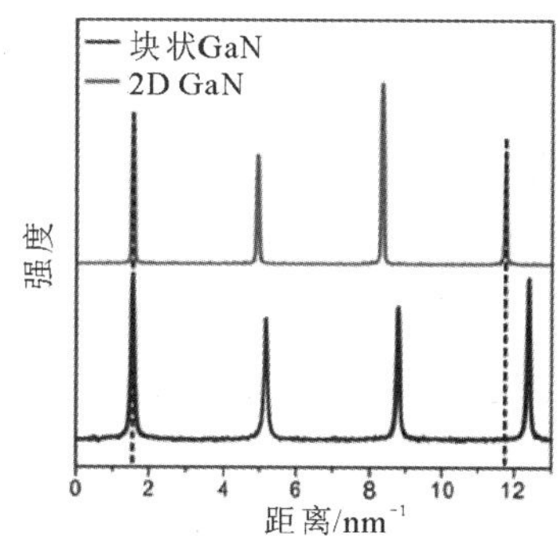

(b) 从图(a)中的SAED点提取的强度分布

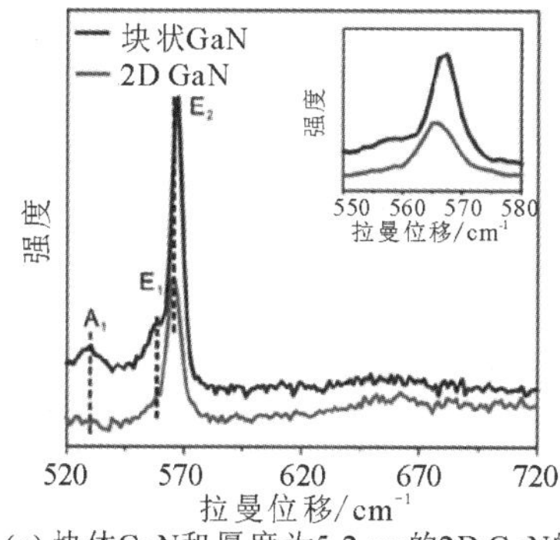

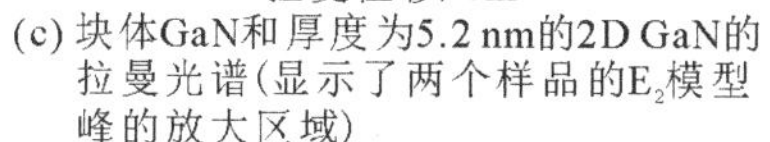

(c) 块体GaN和厚度为5.2 nm的2D GaN的拉曼光谱(显示了两个样品的E_2模型峰的放大区域)

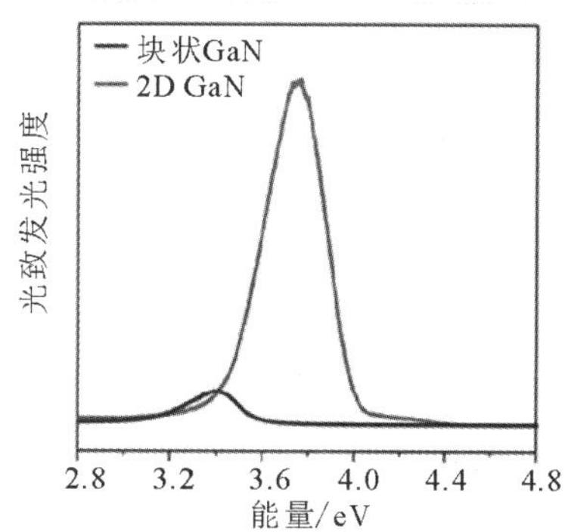

(d) 块状GaN和厚度为5.2 nm的2D GaN的PL光谱

图 8-13 2D GaN 单晶的表征

根据获得的室温 PL 光谱，对得到的 2D GaN 晶体的光学性质(见图 8-13 (d))进行研究。2D GaN 在 330 nm 处有明显的 PL 发射，光子能量为 3.76 eV，进一步证明了在较短的紫外波长下的发光。与传统体相 GaN(3.40 eV)相比，明

显的蓝移显示了在2D极限下的量子限制效应，并且2D GaN的PL强度大约是块状GaN的48倍(见图8-13(d))。发光强度的明显提高表明2D GaN的内部量子效率大大提高，这归因于激子效应的增强。根据先前的理论预测，其根本原因在于量子限制效应引起的电子-空穴相互作用强度的增强。

综上所述，液态金属自限制生长法通过表面限制反应成功地生长了横向尺寸达50 μm的高结晶性的2D GaN单晶。GaN单晶体在2D极限下具有独特的特性，如晶格参数的增大、声子振动的特殊模式、蓝移发光和内量子效率的提高，为进一步研究2D GaN的光电特性奠定了基础。制备的2D GaN单晶具有较高的电子迁移率，从而为制备大尺寸高结晶度的2D GaN单晶开辟了一条新的途径。

2020年，付磊团队[29]报道了适用于大多数超薄Ⅲ-Ⅴ单晶的普遍生长策略，采用对Ⅲ-Ⅴ晶体具有高黏附强度的合金作为生长衬底，增强衬底与材料之间的相互作用，使Ⅲ-Ⅴ晶体能够在衬底上以2D生长模式逐层生长(见图8-14(a))，从而进一步提升了超薄非层状Ⅲ-Ⅴ单晶的形成，所得的超薄单晶具有令人非常感兴趣的声子频率变化、带隙蓝移和二次谐波特性。而在具有弱黏附强度的纯Ⅲ族金属衬底上进行的生长过程(如图8-14(b)所示)，导致了Ⅲ-Ⅴ晶体的3D岛生长模式，将引发各向同性的生长行为，从而容易形成块状晶体。

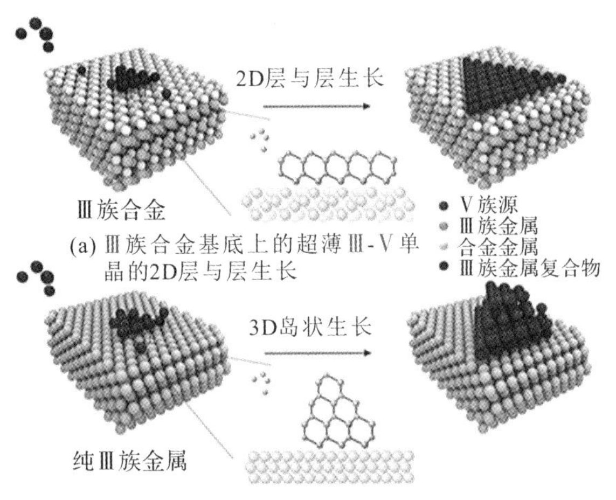

(a) Ⅲ族合金基底上的超薄Ⅲ-Ⅴ单晶的2D层与层生长

(b) 纯Ⅲ族金属衬底上的块体Ⅲ-Ⅴ单晶的3D岛生长

图8-14　Ⅲ-Ⅴ单晶生长过程示意图

8.2.2　二维 AlN 材料的制备

2013 年，P. Tsipas 等人[16]研究了 AlN 纳米薄片的生长实验，在 Ag(111) 单晶衬底上，通过等离子体辅助的 MBE 生长方法制备了 2～12 个单层的 AlN 纳米薄片，证明了 AlN 具有与石墨烯相似的六方晶格结构，与块状纤锌矿 AlN 相比具有更大的晶格常数和不同的电子能带结构。为了获得没有碳和氧的平坦表面，通过氩离子溅射清洁 Ag 衬底，并在循环中退火，使用铝金属源和原子氮在 Ag(111)衬底上外延生长类石墨氮化铝。

经 RHEED 表征后，在 Ag(111)表面上检测到具有 1×1 重构的 h-AlN 平面外延生长。Ag 衬底和层状 AlN 之间有 8%的显著晶格失配。如图 8-15(a)所示的 STM 图像中，AlN 在 Ag 衬底上显示出具有蜂窝状对称性的清晰的 2D 岛，而在图 8-15(b)中，生长在 Ag 衬底上的 12 个 AlN 单层组成了超薄 AlN，其与 AlN/Si(111)情况相比具有更小的带隙。

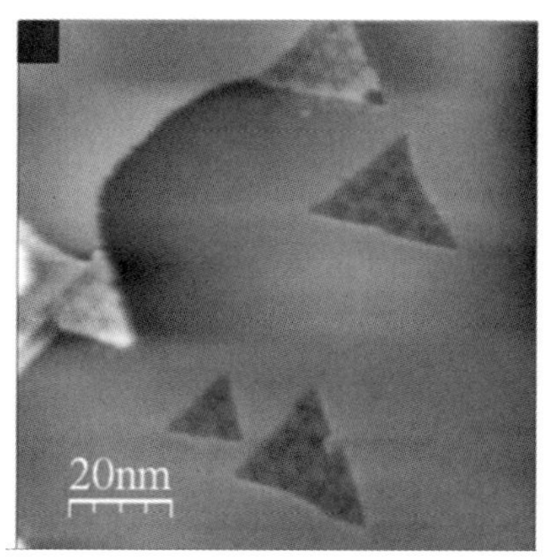

(a) Ag(111)衬底上三角岛状外延层的STM图像（100 nm×100 nm）

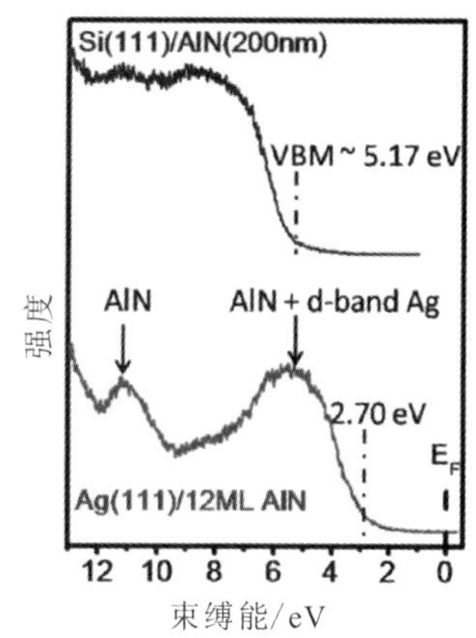

(b) AlN(体)/Si(111)和AlN(12 ML)/Ag(111)样品的价带谱

图 8-15　Ag(111)单晶上生长的 AlN 纳米薄片的表征

C. Bacaksiz 等人[30]利用第一性原理方法，研究了层状 h-AlN 的相关电子性质，即具有 1～15 层 h-AlN 电子结构的演化。不同于其他一些 2D 晶体结构(如石墨、h-BN 和 TMD)，离子层之间的相互作用在 h-AlN 层之间占主导地位。因此，对于 h-AlN 的合成，采用 Tsipas 等人进行的外延生长研究似乎比机械剥离更合适。不同于块体 h-AlN，单层 h-AlN 在导带底(Conduction Band

Minimum，CBM)和价带顶(Valence Band Maximum，VBM)位于 K 点、Γ 点的地方有一个间接带隙，h - AlN 的晶格参数大于纤锌矿相。此外，随着层数的增加，价带边缘逐渐向布里渊区中心移动。当这种移动一直持续到第 10 层，第 10 层形成后，h - AlN结构达到体积极限，成为直接带隙半导体。可见，进一步增加厚度对电子特性没有影响，晶格常数的增大及价带态的变化与 Tsipas 等人的实验结果非常一致。

2019 年，W. Wang 等人[17，28]提出了一种基本的方法，并通过 MOCVD 实现了夹在三层石墨烯和 Si 衬底之间的 2D AlN 层的外延生长；用计算的三维原子模型构造 2D AlN 层的结构，并指出了 2D AlN 层的形成归结于 AlN 前驱体原子能通过石墨烯的褶皱缺陷处进入插层。

通过理论计算，证实了 2D AlN 层的形成机理以及氢化处理对 2D AlN 层形成的影响。如图 8 - 16 所示，研究发现 H_2 钝化了 Si 表面的悬挂键，破坏了石墨烯的整体结构，降低了 AlN 前驱体向间隙扩散的能量屏障，为 AlN 前驱体原子进入中间层开辟了通道；另一方面，它在石墨烯表面形成 sp^3 键，促进了 Al 原子的优先吸附。但当石墨烯厚

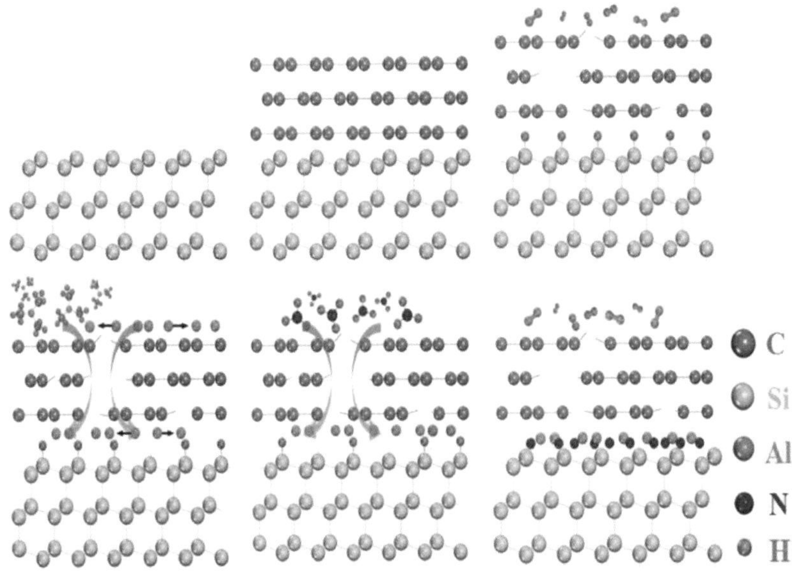

图 8 - 16　石墨烯/ Si 异质结构上生长 2D AlN 层的氢化处理示意图

度超过 4 层时，加氢不会破坏石墨烯结构，AlN 前驱体也无法进入石墨烯与 Si 衬底之间的夹层进行生长。

科研人员提出了参考能量(E_r)，它对应于 Al 和 N 原子进入石墨烯/Si 间隙的稳定性。

$$E_r=\frac{E_{total}-E_{sub}-nE_{atom}}{n} \tag{8-4}$$

其中，E_{total}是原子在空隙中时石墨烯/Si 异质结构衬底的能量，E_{sub}、E_{atom}和 n 分别为干净的石墨烯/Si 异质结构的能量、原子的能量和原子数。E_r 越小，表示模型越稳定。

如图 8-17(c)所示，随着 2D AlN 层数的增加，Al 和 N 原子的参考能量 E_r均增大。当 2D AlN 层数增加到 7 层时，显示出一个相对稳定的值。然而，第 8 层的参考能量 E_r值异常大，由于第 8 层的形成需要巨大的能量屏障却无法实现，因此，2D AlN 层的稳定

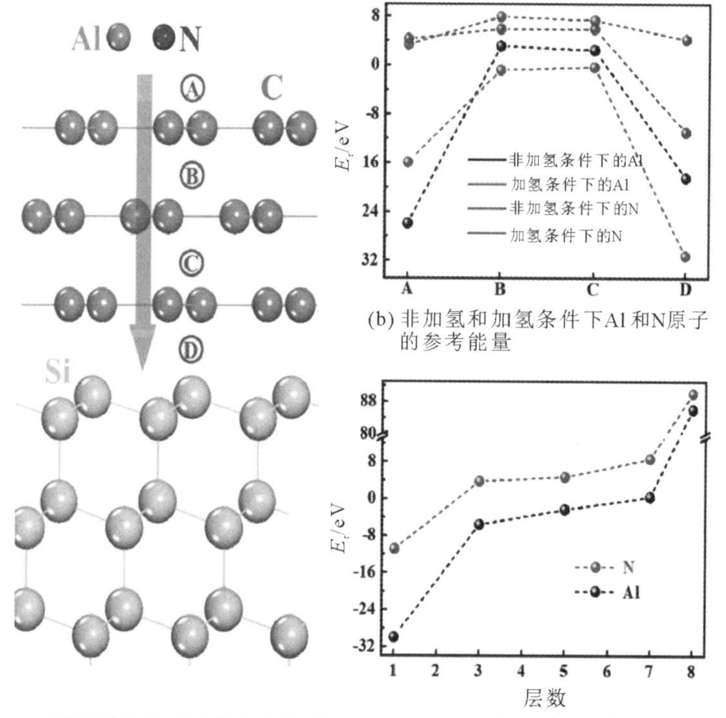

(a) Al和N原子形成石墨烯/Si异质结构的过程示意图

(b) 非加氢和加氢条件下Al和N原子的参考能量

(c) 2D AlN形成不同层数时Al和N原子进入石墨烯/Si异质结构的势垒

图 8-17　2D AlN 的形成过程及其层数对异质结构的影响

层数为7。实验证明，去除石墨烯后夹在石墨烯和Si衬底之间的2D AlN层具有良好的稳定性。最后采用HF-LDA理论预测了2D AlN层的$E_g \approx 9.63$ eV，采用UPS-VB和紫外-可见分光椭偏测量实验确定了带隙分别为9.20～9.60 eV和9.26 eV。这种超宽带隙半导体材料在深紫外光电领域具有广阔的应用前景，有望支持光电器件的创新和前端开发。

8.3 二维GaN、AlN的应用

GaN、AlN、InN等Ⅲ族氮化物是固态照明的基础，自2005年起，多年的理论研究预测GaN和AlN可以形成2D稳定的单层结构，并显示出不同于薄膜氮化物的电子和光学性质[5]。通过氢、氟原子等的化学修饰、外加电场[21]，发现可以对单层Ⅲ族氮化物纳米片进行带隙调控，并且由于它们具备自发极化及其带隙对电场方向和强度敏感的特性，因此为下一代光电器件(如光电传感器或全彩LED)带来了可能性。Ⅲ族2D氮化物材料的电子性质从金属到半导体，带隙跨越了可见光范围，当带隙位于可见光范围内时，可用于光电或光催化应用。此外，可以利用单层蜂窝结构氮化物的特殊堆积顺序设计量子阱结构，揭示异质结构中的维度效应，探索复合结构在设计新型纳米材料方面的潜力；如果能进一步制备得到超宽带隙的2D氮化物半导体材料，则会在深紫外光电领域具有广阔的应用前景，如制备高输出功率的中紫外光源，支持新一代激光、电子器件、传感器的创新发展。

8.3.1 制备紫外光源

2016年，在理论上提出了一种新的有源区，即三个周期的单层准2D GaN层代替了传统的AlGaN量子阱，随后对这种准2D GaN层采用亚单层数字合金化(Sub-monolayer Digital Alloying，SDA)技术利用MBE生长得到了准2D GaN阱结构的样品。由于极端的量子限域作用，量子阱中电子基态和空穴基态向各自的高能方向移动，对应的辐射复合能量ΔE大于GaN体材料的禁带宽度，因此可以实现紫外波段甚至是深紫外波段的发射。

下面说明提出的新型准2D GaN层相对于传统AlGaN量子阱的优势。新型

准 2D 量子阱和传统 AlGaN 量子阱的晶体结构、电荷密度分布如图 8－18(a)所示，这两种量子阱都是为中紫外区(约 280 nm)发射而设计的。传统的量子阱结构包括嵌入在 $Al_{0.75}Ga_{0.25}N$ 势垒中的 $Al_{0.43}Ga_{0.57}N$ 量子阱。为了对比准 2D GaN 阱和 $Al_{0.43}Ga_{0.57}N$ 量子阱两种结构，它们的势垒均采用 $Al_{0.75}Ga_{0.25}N$。对于准 2D 结构，在两个单层 $Al_{0.75}Ga_{0.25}N$ 势垒中，三个周期的单层准 2D GaN 层代替传统结构中的 $Al_{0.43}Ga_{0.57}N$ 量子阱，三个红色箭头标记准 2D GaN 层的位置。如图 8－18(b)所示，在准 2D GaN 层中，CBM 和 VBM 的电荷密度都大于附近的 $Al_{0.75}Ga_{0.25}N$ 势垒中的电荷密度，载流子主要分布在准 2D GaN 层中，在垂直方向和横向方向上促进了载流子的局域化，这种载流子在准 2D 阱中的局域化将扩大电子－空穴波函数的重叠，提高发光效率；而对于如图 8－18(b)所示的常规 AlGaN 量子阱，极化场使得 CBM 的电子和 VBM 的空穴大部分位于量子阱相反的两侧，电子－空穴波函数的重叠少，发光效率低。另外，由于准 2D GaN 层在 AlGaN 层上生长，失配位错少，晶体质量好，沿 c 轴 TE 偏振光发射占主导地位。为

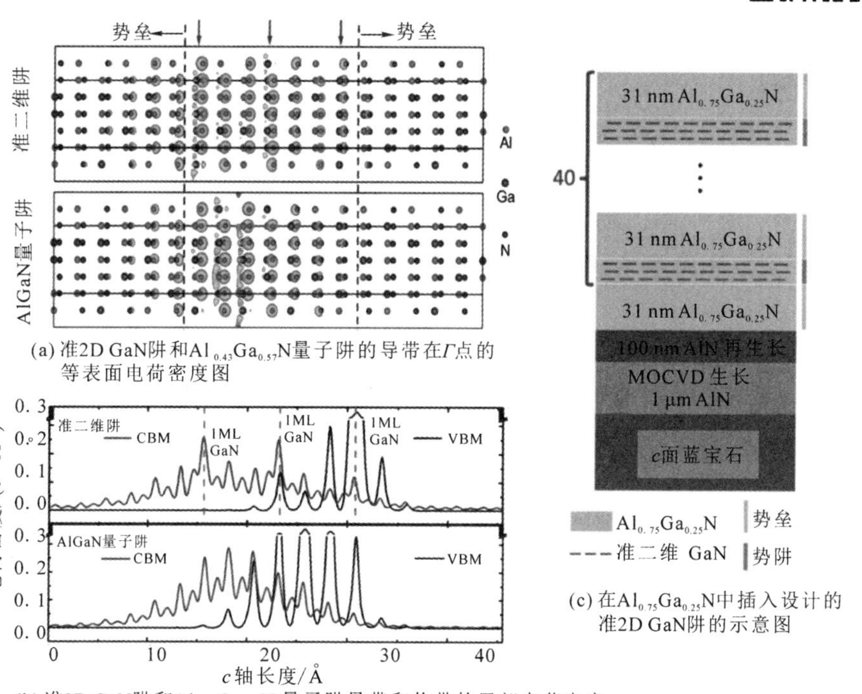

(a) 准2D GaN阱和$Al_{0.43}Ga_{0.57}N$量子阱的导带在Γ点的等表面电荷密度图

(b) 准2D GaN阱和$Al_{0.43}Ga_{0.57}N$量子阱导带和价带的局部电荷密度

(c) 在$Al_{0.75}Ga_{0.25}N$中插入设计的准2D GaN阱的示意图

图 8－18　准 2D GaN 阱和 $Al_{0.43}Ga_{0.57}N$ 量子阱结构图

了避免P型掺杂高Al组分AlGaN的困难和P型GaN对紫外光的吸收，还可以采用电子束抽运方法代替常规的电注入法。

样品结构示意图如图8-18(c)所示，准2D GaN结构沉积在MOCVD生长的AlN/c面蓝宝石模板上，蓝色虚线代表准2D GaN层，即在实验上1 ML厚的不连续GaN层，是分数单分子层。在超高真空下对AlN模板进行标准退火处理后，用100 nm厚的AlN同质外延，随后是约1.3 μm厚的活性区，由40个周期的GaN/AlGaN多量子阱组成，准2D GaN作为量子阱，31 nm的$Al_{0.75}Ga_{0.25}N$作为量子垒，在富Ga条件下(Ga/N>1)，生长温度约为760℃，以增强Al原子的迁移。

随后利用准2D GaN阱的结构，制作了一种电子束泵浦的紫外光源。为了避免P型掺杂高Al组分AlGaN的困难和P-GaN对紫外光的吸收，采用电子束泵浦方法代替常规的电注入法。电子能量E_e经过精细优化以获得最大输出功率，紫外光由光电阴极收集。如图8-19(a)所示，在脉冲激励下，光输出功率随着电子束电流线性增加，曲线没有显示饱和；如图8-19(b)所示，在连续波泵浦模式下，输出功率首先线性增加，热效应影响导致其随着电流的增加而趋于饱和。在电流为0.7 mA时，最大测量输出功率为27 mW，考虑到光电阴极的光收集效率为70%，在脉冲扫描或者连续波泵浦模式下，实际输出功率约为160 mW，表明准2D GaN层有望用于制备高输出功率的中紫外光源。

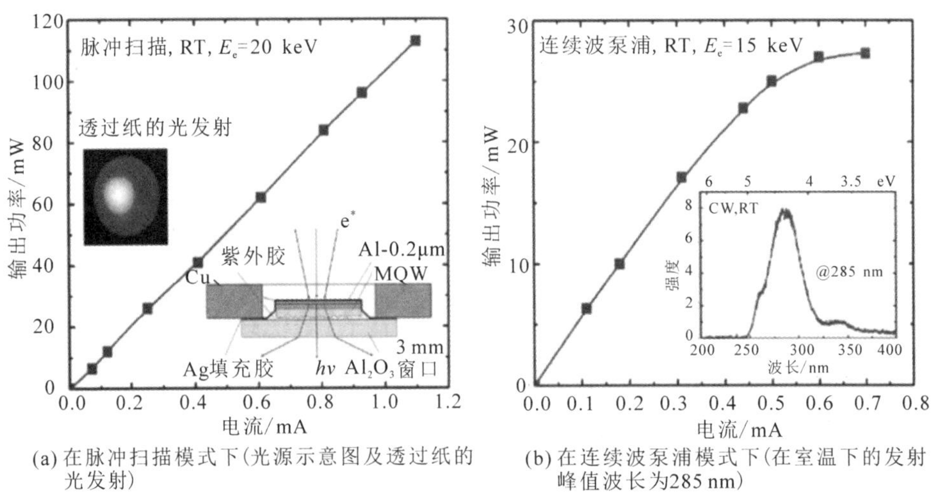

(a) 在脉冲扫描模式下(光源示意图及透过纸的光发射)

(b) 在连续波泵浦模式下(在室温下的发射峰值波长为285 nm)

图8-19 不同模式下电流—输出功率曲线图

8.3.2　电池的电极材料

2018 年，研究人员以单层 GaN 为原型系统进行了第一性原理计算，以探讨二维 GaN 作为电池电极材料的可行性[31]，并结合理论计算，充分研究了 Li/Na 的吸附和扩散过程。结果表明，GaN 单层作为电池负极材料具有很好的性能。如图 8-20 所示，Li 和 Na 离子的扩散势垒大大低于已知的 2D 电极材料，Li 的扩散势垒仅为 79 meV，容量为 938 mA·h/g，而 Na 的扩散势垒为 22 meV，容量为 625 mA·h/g，这表明离子在 GaN 单层上扩散得非常快。

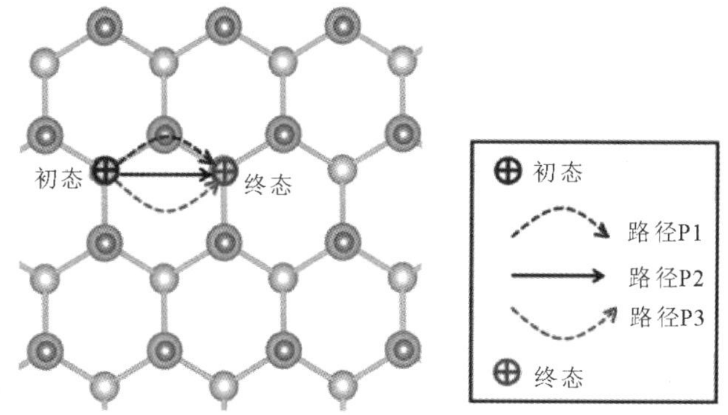

(a) 单层GaN上可能的Li/Na离子迁移路径

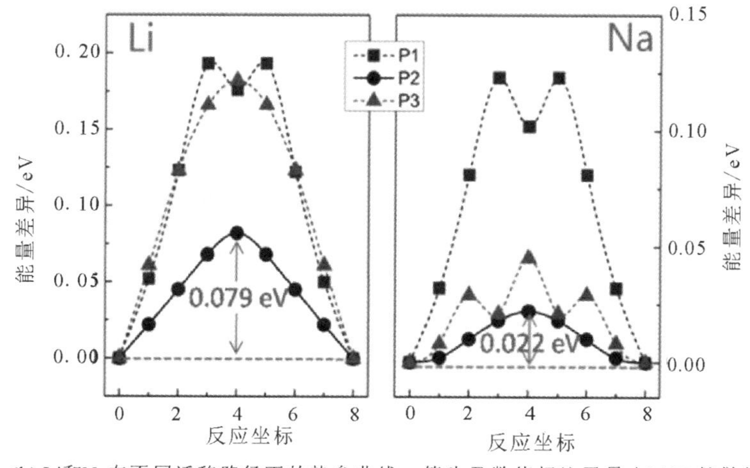

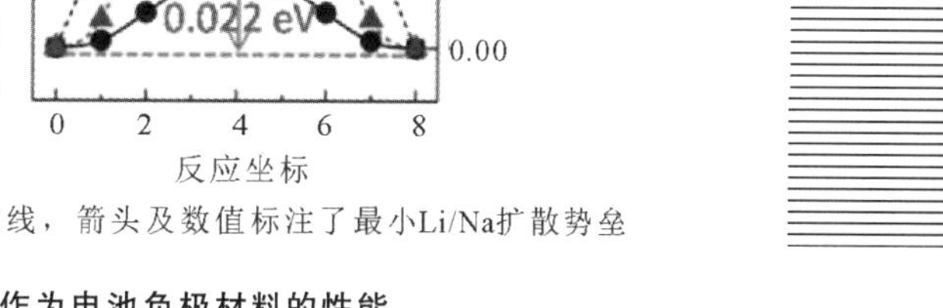

(b) Li和Na在不同迁移路径下的势垒曲线，箭头及数值标注了最小Li/Na扩散势垒

图 8-20　GaN 单层作为电池负极材料的性能

8.3.3 气体传感器

根据巴德电荷分析[32]，气体分子可以接受或提供电子。例如，H_2吸附导致 AlN 纳米结构的 N 型掺杂，而像 CO_2、CO、O_2和 NO 这样的分子是受体，即它们由于电子电荷转移到气体分子而使 AlN 成为 P 型，由此产生的 AlN 纳米片电导率的变化可以在 AlN 上专门设计的通道中进行电学测量，并且可以检测由不同分子吸附引起的变化。这是电阻传感器工作的一般原理。

2013 年，S. F. Rastegar 等人[33]利用密度泛函理论研究了 NH_3和 NO_2分子在 AlN 纳米片上的吸附现象，发现 AlN 在 NO_2吸附后的电导率增加，该 AlN 纳米片可以在 NH_3存在下选择性地检测 NO_2分子。研究发现，NH_3/AlN 纳米片复合物具有一种稳定的构型，分子和 AlN 纳米片之间存在强相互作用。因此，合理假设 AlN 纳米片和 NH_3或 NO_2之间的电荷转移可能改变 AlN 纳米片的电子能级，甚至改变带隙。

随后的研究发现，AlN 单层适用于检测 H_2、CO、CO_2、NO 和 O_2[34]，被吸附的分子可以在 AlN 单层膜上的四个可能的吸附位置中进行选择，这些位置是：位于 AlN 六边形中心的中空位置(H)、连接蜂窝中 Al 和 N 原子的桥(B)、Al 原子的顶部(T1)和 N 原子的顶部(T2)，如图 8-21 所示。

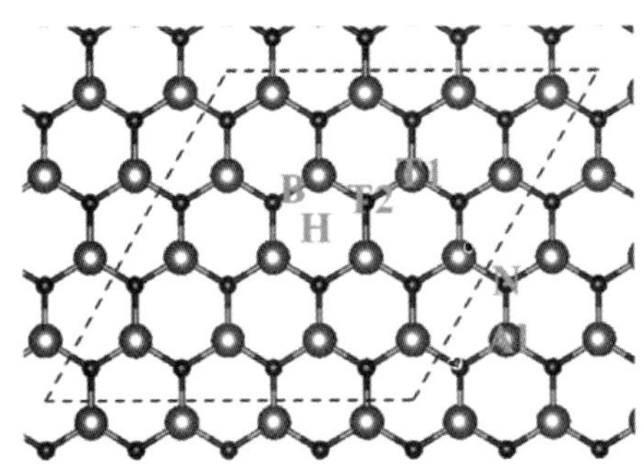

图 8-21 单层 AlN 的优化原子结构和可能的吸附位置(灰球：Al，蓝球：N)

如图 8-21 所示，气体分子和 AlN 纳米片的电荷密度差对于理解这种材料中的吸附现象具有重要意义。电荷密度差可以通过下式得到：

$$\Delta\rho=\rho_{gas/AlN}-(\rho_{gas}+\rho_{AlN}) \tag{8-5}$$

其中，$\rho_{gas/AlN}$ 和 ρ_{AlN} 分别指有气体分子和没有气体分子时的弛豫 AlN 纳米片的总电子密度，ρ_{gas} 是不同气体分子的总电子密度。在图 8 - 22 中，给出了电荷累积(红色)和电荷耗尽(蓝色)。在原始的 AlN 纳米片结构中，由于电荷从 Al 原子转移到 N 原子时发生了 Al—N 键的极化，N 原子带负电荷，Al 原子带正电荷，因此，AlN 纳米片可以通过静电和极化相互作用吸附气体分子。根据密度泛函理论计算可知，C 掺杂或 N 空位缺陷的 h - AlN 纳米片可作为吸附或检测有毒 CO 气体的一种有前途的候选材料。

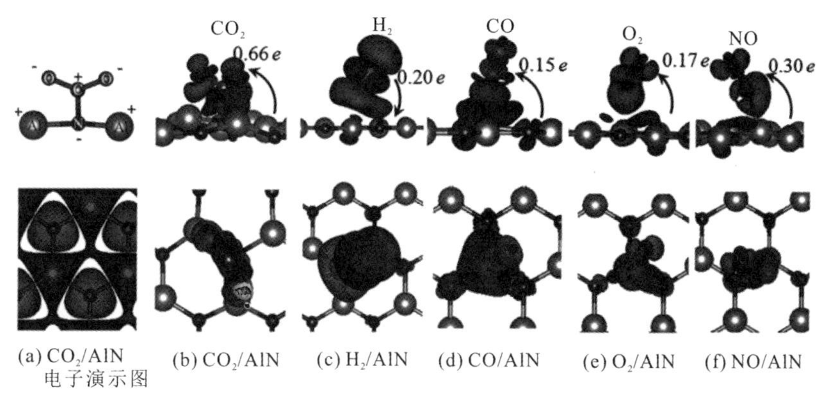

(a) CO_2/AlN 电子演示图　(b) CO_2/AlN　(c) H_2/AlN　(d) CO/AlN　(e) O_2/AlN　(f) NO/AlN

图 8 - 22　不同气体和 AlN 的电荷密度差的示意图

另外，Ⅲ族氮化物晶体具有许多理想的介电特性，包括高介电常数、低漏电流和高击穿电压，2D AlN 是用作与电子器件应用相关的电介质(如晶体管中的栅极电介质)的一种材料[35]。其中的一个主要问题是在半导体/电介质界面上存在缺陷和陷阱，以及电介质层相对较高的表面粗糙度，这对有效的电荷传输具有不利的影响。晶体 AlN 最常用的形态是 1D 纳米结构和 3D 体相，而作为栅极电介质的 2D AlN 单晶还处于起步阶段。这种材料的发展仍然受到非理想 2D 形态的影响。

小　　结

2D 稳定结构的 GaN 和 AlN 显示出不同于薄膜氮化物的电子和光学性质，

具有重要的应用前景。但当前 2D GaN、AlN 制备困难，众多性质有待探索。有研究已通过石墨烯辅助的迁移增强封装生长以及液态金属自限制生长法，合成出了稳定的 2D 氮化物材料或异质结构，为进一步研究 2D GaN 的光电特性奠定了基础。2D 氮化物能够为实现超宽禁带的短波长光电设备开辟新的研究途径，其优异的电子性能和强度将产生颠覆性的应用效果，会促进新一代激光、电子器件和传感器的发展。本章介绍了 2D 氮化物及目前已实现的 2D 氮化物的最新进展，对 2D 氮化物的应用进行了回顾和展望，实现大面积 2D 氮化物的研究还有待于科研人员进一步发展。

参考文献

[1] JIANG H X，LIN J Y. Review：Hexagonal Boron Nitride Epilayers：Growth，Optical Properties and Device Applications. ECS Journal of Solid State Science and Technology，2017，6：Q3012－Q3021.

[2] JIANG H X，LIN J Y. Hexagonal Boron Nitride for Deep Ultraviolet Photonic Devices. Semicond. Sci. Technol，2014，29：084003.

[3] LI L H，CHEN Y. Atomically Thin Boron Nitride：Unique Properties and Applications. Adv. Funct. Mater，2016，26：2594－2608.

[4] SANDERS N，BAYERL D，SHI G，et al. Electronic and Optical Properties of Two-Dimensional GaN from First-Principles. Nano Lett，2017，17：7345－7349.

[5] FREEMAN C L，CLAEYSSENS F，ALLAN N L，et al. Graphitic Nanofilms as Precursors to Wurtzite Films：Theory. Phys. Rev. Lett，2006，96：066102.

[6] KECIK D，ONEN A，KONUK M，et al. Fundamentals，Progress，and Future Directions of Nitride-Based Semiconductors and Their Composites in Two-Dimensional Limit：A First-Principles Perspective to Recent Synthesis. Appl. Phys. Rev，2018，5：1.

[7] ZHUANG H L，SINGH A K，HENNIG R G. Computational Discovery of Single-Layer Ⅲ－Ⅴ Materials. Phys. Rev. B，2013，87：16.

[8] KOLOBOV A V，FONS P，TOMINAGA J，et al. Instability and Spontaneous Reconstruction of Few-Monolayer Thick GaN Graphitic Structures. Nano Lett，2016，16：4849－56.

[9] ONEN A，KECIK D，DURGUN E，et al. GaN：From Three-to Two-Dimensional

Single-Layer Crystal and Its Multilayer Van Der Waals Solids. Phys. Rev. B, 2016, 93: 8.

[10] AL BALUSHI Z Y, WANG K, GHOSH R K, et al. Two-Dimensional Gallium Nitride Realized Via Graphene Encapsulation. Nat. Mater, 2016, 15: 1166 - 1171.

[11] RONG X, WANG X, IVANOV S V, et al. High-Output-Power Ultraviolet Light Source from Quasi-2D GaN Quantum Structure. Adv. Mater, 2016, 28: 7978 - 7983.

[12] CHEN Y, LIU K, LIU J, et al. Growth of 2D GaN Single Crystals on Liquid Metals. J. Am. Chem. Soc, 2018, 140: 16392 - 16395.

[13] ŞAHIN H, CAHANGIROV S, TOPSAKAL M, et al. Monolayer Honeycomb Structures of Group-Ⅳ Elements and Ⅲ - Ⅴ Binary Compounds: First-Principles Calculations. Phys. Rev. B, 2009, 80: 15.

[14] DURGUN E, TONGAY S, CIRACI S. Silicon and Ⅲ - Ⅴ Compound Nanotubes: Structural and Electronic Properties. Phys. Rev. B, 2005, 72: 7.

[15] WANG Y, SHI S. Structural and Electronic Properties of Monolayer Hydrogenated Honeycomb Ⅲ - Ⅴ Sheets from First-Principles. Solid State Commun, 2010, 150: 1473 - 1478.

[16] TSIPAS P, KASSAVETIS S, TSOUTSOU D, et al. Evidence for Graphite-Like Hexagonal AlN Nanosheets Epitaxially Grown on Single Crystal Ag(111). Appl. Phys. Lett, 2013, 103: 251605.

[17] WANG W, ZHENG Y, LI X, et al. 2DAlN Layers Sandwiched between Graphene and Si Substrates. Adv. Mater, 2019, 31: e1803448.

[18] 赵滨悦. 二维 GaN 基材料 CVD 制备与理论研究[D]. 西安理工大学, 2019.

[19] CAHANGIROV S, TOPSAKAL M, AKTURK E, et al. Two-and One-Dimensional Honeycomb Structures of Silicon and Germanium. Phys. Rev. Lett, 2009, 102: 236804.

[20] 曾梦琪, 张涛, 谭丽芳, 等. 液态金属催化剂: 二维材料的点金石[J]. 物理化学学报, 2017, 33(3): 464 - 475.

[21] CHEN Q, HU H, CHEN X, et al. Tailoring Band Gap inGaN Sheet by Chemical Modification and Electric Field: Ab Initio Calculations. Appl. Phys, Lett. 2011, 98: 5.

[22] MA Y, DAI Y, GUO M, et al. Magnetic Properties of the Semifluorinated and Semihydrogenated 2D Sheets of Group-Ⅵ and Ⅲ-Ⅴ Binary Compounds. Appl. Surf. Sci, 2011, 257: 7845 - 7850.

[23] WU D, LAGALLY M G, LIU F. Stabilizing Graphitic Thin Films of Wurtzite

Materials by Epitaxial Strain. Phys. Rev. Lett, 2011, 107: 236101.

[24] XU D, HE H, PANDEY R, et al. Stacking and Electric Field Effects in Atomically Thin Layers of GaN. J. Phys.: Condens. Matter, 2013, 25: 345302.

[25] SINGH A K, HENNIG R G. Computational Synthesis of Single-LayerGaN on Refractory Materials. Appl. Phys. Lett, 2014, 105: 051604.

[26] ONEN A, KECIK D, DURGUN E, et al. In-Plane Commensurate GaN/AlN Junctions: Single-Layer Composite Structures, Single and Multiple Quantum Wells and Quantum Dots. Phys. Rev. B, 2017, 95: 15.

[27] ONEN A, KECIK D, DURGUN E, et al. Lateral and Vertical Heterostructures of H-GaN/H-AlN: Electron Confinement, Band Lineup, and Quantum Structures. J. Phys. Chem. C, 2017, 121: 27098 - 27110.

[28] WANG W, LI Y, ZHENG Y, et al. Lattice Structure and Bandgap Control of 2D GaN Grown on Graphene/Si Heterostructures. Small, 2019, 15: e1802995.

[29] CHEN Y, LIU J, ZENG M, et al. Universal Growth of Ultra-Thin Ⅲ - Ⅴ Semiconductor Single Crystals. Nat. Commun, 2020, 11: 3979.

[30] BACAKSIZ C, SAHIN H, OZAYDIN H D, et al. Hexagonal AlN: Dimensional-Crossover-Driven Band-Gap Transition. Phys. Rev. B, 2015, 91: 8.

[31] ZHANG X, JIN L, DAI X, et al. Two-Dimensional GaN: An Excellent Electrode Material Providing Fast Ion Diffusion and High Storage Capacity for Li-Ion and Na-Ion Batteries. ACS Appl. Mater. Interfaces, 2018, 10: 38978 - 38984.

[32] HENKELMAN G, ARNALDSSON A, JONSSON H. A Fast and Robust Algorithm for Bader Decomposition of Charge Density. Computational Materials Science, 2006, 36: 354 - 360.

[33] RASTEGAR S F, PEYGHAN A A, GHENAATIAN H R, et al. NO_2 Detection by Nanosized AlN Sheet in the Presence of NH_3: DFT Studies. Appl. Surf, Sci, 2013, 274: 217 - 220.

[34] WANG Y S, SONG N H, SONG X Y, et al. A First-Principles Study of Gas Adsorption on MonolayerAlN Sheet. Vacuum, 2018, 147: 18 - 23.

[35] BESHKOVA M, YAKIMOVA R. Properties and Potential Applications of Two-Dimensional AlN. Vacuum, 2020, 176: 109231.

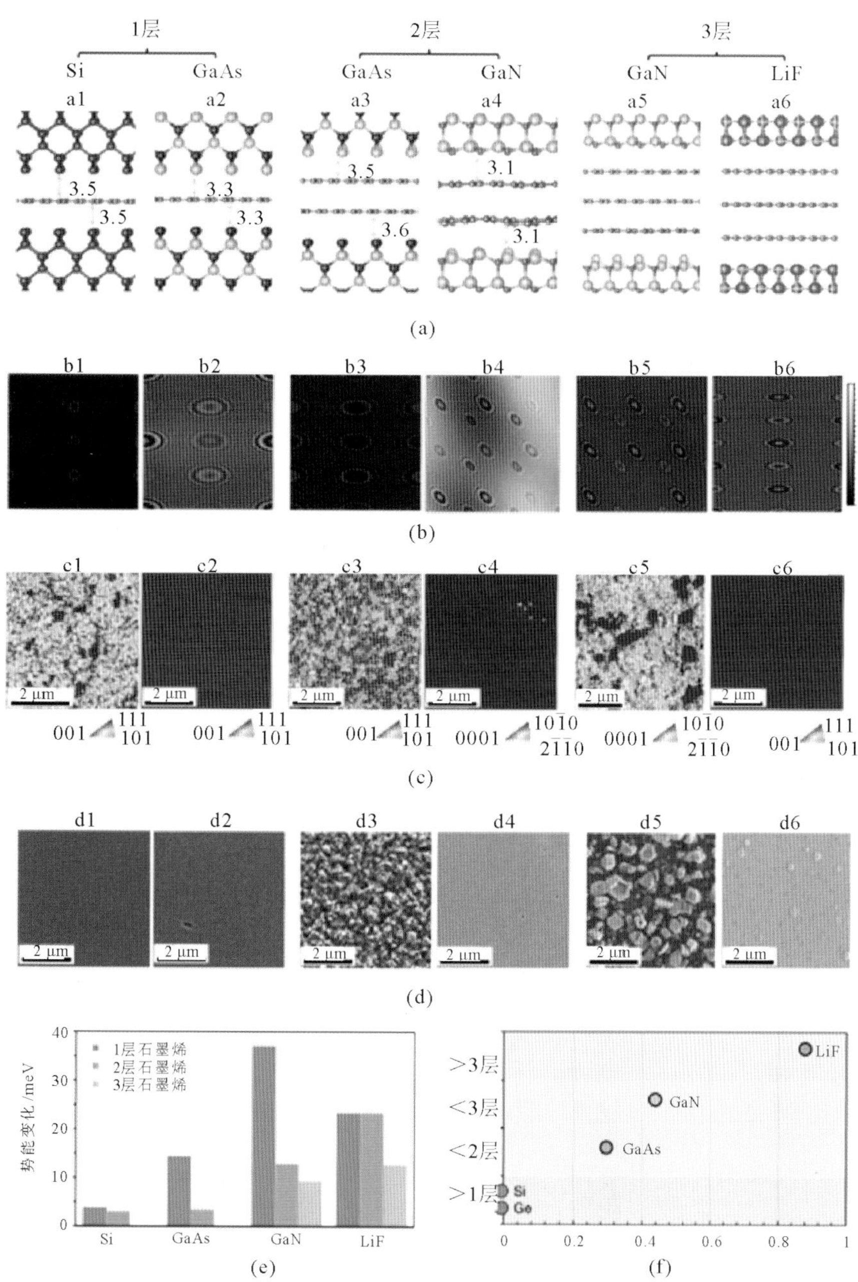

图 3-9　不同层数石墨烯上 DFT 理论计算结果

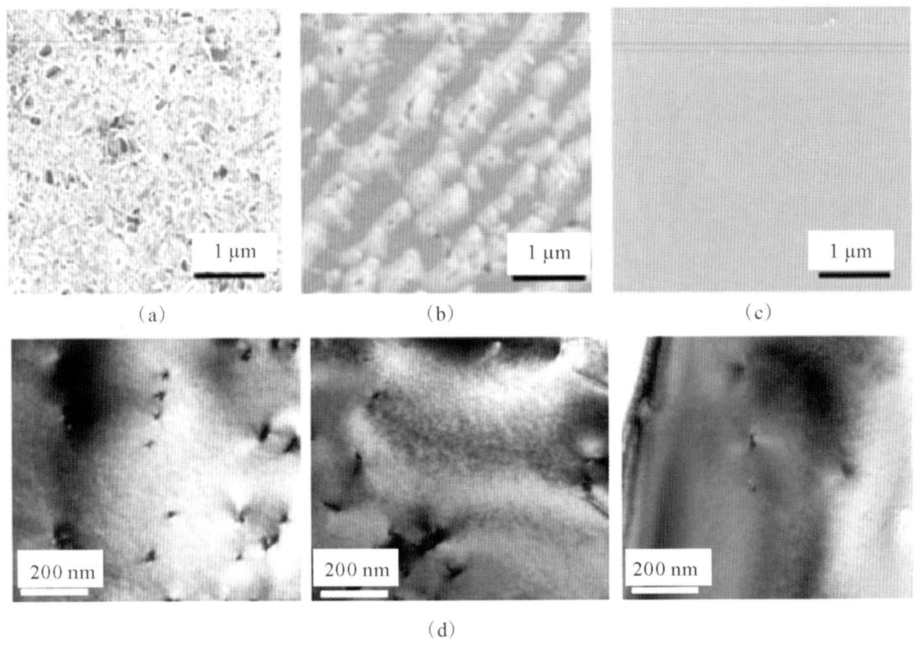

(a) (b) (c)

(d)

图 4-17 SiC 衬底上不同方法外延的 GaN 膜的形貌表征

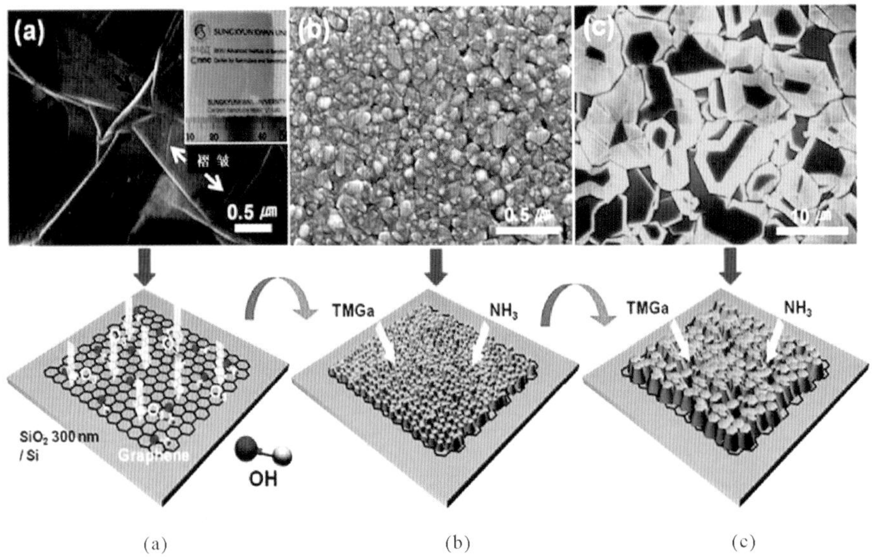

(a) (b) (c)

图 5-3 SiO_2/Si 衬底上 GaN 晶体生长过程中的 SEM 图像及相应示意图

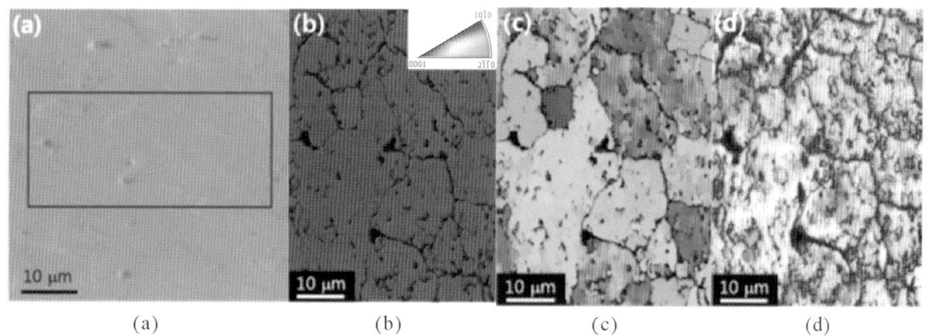

(a) (b) (c) (d)

图 5-1 SiO_2/Si 衬底上 GaN 薄膜的 SEM 和 EBSD 图像

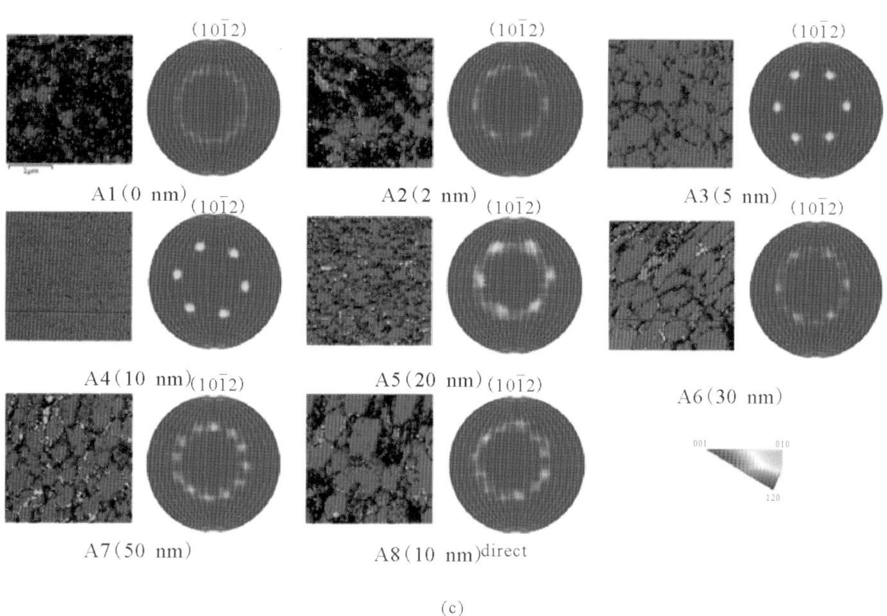

(c)

图 5-10 非晶玻璃衬底上不同厚度的 AlN 成核层及不同生长模式下生长的 GaN 的表征测试

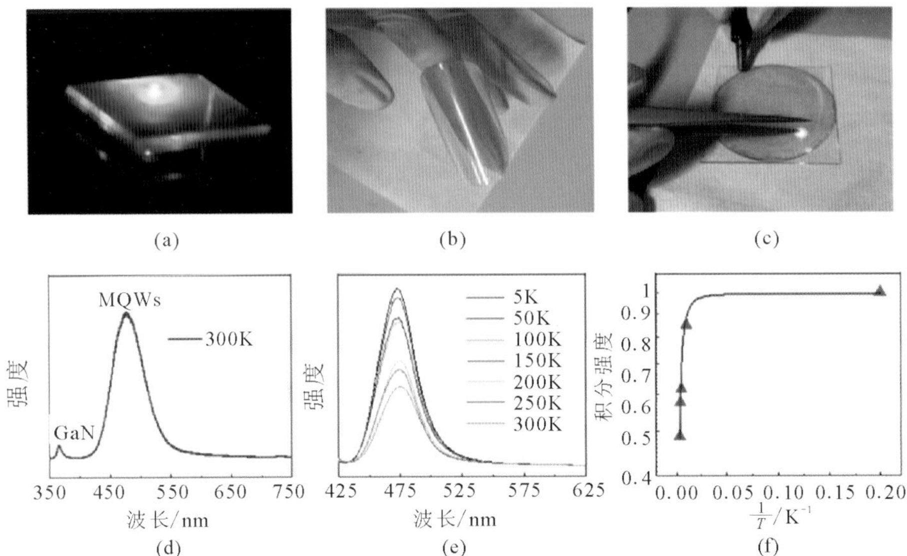

图 5-13　石墨烯玻璃晶圆上 GaN 基蓝光 LED 发光特性

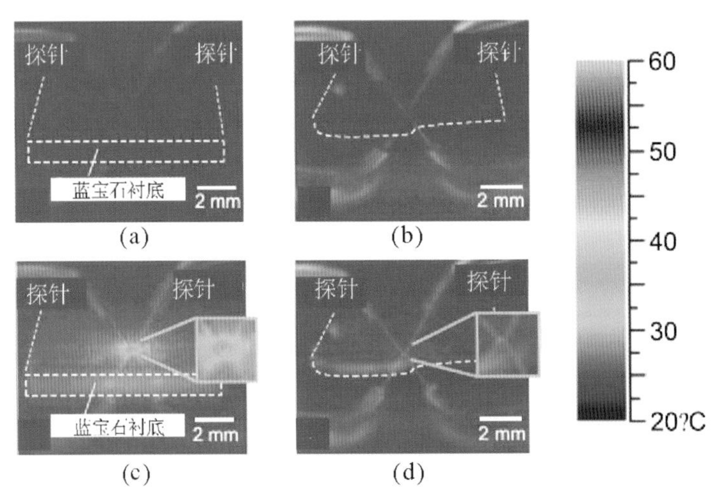

图 6-21　用红外热像仪 Neo Thermo 700 拍摄的样品温度图